DGZfP-Jahrestagung 2024

Zerstorungsfreie Materialprufung

Berichtsband BB 182

Osnabruck, Germany
6-8 May 2024

ISBN: 979-8-3313-1285-5

Printed from e-media with permission by:

Curran Associates, Inc.
57 Morehouse Lane
Red Hook, NY 12571

Some format issues inherent in the e-media version may also appear in this print version.

Deutsche Gesellschaft Fuer Zerstoerungsfreie Pruefung (DGZfP)
Max-Planck-Str. 6
12489 Berlin
Germany

Phone: +49 30 67807-0
Fax: +49 30 67807-109

mail@dgzfp.de

Additional copies of this publication are available from:

Curran Associates, Inc.
57 Morehouse Lane
Red Hook, NY 12571 USA
Phone: 845-758-0400
Fax: 845-758-2633
Email: curran@proceedings.com
Web: www.proceedings.com

TABLE OF CONTENTS

Simulation von Ultraschall- und Wirbelstromprüfdaten für die Schienenprüfung

Alexander FRIEDRICH [1], Tianyun ZHANG [2]
[1] BAM, Berlin, Deutschland, alexander.friedrich@bam.de
[1] BAM, Berlin, Deutschland, tianyun.zhang@bam.de

Kurzfassung

Im Rahmen des Forschungsprojekts "Artificial Intelligence for Rail Inspection" (AIFRI) wird ein KI-Algorithmus entwickelt, um die Fehlererkennung und Bewertung bei der Auswertung von Schienenprüfungen mittels Ultraschall- und Wirbelstromprüfverfahren zu verbessern. Die Bandbreite möglicher Defekte und die Menge an Einflussgrößen auf die Schienenprüfung ist sehr groß, aber die Prüfdaten aus dem Feld bilden diese Bandbreite nicht balanciert ab und sind unzureichend gelabelt. Durch Simulationen werden große Mengen detailliert gelabelter Daten für relevante Schienenschädigungen und Artefakte bereitgestellt. Aus diesen Daten werden wiederum virtuellen Prüffahrten erstellt, die für das Training und die Validierung der KI genutzt werden können.

In unserem Vortrag stellen wir den Erstellungsprozess der Datensätze vor. Jeder Schritt von der Geometriedarstellung bis zur Datenverarbeitung wird erfasst. Der Fokus wird auf Simulationsergebnisse und deren Verarbeitung gelegt. Die Signalverarbeitung spielt in den Datensätzen eine große Rolle, dabei werden die Datensätze an die realen Daten angepasst. Für Wirbelstrom und Ultraschall werden diese Prozesse im Hinblick auf die Fehlertypen Head Checks und Bohrungsanrisse veranschaulicht. Ferner diskutieren wir die Simulation von Schweißnähten, die von beiden Prüfsystem detektiert werden können; und somit besondere Abstimmung bedürfen aber auch Synergieeffekte zwischen den Prüfsystem ermöglichen.

Für die Ablage der Datensätze verweisen wir auf das ebenfalls eingereichte Poster „Verwendung von DICONDE bei der Eisenbahn-Schienenprüfung".

Das Projekt AIFRI wird im Rahmen der Innovationsinitiative mFUND unter dem Förderkennzeichen 19FS2014 durch das Bundesministerium für Digitales und Verkehr gefördert.

Keywords: Wirbelstrom, Ultraschall, Simulation, Machine Learning

Kontaktfreie Ultraschallprüfung der Elektrolytverteilung in Batteriezellen

Martin FÜRST [1], Ryan SOMMERHUBER [1], Wolfgang ROHRINGER [1], Josef PÖRNBACHER [1], Balthasar FISCHER [1]

[1] XARION Laser Acoustics GmbH, Wien, Österreich, m.fuerst@xarion.com, welcome@xarion.com

Kurzfassung

Die Elektrifizierung des Automobilsektors und der Ausbau der Solarenergie und Windenergie sind die treibenden Kräfte hinter dem globalen Wachstum der Batteriefertigungskapazitäten. In Europa, den USA und Asien entstehen zahlreiche neue Produktionsstätten für Batteriezellen und -module. Gleichzeitig steigen die Anforderungen an die Sicherheit der verwendeten Batteriesysteme mit der wachsenden Zahl elektrischer Fahrzeuge auf den Straßen. Selbst einzelne fehlerhafte Zellen können ganze Module zum Versagen bringen und im schlimmsten Fall zu Bränden führen, die das gesamte Fahrzeug zerstören. Daher spielt die Ausgangsprüfung im Batteriesektor eine entscheidende Rolle.

Die Ultraschalltechnologie bietet eine Möglichkeit, verschiedene Defekte und Strukturen im Inneren von Batteriezellen zu untersuchen. Herkömmliche Ultraschallprüfverfahren verwenden Piezo-Resonatoren zur Erzeugung und Detektion von Ultraschallwellen. Diese Verfahren erfordern in der Regel jedoch einen Kontakt zum Prüfling, was ihren Einsatz in Produktionslinien mit hohem Durchsatz verhindert. Eine vielversprechende Alternative stellt das vorgestellte laserbasierte Ultraschall-Verfahren dar, bei dem ein breitbandiger Ultraschall direkt im Prüfling mithilfe eines gepulsten Lasers erzeugt wird. Die Detektion der transmittierten Ultraschallwelle erfolgt mit einem miniaturisierten Fabry-Pérot-Interferometer, welches auf kleinstem Volumen den Schalldruck lokal misst.

In diesem Beitrag werden theoretische Überlegungen zum Einsatz der Ultraschall-Prüfung an den beiden meist verbreiteten Zelltypen (prismatisch, zylindrisch) präsentiert. Darüber hinaus werden experimentelle Ergebnisse von berührungslosen Ultraschallmessungen an verschiedenen Batteriezellen mit unterschiedlichen Elektrolytbenetzungen und -verteilungen gezeigt. Dank des scannenden Verfahrens kann die

Verteilung des Elektrolyts mit hoher örtlicher Auflösung dargestellt werden. Die hohe Automatisierbarkeit ermöglicht den Einsatz in der Fertigungslinie, wie durch die Entwicklung einer integrierten Prüfanlage mit beheizbarer Prozesskammer demonstriert wird.

Keywords: Elektrolytverteilung, Batterie, Ultraschall, Laser-Excited Acoustics

Die Eindringprüfung - Heute - Morgen + KI

Hans Wolfgang BERG [1], Marie Luise WOLF geb. Berg [1]
[1] BMB GmbH, Bad Rappenau, E-Mail: hansw.berg@gmail.com

Kurzfassung. Die Eindringprüfung ist ein festetabliertes Prüfverfahren. Was sich geändert hat sind die Teile der DIN EN ISO 3452 und die Umweltbestimmungen. Die Änderungen im Normungsbereich und bei der Entsorgung, speziell des Spülwassers aus der Zwischenreinigung, werden aufgeführt. Neues aus dem Anlagenbereich und da verschiedene Aufbringungsformen für die Prüfmittel, werden an Beispielen gezeigt.

Die Künstliche Intelligenz für die Eindringprüfung ist eine besondere Herausforderung für den Anwender. Die ersten Entwicklungen und Erfahrungen von Herstellern und Anwendern werden vorgetragen.

Keywords: Eindringprüfung, KI

Wichtige Änderungen in der DIN EN ISO 3452-1 für den Anwender. Neue Systembezeichnungen für die fluoreszierende Eindringprüfungen und die Farbeindringverfahren.

Es gibt jetzt die neue Möglichkeit ohne Entwickler zu arbeiten. Hierfür gibt es eine neue Systembezeichnung. Die Vorgehensweise und die Genehmigung werden an Beispielen aufgezeigt.

Seit Jahren werden biologisch abbaubare Eindringsystem, hauptsächlich fluoreszierend, eingesetzt. Was bedeutet „biologisch abbaubar“ und worauf muss geachtet werden?

Wie verhalten sich die Kosten beim Einsatz von biologisch abbaubaren fluoreszierenden Eindringsystemen zu den nicht biologisch abbaubaren. Beispiele werden aufgeführt.

Die UV A-Lampen, Quecksilberdampflampen, die in der Vergangenheit eingesetzt wurden, haben Brenner die nicht mehr hergestellt werden. Wie ist die Situation der UV-LED-Lampen in Punkto Zulassung und besonders auch die regelmäßige Wartung bzw. Überwachung?

Wie ist die Situation der ISO 3059, Betrachtungsbedingungen für die Eindring- und Magnetpulverprüfung?

Ein wichtiger Punkt ist, möglichst von der Produktion bis zur Fertigstellung, die bis dahin erhaltenen Daten zu dokumentieren. Welche Möglichkeiten gibt es?
Durch die immer größer werdenden Prüfteile mit Gewichten bis zu 100 Kilo, wird die Handhabung bei dem Prüfablauf immer schwieriger. Anlagen und Hebezeug werden individuell eingesetzt.

Eine aktuelle und wichtige Frage besonders für die Zukunft, was bringt uns KI bei der Eindringprüfung? Ansätze gibt es bei den Prüfanweisungen. Schwieriger wird es bei der

NDTnet Medien- und Publikationspartner

Prüfdurchführung. Die Anzeigenerkennbarkeit und die Fehlerüberprüfung, z.B. die „Whipe off-Methode". Vorgehensweisen durch das Prüfpersonal sind noch Schwachpunkte für KI diese umzusetzen. Frage, was sagt DIN zu KI?

Inspektionsdrohne für ZfPBau

Claudia THURNHERR [1*], Aurélia MULLER [1], Daniel ALGERNON [1]
[1] SVTI Schweizerischer Verein für technische Inspektionen, Wallisellen, Schweiz,
*claudia.thurnherr@svti.ch

Kurzfassung. Die Nutzung moderner und leistungsfähiger Drohnentechnologie in der zerstörungsfreien Prüfung im Bauwesen (ZfPBau) hat großes Potenzial, die Effizienz und Effektivität von Inspektionen zu steigern. Mit zunehmender Alterung der Infrastruktur gewinnt die Beurteilung von Betonbauwerken im Bauingenieurwesen immer mehr an Bedeutung. Für die Strukturdiagnostik sind insbesondere zerstörungsfreie Prüfverfahren (ZfP) von Interesse. Viele Bauten sind aufgrund ihrer Höhe für Kontaktinspektionstechniken nicht leicht zugänglich. Mit fliegenden Robotern lässt sich dieses Problem lösen, was Inspektionen schneller und wirtschaftlicher macht. Unser kürzlich entwickeltes fliegendes Roboterinspektionssystem basiert auf einer Forschungsdrohnenplattform. Diese Drohnenplattform kann innerhalb eines Bereiches von 0° bis 180° stufenlos geneigt werden und ist somit in der Lage, mechanische Kontaktkräfte in nahezu jede Richtung auf Oberflächen auszuüben. Daher ist die Drohne - zusätzlich zu berührungslosen Prüfungen - auch für kontaktbasierte Prüfungen geeignet. Die Drohne kann problemlos Standorte in großen Höhen wie Brücken oder Türme erreichen, um effizient Messungen durchführen. In diesem Konferenzbeitrag wird dieses neu entwickelte System und der aktuelle Stand der Entwicklung von Sensoreinheiten vorgestellt. Zudem wird die Vision des Projekts zur Entwicklung weiterer Sensoreinheiten auf Basis verschiedener ZfP-Prinzipien skizziert. Dieser drohnenbasierte Ansatz wird Infrastrukturinspektionen nicht nur wirtschaftlich effizienter machen, sondern bietet auch die Möglichkeit, wiederholbare und robuste Inspektionen durchzuführen, die zusätzlich visuelle und Standortinformationen enthalten. Dies wird im Langzeitbetrieb dazu beitragen, Inspektionsergebnisse im Zeitverlauf genau zu vergleichen und die verbleibende Lebensdauer der Struktur abzuschätzen.

Keywords: UACIS, Drohnen-gestützte ZfP, Impact-Echo, Potentialfeldmethode, ZfPBau

Einführung

Es ist von enormer Wichtigkeit, regelmäßige technische Inspektionen durchzuführen, um die Infrastruktur zu erhalten. Besonders bedeutend ist es, Mängel, Herstellungsfehler oder Defekte frühzeitig zu entdecken, bevor sie die Sicherheit gefährden könnten. Dementsprechend steigt die Nachfrage nach verlässlichen Instrumenten für die strukturelle Diagnose im Bauwesen [1]. Im Gebiet der zerstörungsfreien Prüfung (ZfP) im Bauwesen

(ZfPBau) stehen diverse moderne Verfahren zur Verfügung, um solche Inspektionen und Analysen durchzuführen wie z.B. Ultraschall, Bodenradar oder Impact-Echo [2], [3]. Viele strukturelle Elemente im Bauwesen, wie beispielsweise Brücken, Türme oder Containments, sind aufgrund ihrer Höhe schwer zugänglich für Inspektionen. Traditionelle Lösungsansätze zur Bewältigung dieses Problems, wie der Einsatz von Gerüsten, Hebebühnen oder Industriekletterern, sind kosten- und zeitintensiv und stellen ein erhöhtes Risiko für das Personal dar, das die Inspektionen durchführt. Aus diesem Grund verfolgt die vorliegende Arbeit die Idee, zerstörungsfreie Kontaktprüfungen mit modernster Drohnentechnologie zu verbinden, um Inspektionen in großen Höhen mithilfe von Robotern und Fluggeräten durchführen zu können. Das vorliegende Manuskript wurde in Anlehnung an [4], vorgelegt von den gleichen Autoren, verfasst.

Einige Schlüsselaspekte der drohnengestützten ZfP-Prüfungen werden im Folgenden zusammengefasst [4], [5]:

- ***Zugänglichkeit***: Drohnen können schwer zugängliche oder gefährliche Bereiche erreichen, z. B. im Hochbau, bei Brücken oder Industrieanlagen, ohne dass Gerüste oder Industrie-Kletterer erforderlich sind.
- ***Vielseitigkeit***: Drohnen können mit einer Vielzahl von Sensoren und Kameras ausgestattet werden, die auf die jeweiligen Inspektionsanforderungen zugeschnitten sind. Dies ermöglicht eine umfassende Bewertung verschiedener Aspekte, wie z. B. strukturelle Integrität oder Materialzusammensetzung.
- ***Effizienz***: Drohneninspektionen sind oft schneller als herkömmliche Methoden [6]. Sie können große Bereiche in relativ kurzer Zeit abdecken, was die Gesamtdauer der Inspektion verkürzt und die Ausfallzeiten der Betriebsanlagen minimiert.
- ***Kosteneffizienz***: Obwohl die anfänglichen Einrichtungs- und Schulungskosten für drohnengestützte Inspektionen anfallen können, können die Gesamtkosten niedriger sein, wenn man Faktoren wie den geringeren Personaleinsatz, die kürzere Inspektionszeit und die minimale Unterbrechung des Betriebs berücksichtigt.
- ***Sicherheit***: Durch die Durchführung von Inspektionen mit Drohnen entfällt die Notwendigkeit, dass sich das Personal physisch in Hochrisikobereiche begeben muss, was die Sicherheit für die Arbeitenden erhöht [7]. Dies ist besonders in Branchen wie der Energiewirtschaft (z. B. in Kernkraftwerken in stark kontaminierten oder verstrahlten Bereichen) und der Infrastruktur (z. B. Brücken in großen Höhen) von Vorteil.
- ***Datengenauigkeit und Dokumentation***: Drohnen können hochauflösende Bilder und Daten erfassen, die detaillierte Informationen über den Zustand von Bauwerken liefern. Diese Daten können für genaue Analysen und Dokumentationen verwendet werden, die die Entscheidungsfindung für Wartung und Reparaturen unterstützen.
- ***Umweltverträglichkeit***: Im Vergleich zu herkömmlichen Inspektionsmethoden, die schwere Ausrüstung und die Einrichtung einer Infrastruktur erfordern, haben Drohnen einen geringeren ökologischen Fußabdruck, was sie zu einer nachhaltigeren Option macht.

1. Drohnenplattform und System für Betoninspektion

In den letzten Jahren hat die Bedeutung des Einsatzes mechanisierter und robotergestützter Inspektionen zugenommen, um diese schneller, reproduzierbarer und sicherer durchführen zu können [8], [9]. Während sich dabei viele Systeme auf visuelle Inspektion fokussieren, gibt es mittlerweile auch Drohnen, welche Kontaktkräfte aufbringen können und somit für

Kontakt-Techniken in Frage kommen. Unser System basiert auf einer Drohnen-Forschungsplattform [10]. Diese Drohne ist in der Lage in einem kontinuierlichen Nick-Winkel von 180° Kontaktkräfte bis 30N aufzubringen und mehrere Sekunden zu halten. Das ermöglicht die Inspektion selbst schwer zugänglicher Bereiche. Für diese Drohnenplattform wurde eine innovative Impact-Echo-Sensoreinheit entwickelt und kontinuierlich optimiert. Ergänzend befindet sich eine Sensoreinheit für die Potentialfeldmethode in der Entwicklung, um aktive Korrosion zu detektieren. Zukünftig wird die Integration weiterer ZfP-Verfahren verfolgt, um unserer Vision eines umfassenden drohnenbasiertes Werkzeugs für die zerstörungsfreie Prüfung zu folgen, siehe **Abb 1**.

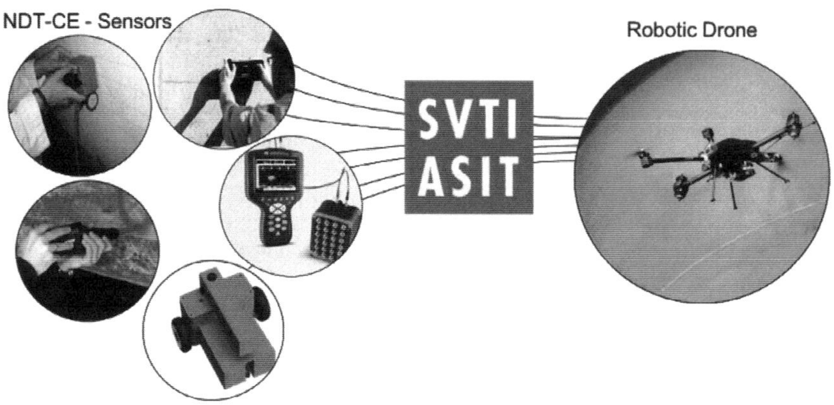

Abb 1: Vision eines umfassenden drohnenbasierten Werkzeugs für ZfPBau

Die Drohne ist mit einer kabellosen Fernsteuerung ausgestattet, die es dem Piloten ermöglicht, die Drohne zu steuern, Messungen auszulösen und die Messergebnisse einzusehen. Darüber hinaus ist ein kabelloses Inspektionstablet verfügbar, welches Inspektoren die Anzeige von Messergebnissen ermöglicht und ihnen die Möglichkeit gibt, Messungen zu analysieren, Einstellungen anzupassen und Kommentare zu speichern.

Abb 2a veranschaulicht die Drohne während der Inspektion eines Gebäudes mit der Impact-Echo-Sensoreinheit. Dabei befindet sich die Drohne in horizontaler Fluglage. **Abb 2b** zeigt die fliegende Drohne in vertikaler Lage beim Inspizieren eines Gebäudes.

a) Drohne fliegt in horizontaler Lage und inspiziert ein Gebäude

b) Drohne fliegt in vertikaler Lage und inspiziert ein Gebäude

Abb 2: Drohne inspiziert ein Gebäude

Neben der Erfassung von kontaktbasierten ZfP-Daten ist die Drohne auch mit Kameras ausgestattet, die gleichzeitig die Erfassung visueller Daten ermöglichen. An jeder

Messstelle wird ein Bild in der FPV-Perspektive im Normal- und Weitwinkelmodus aufgenommen. Ein Beispiel für ein solches Bild ist in **Abb 3** zu sehen. Einerseits können sie durch Bildverarbeitungsroutinen im Bereich des maschinellen Lernens zur Erkennung von Oberflächendefekten im Beton eingesetzt werden. Andererseits können diese visuellen Daten für die Kartierung der aufgezeichneten Signale verwendet werden.

First-person view

First-person view – Weitwinkel

Abb 3: Visuelle Inspektion über die first-person view-Kamera (FPV)

2. Impact-Echo-System

Die erste entwickelte Sensoreinheit für das Drohneninspektionssystem nutzt die Impact-Echo-Methode. Diese Methode wurde das erste Mal 1986 von [11] für Betoninspektionen vorgestellt. Dabei wird mit einem Hammer oder Impactor eine elastische Welle im Beton erzeugt und anschließend die Schwingungsantwort gemessen. Das Signal wird dabei im Zeitbereich aufgenommen und anschließend mit einer Fast Fourier Transformation (FFT) in den Frequenzbereich überführt und da analysiert. Das Messprinzip ist in **Abb 4** dargestellt.

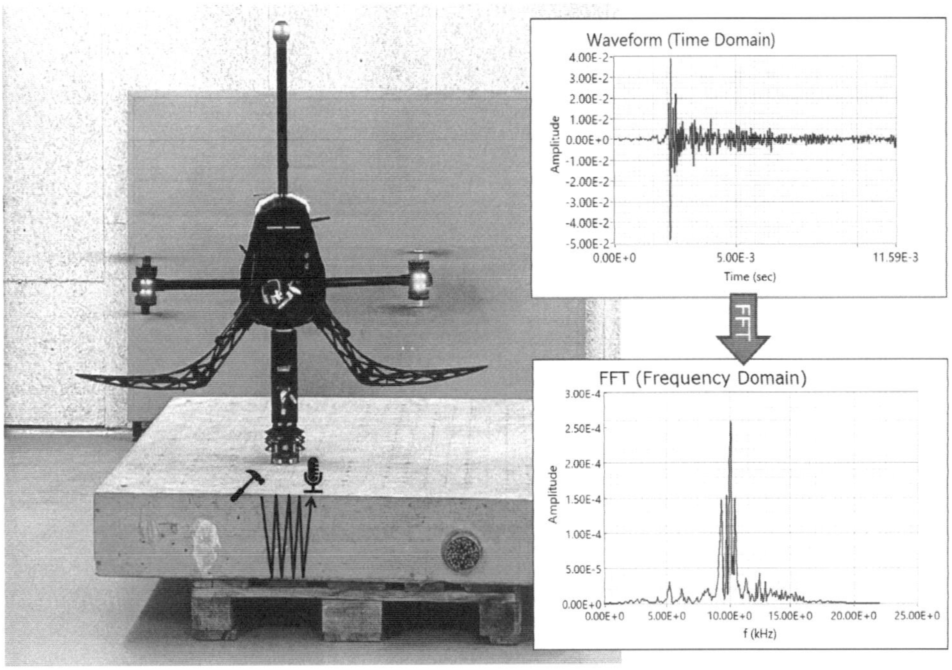

Abb 4: Messprinzip von Impact-Echo dargestellt während einer Drohnenmessung

Impact-Echo wird eingesetzt für Brücken- und Tunnelinspektionen [12], Inspektionen im Energiesektor [13], das Auffinden von Delaminationen [14] oder für die Untersuchung von Spanngliedern [15], [16]. Zudem kann mit Impact-Echo die Schallgeschwindigkeit für ein Bauteil aus einer bekannten Wandstärke (oder umgekehrt) berechnet werden [17], [18]. Dafür wird die Impact-Echo-Gleichung herangezogen, welche die Wandstärke d über die gemessene Frequenz f mit der longitudinalen Schallgeschwindigkeit c_L in Verbindung bringt:

$$d = \frac{c_L}{2f} \tag{1}$$

Die Drohne mit der neu entwickelten Impact-Echo-Sensoreinheit ist in **Abb 5** zu sehen. Dabei wurde ein automatisierter Impactor und ein Sensor von Olson Instruments in einem Sensorarm auf der Drohne integriert. Dies beinhaltete sowohl mechanische, elektrische als auch softwareseitige Aspekte.

Abb 5: Drohnensystem mit Impact-Echo-Sensoreinheit

Mit dem neu entwickelten Impact-Echo-Drohnensystem wurden erste Flugtests durchgeführt. Die Resultate der Messungen werden volumetrisch mithilfe unserer Analysesoftware *echolyst* [19], [20] ausgewertet. Dabei wird für jeden Messpunkt das verarbeite Zeitsignal in den Frequenzraum überführt und analysiert. Dabei bildet der Ort des Messpunktes die x- und y-Koordinate und das Frequenzsignal wird in z-Richtung aufgetragen. Daraus ergibt sich eine volumetrische Darstellung. Diese kann dann anschließend in 2D-Ebenen in Form von B- (y-Wert konstant), C- (Frequenzwert konstant) und D-Scans (x-Wert konstant) im Detail analysiert werden. Ein Beispiel für eine solche volumetrische Analyse eines Betonblocks, die in *echolyst* durchgeführt wurde, ist in **Abb 6** dargestellt.

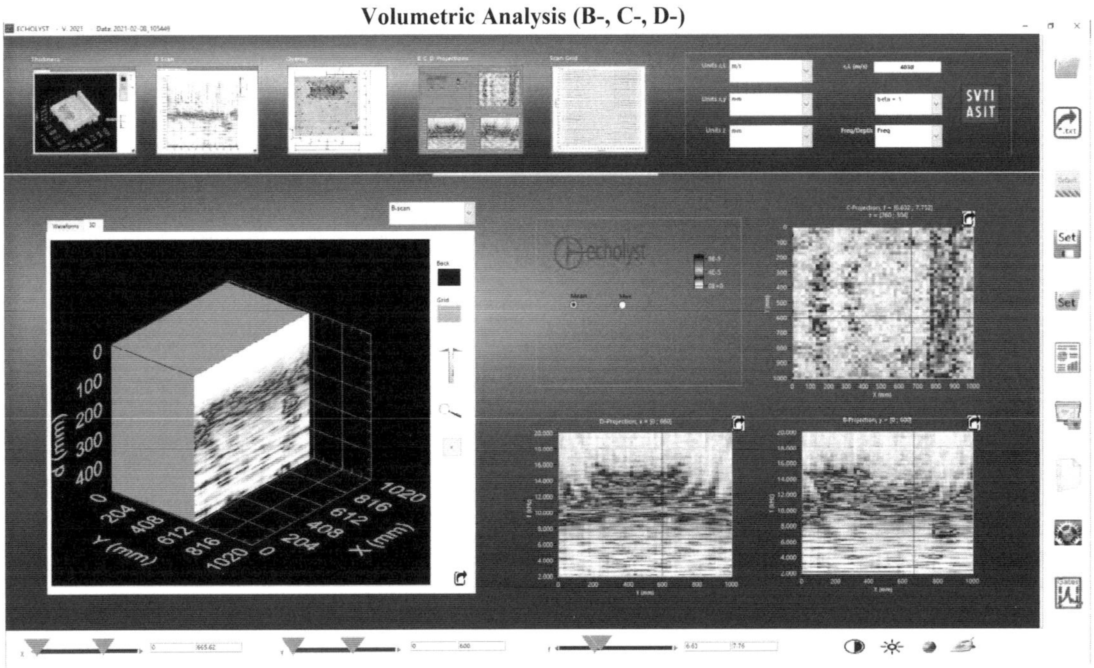

Abb 6: Beispiel einer volumetrischen Analyse von Impact-Echo-Daten durchgeführt mit *echolyst*, die Daten wurden in einer Handmessung aufgenommen.

3. Potentialfeldmesssystem

Ergänzend zum Impact-Echo-Methode befindet sich eine Sensoreinheit für die Potenzialfeldmethode in der Entwicklung, um aktive Korrosion zu detektieren, siehe **Abb 7**. Die elektrochemische Potentialmessung kann eingesetzt werden, um Korrosion an Bewehrungen in Stahlbeton zu detektieren [21]. Zur Anwendung dieser Methode wird zunächst eine Elektrode an der Bewehrung angebracht. Anschließend wird eine zweite Elektrode in rasterförmiger Weise mit der Betonoberfläche in Kontakt gebracht. Das Spannungspotential zwischen den beiden Elektroden wird mittels eines hochohmigen Spannungsmessgeräts gemessen. Um die beiden Elektroden zu verbinden, werden Kabel verwendet. Daher muss die Drohne, die die mobile Elektrode zur Betonoberfläche bringt, ebenfalls mit der Bodenstation über ein Kabel verbunden sein. Die Potentialfeldmethode wird angewendet, um aktive Korrosion zu erkennen und zu lokalisieren sowie Bereiche mit erhöhter Korrosionswahrscheinlichkeit in Stahlbeton zu identifizieren. Dies ist besonders relevant im Kontext von Instandsetzungsmaßnahmen sowie bei wiederkehrenden Inspektionen von Stahlbetonbauwerken.

Abb 7: Drohnenmesssystem mit Potentialfeld-Sensoreinheit

4. Fazit

Die vorliegende Arbeit stellt ein neuartiges Inspektionssystem auf Drohnenbasis für Betonstrukturen wie Brücken oder Türme vor, das auf der Impact-Echo-Methode basiert. Dabei wurde eine spezielle Sensoreinheit für den Einsatz auf einer Drohnenplattform entwickelt, die in der Lage ist, konstante Kontaktkräfte für kontaktbasierte ZfP-Methoden zu erzeugen. Diese Sensoreinheit integriert einen Impact-Echo-Sensor und -Impactor sowohl mechanisch, elektrisch als auch softwareseitig. Erste Flugtests haben gezeigt, dass die Drohne in der Lage ist, Betonstrukturen zu untersuchen und Defekte wie Delaminationen sowie strukturelle Komponenten wie Spannglieder zu identifizieren. Darüber hinaus befindet sich eine weitere Sensoreinheit für die Potentialfeldmethode in der Entwicklung, um aktive Korrosion zu erkennen. Das System birgt großes Potenzial, um bei zukünftigen Inspektionen im Bauwesen die Effizienz, Effektivität und Reproduzierbarkeit zu steigern.

Referenzen

[1] Ken P Chong, Nicholas J Carino, and Glenn Washer, “Health monitoring of civil infrastructures,” *Smart Mater Struct*, vol. 12, no. 3, p. 483, 2003, doi: 10.1088/0964-1726/12/3/320.

[2] J.-P. Balayssac and V. Garnier, *Non-destructive testing and evaluation of civil engineering structures*. Elsevier, 2017.

[3] Christiane. Maierhofer, H.-Wolf. Reinhardt, and Gerd. Dobmann, *Non-destructive evaluation of reinforced concrete structures. Volume 1, Deterioration processes and standard test methods*. CRC Press, 2010.

[4] C. Thurnherr, A. Muller, and D. Algernon, “UACIS-Entwicklung eines drohnenbasierten Systems für die zerstörungsfreie Bauwerksdiagnostik,” in *Fachtagung Bauwerksdiagnose*, Berlin, 2024. [Online]. Available: https://www.ndt.net/?id=29377

[5] C. Thurnherr, A. Muller, and D. Algernon, “Drone-Based Non-Destructive Testing Inspection System for the Structural Assessment of Containments, Cooling Towers and other Concrete Structures in Nuclear Power Plants,” in *Transactions of the SMiRT27*, Yokohama, 2024.

[6] I. H. Kim, S. Yoon, J. H. Lee, S. Jung, S. Cho, and H. J. Jung, “A Comparative Study of Bridge Inspection and Condition Assessment between Manpower and a UAS,” *Drones 2022, Vol. 6, Page 355*, vol. 6, no. 11, p. 355, Nov. 2022, doi: 10.3390/DRONES6110355.

[7] M. Gheisari and B. Esmaeili, "Unmanned Aerial Systems (UAS) for Construction Safety Applications," in *Construction Research Congress 2016: Old and New Construction Technologies Converge in Historic San Juan - Proceedings of the 2016 Construction Research Congress, CRC 2016*, American Society of Civil Engineers (ASCE), 2016, pp. 2642–2650. doi: 10.1061/9780784479827.263.
[8] R. Bogue, "Applications of robotics in test and inspection," *Industrial Robot: An International Journal*, vol. 45, no. 2, pp. 169–174, Apr. 2018, doi: 10.1108/IR-01-2018-0012.
[9] M. Morales-Rodriguez, P. Chen, P. Fuhr, and S. Rooke, "Drones in automation," *InTech, International Society of Automation*, 2017.
[10] M. Kamel *et al.*, "The Voliro Omniorientational Hexacopter: An Agile and Maneuverable Tiltable-Rotor Aerial Vehicle," *IEEE Robot Autom Mag*, vol. 25, no. 4, pp. 34–44, Dec. 2018, doi: 10.1109/MRA.2018.2866758.
[11] M. Sansalone and N. J. Carino, "Impact-echo: A method for flaw detection in concrete using transient stress waves," in *United States Department of Commerce, National Institute of Standards and Technology*, 1986.
[12] Y. Tinkey, L. D. Olson, and H. Wiggenhauser, "Impact echo scanning for discontinuity detection and imaging in posttensioned concrete bridges and other structures," *Mater Eval*, vol. 63, no. 1, 2005.
[13] Algernon D and K. Dressler, "Assessment of structural concrete components using air-coupled impact-echo," in *Proceedings of the 9th International Conference on NDE in Relation to Structural Integrity for Nuclear and Pressurized Components*, Seattle, USA, 2012.
[14] C. Cheng and M. Sansalone, "The impact-echo response of concrete plates containing delaminations: numerical, experimental and field studies," *Mater Struct*, vol. 26, no. 5, pp. 274–285, 1993.
[15] B. J. Jaeger, M. J. Sansalone, and R. W. Poston, "Detecting voids in grouted tendon ducts of post-tensioned concrete structures using the impact-echo method," *Structural Journal*, vol. 93, no. 4, pp. 462–473, 1996.
[16] H. Wiggenhauser, "Duct inspection using scanning impact-echo," in *proceedings of International Symposium NDT-CE 2003, Tendon ducts*, 2003.
[17] M. J. Sansalone and W. B. Streett, "Impact-echo. Nondestructive evaluation of concrete and masonry," 1997.
[18] G. G. Clemeña and others, "Use of the impact-echo method in nondestructive measurements of the thickness of new concrete pavements," 1995.
[19] D. Algernon, S. Feistkorn, M. Hagenbruch, P. Kicherer, L. Rössler, and M. Scherrer, "ECHOLYST - Entwicklung eines Impact-Echo-Systems für Scanning, Analyseund Machine Learning," 2021. [Online]. Available: http://www.ndt.net/?id=25759
[20] D. Algernon, "ECHOLYST Impact-Echo Data Acquisition and Analysis - User Manual." SVTI Swiss Association for Technical Inspections, Wallisellen, 2020.
[21] DGZfP-Fachausschuss für Zerstörungsfreie Prüfung im Bauwesen – Unterausschuss Korrosionsnachweis für Stahlbeton and C. Sodeikat, "Merkblatt B3 - Elektrochemische Potentialmessungen zur Detektion von Bewehrungsstahlkorrosion Veröffentlicht vom DGZfP-Fachausschuss für Zerstörungsfreie Prüfung im Bauwesen - Unterausschuss Korrosionsnachweis für Stahlbeton," *Beton- und Stahlbetonbau*, vol. 105, no. 8, pp. 529–538, Aug. 2010, doi: 10.1002/best.201000043.

Robustes Processing für Impakt Echo Signale von kompakten Strukturen

Fabian DETHOF [1], Sylvia KEẞLER [1]
[1] Helmut-Schmidt-Universität/Universität der Bundeswehr, Hamburg, Deutschland
fabian.dethof@hsu-hh.de

Kurzfassung. Die Impakt Echo Methode ist im Bauwesen ein effizientes Verfahren zur Inspektion plattenartiger Stahlbetonstrukturen. Wenn die laterale Ausdehnung jedoch nicht sehr viel größer ist als die Dicke des untersuchten Bauteils, stören sogenannte Geometrieeffekte die Messung, indem sie die Resonanzfrequenz verschieben und zusätzliche Frequenzpeaks verursachen. In einer vorausgegangenen Studie wurde mithilfe numerischer Simulationen gezeigt, dass es sich bei den Geometrieeffekten um die Eigenschwingungen des untersuchten Bauteils handelt.

Darauf aufbauend wurden neue Ansätze für das Processing solcher Signale untersucht, welche alle gemeinsam haben, dass der Fokus auf den Beginn des Signals liegt. Der Signalbeginn ist für solche Daten besonders wertvoll, da sich die Eigenschwingungen erst dann ausbilden können, wenn die Wellen alle Bereiche des Bauteils erreicht haben. In dieser Arbeit werden drei Ansätze zur Auswertung solcher Daten präsentiert und miteinander verglichen. Der erste Ansatz ist eine Zeitfilterung, welche die Signale kurz nach der initialen Welle abschneidet und nur den Beginn des Signals mittels Fourier Transformation analysiert. Der zweite Ansatz nutzt die short-time Fourier Transform (STFT). Dort wird die Frequenz, welche zum globalen Maximum des Spektrogramms gehört, gepickt. Im dritten Ansatz wird die Continuous Wavelet Transform (CWT) der Zeitsignale analog zur STFT genutzt. Im Vergleich dieser Verfahren zur herkömmlichen Auswertung mittels Fourier Transformation konnten sowohl bei der Dickenbestimmung als auch bei der Defektdetektion erhebliche Verbesserungen erzielt werden. Nachteile der neu vorgestellten Verfahren liegen in der begrenzten Frequenzauflösung und einer verstärkten Abhängigkeit von der Datenqualität.

Keywords: Impakt Echo, Stahlbeton, Processing, Continuous wavelet transform (CWT), Short-time Fourier transform (STFT)

Einführung

Im Bereich des Bauwesens ist die Impakt Echo Methode ein etabliertes und weitverbreitetes ZfP-Verfahren bei der Inspektion von Stahlbeton [1]. Mithilfe einer Stahlkugel wird ein kleiner mechanischer Impakt generiert und in einem Abstand von wenigen Zentimetern zur Quelle wird die Vertikalkomponente der resultierenden Schwingung gemessen [2]. Das aufgezeichnete Zeitsignal wird anschließend im Frequenzbereich, meist per Fast Fourier Transform (FFT), ausgewertet und basierend auf der ermittelten Resonanzfrequenz f können Rückschlüsse auf die Dicke d der untersuchten Struktur gewonnen werden:

$$f = \frac{\beta c_P}{2d} \quad (1)$$

Hierbei ist c_P die P-Wellengeschwindigkeit und β der Lambwellenkorrekturfaktor, der in etwa 0,96 beträgt. Letzterer findet dann Verwendung, wenn die laterale Ausdehnung deutlich größer ist als die Dicke der untersuchten Struktur. In solchen Fällen wird bei der Impakt Echo Inspektion die S1-Lambwellenmode, die eine Gruppengeschwindigkeit von Null hat, gemessen [3]. In vergangenen Studien wurde gezeigt, dass sich die Impakt Echo Methode auch gut zur Detektion von Hüllrohren [4,5] oder Defekten wie Rissen [6], Kiesnestern [7] oder Hohllagen [5,8] eignet.

Wenn die lateralen Dimensionen nicht deutlich größer sind als die Dicke der untersuchten Bauteile, lassen sich sogenannte Geometrieeffekte in den Frequenzspektren der gemessenen Signale finden [3]. Diese machen sich als zusätzliche Frequenzpeaks in den Spektren bemerkbar, welche in B-Scan-Darstellungen oft entlang gekrümmter Linien auftauchen. Ein Beispiel für einen B-Scan mit Geometrieeffekten lässt sich in Abb. 1 finden. Obwohl der untersuchte Probekörper eine homogene Dicke von 50 cm hat, sieht man dennoch starke Variationen in der Resonanzfrequenz, welche von den Geometrieeffekten hervorgerufen werden. In einer vorausgegangenen Arbeit wurde aufgezeigt, dass es sich bei den Geometrieeffekten um die Eigenschwingungen der untersuchten Struktur handelt [9]. Daher ist es wahrscheinlich, dass die S1-Lambwellen in solchen kompakten Strukturen nicht mit der Frequenz aus Gleichung 1, sondern mit einer benachbarten Eigenfrequenz schwingen. Aus diesem Grunde soll in dieser Arbeit der Fokus auf den Beginn der Impakt Echo Zeitsignale gelegt werden. Die zugrunde liegende Idee ist, dass sich Eigenschwingungen erst dann ausbilden, wenn die Wellen sich im gesamten, untersuchten Objekt ausgebreitet haben. Bei einer Objektgröße von beispielsweise $2 \times 2 \times 0{,}5\ m^3$, ergibt sich bei einer Messung mittig auf der Oberfläche ein Abstand zur am weitesten entfernten Ecke von 1,5 m, was gleichbedeutend mit einer Zeit von etwa 375 µs ist (mit $c_P = 4000\ m/s$).

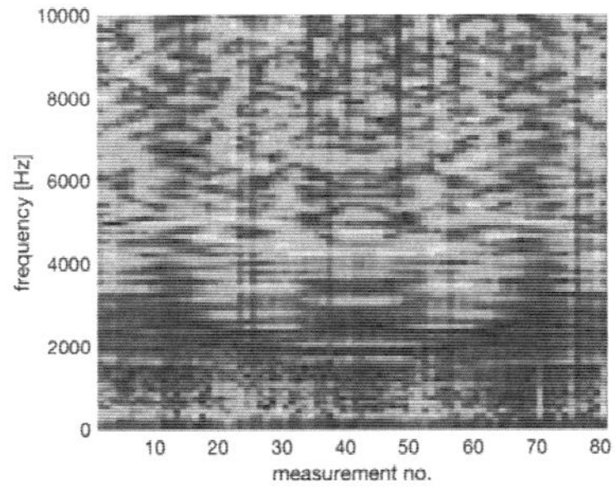

Abb. 1. Beispiel für Geometrieeffekte an einem Probekörper mit homogener Dicke.

In dieser Arbeit werden drei unterschiedliche Ansätze zum Processing vorgestellt, die sich alle auf die ersten Hunderte an Mikrosekunden nach dem Ersteinsatz konzentrieren. Diese Ansätze werden dann auf reale Messdaten angewendet und die Fähigkeiten zur Dickenbestimmung und Defektdetektion mit denen der herkömmlichen Auswertung mittels FFT verglichen.

1. Datenprocessing

Bevor die neuen Ansätze zum Datenprocessing vorgestellt werden, soll zunächst noch auf die physikalische Bedeutung der initialen Welle der Impakt Echo Zeitsignale, welche in der Literatur als Rayleighwelle [1] eingestuft wird, eingegangen werden.

1.1 Bedeutung der initialen Impakt Echo Welle

Die Zeitsignale, die bei der Impakt Echo Messung aufgezeichnet werden, sind transienter Natur. An ihrem Anfang steht eine Rayleighwelle, welche in der Regel die höchsten Amplituden innerhalb des Zeitsignals aufweist [1]. Wenn in den drei vorgestellten Verfahren nun der Anfang des Signals analysiert wird, wird gleichzeitig die Rayleighwelle einen Großteil der Signalenergie ausmachen. Daher sollte zuvor geklärt werden, ob es sich bei der initialen Welle ausschließlich um eine Rayleighwelle handelt, oder ob diese auch andere Informationen mit sich trägt. Dazu wurden an einer großen Wand (ca. 3 m × 5 m) mit einer Dicke von 20 cm Referenzmessungen mit unterschiedlichen Impaktorgrößen an derselben Stelle durchgeführt. Da über die Impaktorgröße die Anregungsfrequenz gesteuert wird [10], sollten sich die Frequenzen während des Signalanfangs bei kleineren Impaktoren zu hohen Frequenzen und bei großen Impaktoren zu niedrigeren Frequenzen hin verschieben. Betrachtet man jedoch die mittels short-time Fourier transform generierten (STFT) Spektrogramme, der mit den unterschiedlichen Impaktorgrößen (4, 8 und 12 mm) angeregten Zeitsignale, so stellt man fest, dass die maximale Energie zu Beginn des Signals stets bei ca. 10 kHz liegt, was in etwa der Frequenz der S1-Lambwelle entspricht (Abb. 2).

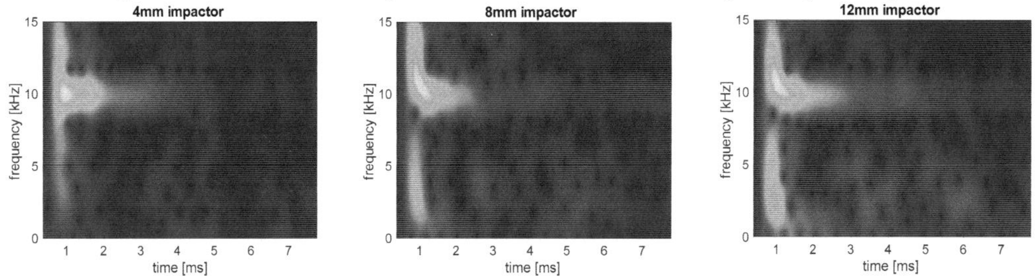

Abb. 2. Spektrogramme der drei Messungen mit unterschiedlichen Impaktorgößen (4, 8 und 12 mm).

In Abb. 3 sind die in zu den Spektrogrammen aus Abb. 2 gehörigen Zeitsignale dargestellt. Hier ist zu erkennen, dass der erste Negativausschlag umso länger andauert, je größer der Impaktor ist. Dies deckt sich mit der Steuerung der Anregungsfrequenz über die Impaktorgröße [10]. Betrachtet man aber nun die Zeit, die es braucht, bis vom ersten lokalen Maximum das zweite Minimum erreicht wird, so stellt man fest, dass diese Zeit beim größten Impaktor am geringsten und beim kleinen Impaktor am größten ist. Unmittelbar danach schwingen alle drei Zeitsignale mit in etwa derselben Frequenz (der S1-Lambwelle). Hieraus lässt sich schlussfolgern, dass sich im frühen Stadium der Impakt Echo Signale bereits Rayleigh- und Lambwellen überlagern und die Rayleighwelle dabei nicht zwangsläufig dominiert. Daher ist es wahrscheinlich, dass sich hieraus bereits Tiefeninformationen abschätzen lassen. Da Impakt Echo Messungen eigentlich immer im Nahfeld stattfinden, sind zusätzlich weitere Wellenarten wie Raumwellen in den Signalen zu erwarten.

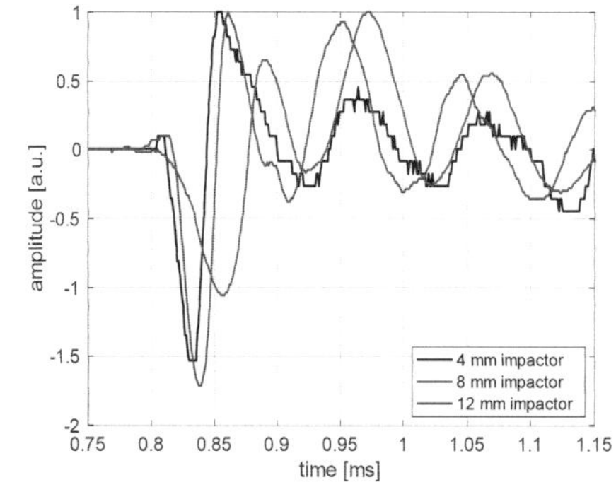

Abb. 3. Vergleich der Impakt Echo Zeitsignale mit unterschiedlichen Impaktorgrößen.

1.2 Vorgehensweisen beim Processing

Zur Auswertung der Impakt Echo Daten sollen drei verschiedene Ansätze getestet werden. Zum einen soll die FFT ausschließlich auf die Anfangsphase jedes Zeitsignals begrenzt werden. Weiterhin einen soll für jedes Signal die Frequenz, die zum absoluten Maximum der STFT gehört, bestimmt werden, welche dann als Resonanzfrequenz angesehen wird. Ähnlich zum vorherigen Verfahren wird auch das Maximum der Continuous Wavelet Transform (CWT) innerhalb eines bestimmten Frequenz- und Zeitbereiches bestimmt. Ein Vergleich der untersuchten Zeitbereiche mit der traditionellen Impakt Echo Auswertung und der hier beschriebenen ist in Abb. 4 dargestellt.

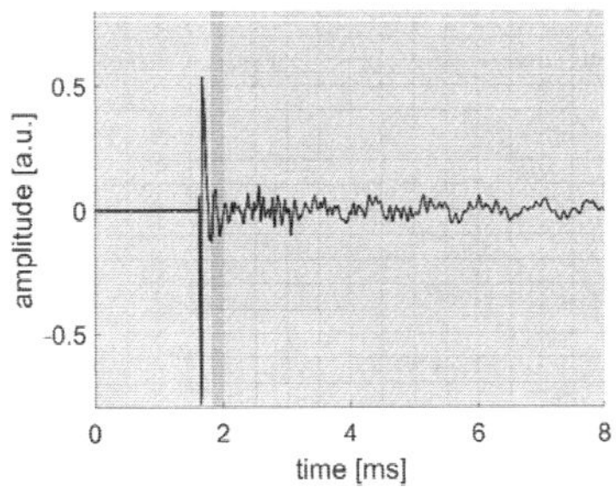

Abb. 4. Darstellung eines exemplarischen Impakt Echo Zeitsignals. Gelb markiert ist der Bereich, der bei nur bei der traditionellen Auswertung betrachtet wird, blau markiert ist der Bereich, der für die vorgeschlagenen Processingverfahren ausgewertet werden sollte. Grün ist der Überlappungsbereich beider Vorgehensweisen.

Als untersuchter Datensatz dient der Datensatz des in [11] beschriebenen Probekörpers. Dieser Probekörper hat die Dimensionen 150 × 150 × 32 cm^3. Darin sind insgesamt 36 künstliche Kiesnester mit Durchmessern zwischen 4 und 12 cm verbaut. Die Größen und Tiefen dieser Kiesnester wurden so gewählt, dass eine Detektion mit dem Ultraschallverfahren, bei dem deutlich kleinere Wellenlängen genutzt werden, schwierig ist [11,12]. Impakt Echo Messungen wurden an diesem Probekörper in einem 2 × 2 cm-Gitter durchgeführt. Die Randpunkte lagen jeweils 1 cm von den äußeren Kanten entfernt, was insgesamt 75 × 75 Messungen bedeutet. Aufgrund der Tatsache, dass mit dem Ultraschallverfahren lediglich 68% aller Kiesnester detektiert werden konnten und die Wellenlängen beim Impakt Echo Verfahren deutlich größer sind als beim Ultraschallverfahren, ist nicht zu erwarten, dass sich alle Kiesnester detektieren lassen werden. Defektdetektionen und Tiefenmessungen werden zusätzlich durch Geometrieeffekte, welche bei diesen kompakten Abmessungen zu erwarten sind, beeinträchtigt.

2. Ergebnisse

Die in Abschnitt 2.2 vorgestellten Vorgehensweisen sollen in diesem Abschnitt hinsichtlich ihrer Fähigkeiten zur Dickenbestimmung und Defekterkennung untersucht und verglichen werden. Dazu wird zunächst die bisher etablierte Vorgehensweise zur Impakt Echo Auswertung per FFT durchgeführt, um einen Vergleich zu potenziell erzielten Verbesserungen zu erhalten.

2.1 FFT-Auswertung

Die Daten in dem hier herangezogenen Testdatensatz haben 4096 Samples pro Messpunkt mit einem Samplinginterval von 4 µs. Die Daten werden, wie in Abb. 4 dargestellt so getrimmt, dass die initiale Welle weggeschnitten wird [13]. An den Endpunkten wird jeweils ein 10%-Tukey-Fenster benutzt, um Artefakte im Frequenzspektrum zu vermeiden. Anschließend wird dann die FFT für jedes gemessene Signal durchgeführt und die Spektren werden bezüglich der Maximalamplitude normiert, um Unterschiede in der Intensität der Anregung auszugleichen. Bei einer Dicke des Probekörpers von 32 cm, ergibt sich mit einer angenommenen P-Wellengeschwindigkeit von 4000 m/s eine erwartete Resonanzfrequenz von ca. 6,0 kHz. Da die Dicke des Probekörpers homogen ist, sollten größere Abweichungen von dieser Frequenz nur an den Stellen auftreten, an denen die Kiesnester zu finden sind.

2.2 FFT des Signalanfangs

Der zweite getestete Ansatz beinhaltet die FFT des Signalanfangs. Der Begriff Signalanfang bezieht sich hierbei auf die gesamte Zeit vor der initialen Welle sowie der Zeit bis wenige Oszillationen nach der initialen Welle (s. blaugrüner-Bereich in Abb. 4). Auch hier wird wieder ein 10% Tukey-Fenster genutzt, um Artefakte während der FFT zu vermeiden. Zusätzlich wird, um die Frequenzauflösung etwas zu verbessern, ein zero-padding durchgeführt. Hierbei werden Nullen ans Ende des auszuwertenden Zeitsignals angehängt. Es werden keine Informationen hinzugefügt, jedoch verändert sich mit längerem Zeitsignal auch das Frequenzspektrum leicht, da bei einer Fouriertransformation eines diskreten Signals der Länge N (Anzahl der Samples) automatisch eine Periodizität in N angenommen wird. Um eine Vergleichbarkeit zur klassischen FFT-Auswertung zu erhalten, werden genauso viele Nullen ans Signal angehängt, dass die Signale die gleiche Länge haben, wie die aus Abschnitt 2.1.

2.3 Maximum der STFT

Bei der STFT wird das Zeitsignal in mehrere, kleinere Fenster aufgeteilt, für die dann jeweils separat eine FFT durchgeführt wird. Daraus entsteht eine Zeit-Frequenz-Darstellung des Signals. Die STFT wird hier in einem Fenster von 10% der Gesamtsignallänge berechnet. Um die Datenmenge zu erhöhen und damit die Frequenzbestimmung zu präzisieren wird ein Overlap von 95% zwischen den einzelnen Fenstern gewählt. Die Frequenzen, zu denen ein Output generiert wird, sind auch hier erneut dieselben, wie bei den beiden zuvor beschriebenen Herangehensweisen.

2.4 Maximum der CWT

In der Vergangenheit gab es schon Anwendungen der CWT in der Auswertung von Impakt Echo Signalen [14]. Auch wurde sie bereits zur Bestimmung der instantanen Frequenz (Zeitableitung der Phase) eingesetzt [15], was für die Anwendung auf so stark zeitbegrenzte Signale von Vorteil sein könnte. Dabei ist zu beachten, dass die aus der CWT resultierende Frequenz nicht zwangsläufig der tatsächlichen Frequenz des analysierten Signals ist [16]. Der Grund dafür liegt in der Berechnung der CWT. Diese ist definiert als:

$$CWT(t,s) = \int_{-\infty}^{\infty} x(u) \frac{1}{\sqrt{s}} \psi^* \left(\frac{u-t}{s}\right) du \quad (2)$$

Hierbei ist $x(t)$ das untersuchte Zeitsignal. Dieses wird dann mit dem komplex Konjugierten * eines Mutterwavelets ψ gefaltet. Das Resultat $CWT(t,s)$ wird als Scalogramm bezeichnet. Das Faltungsintegral ist dabei nur im Definitionsbereich des Wavelets definiert. Eine Zeit- und Frequenzauflösung erhält man dabei über die Verschiebung, bzw. Stauchung/Streckung des Mutterwavelets. Der Streckfaktor s (engl. scale) ist direkt mit der Mittenfrequenz des Mutterwavelets korreliert, jedoch muss ein hohes Resultat der CWT nicht zwingend bedeuten, dass ein Signal besonders viele Frequenzanteile in diesem Bereich aufweist. Solch eine Zuweisung funktioniert nur für monochromatische

Signale und damit nicht für den Anfang von Impakt Echo Signalen, bei dem sich mehrere Wellenarten überlagern (s. Abschnitt 1.1). Unter der Annahme, dass die Quellfunktion für alle Messungen identisch ist, sollte das Resultat der CWT, Änderungen in der Wellenform gut wahrnehmen können. Es wird also nach Reflexionen der Kiesnester am Anfang der Impakt Echo Signale gesucht. In dieser Arbeit wird daher, analog zur STFT, auch die Frequenz des globalen Maximums der CWT gepickt und die Ergebnisse mit den anderen Vorgehensweisen verglichen. Als Mutterwavelet wird hier das Morlet-Wavelet verwendet. Die Frequenzauflösung ist bei der CWT direkt an die Länge des Wavelets gekoppelt und ist daher bei kontinuierlicher Längenabstufung für hohe Frequenzen gröber als für niedrige.

2.5 Vergleich der Ergebnisse

Beim Versuch, die Daten mithilfe der klassischen FFT-Auswertung zu interpretieren, sind die Auswirkungen der Geometrieeffekte auf die Bestimmung der Dickenresonanz klar erkennbar. Aufgrund der vielen Artefakte lässt sich keine klare Aussage treffen, ob der untersuchte Probekörper eine homogene Dicke hat oder nicht (s. Abb. 5). Auch bezüglich der Präsenz von Defekten lässt sich nicht unterscheiden, ob die beobachteten Frequenzverschiebungen durch die im Probekörper verbauten Kiesnester hervorgerufen wurden oder nicht.

Bei der FFT des Signalanfangs stellt sich in den Ergebnissen eine homogene Resonanzfrequenz von ca. 6,2 kHz ein. Indikationen von Defekten lassen sich, mit Ausnahme von wenigen Ausreißern, hier auch nicht klar identifizieren. Die Ergebnisse der STFT sind sehr ähnlich zu denen der FFT des Signalanfangs. Es stellt sich ebenfalls eine homogene Resonanzfrequenz ein. Diese liegt hier bei ca. 6,0 kHz. Zusätzlich erscheinen die Ergebnisse nochmal etwas weniger verrauscht als bei der FFT des Signalanfangs.

Die Ergebnisse der CWT weichen stark von allen anderen drei Resultaten ab. Die mittlere Frequenz, die sich hierbei einstellt, liegt bei ca. 15 kHz, jedoch muss diese nicht der tatsächlichen Frequenz des Signals entsprechen (s. Abschnitt 2.4). Was jedoch noch stärker auffällt, ist, dass sich einige Bereiche klar von den umgebenden in ihrer Resonanzfrequenz hervorheben. Überlagert man die tatsächlichen Kiesnestpositionen (Abb. 6), die vor dem Betonieren aufgenommen und anschließend mithilfe von Ultraschallmessungen verifiziert wurden, mit dem Ergebnis der CWT, so stellt man fest, dass alle lokalen Frequenzminima mit den Kiesnestpositionen übereinstimmen. Jedoch lassen sich nicht alle Kiesnester in den Daten wiederfinden. Von den insgesamt 36 verbauten Kiesnestern hinterlassen 14 einen erkennbaren Abdruck im Ergebnis der CWT. Mindestens neun davon hinterlassen einen Abdruck, der so groß ist, dass diese Kiesnester nach Auffassung der Autoren auch ohne die Überlagerung mit der „Ground Truth" erkennbar sein sollten. Abb. 6 zeigt zusätzlich einen Scatterplot, in dem die detektierten, evtl. detektierbaren und undetektierten Kiesnester in Abhängigkeit ihrer Größe und Tiefe aufgetragen sind. Hier lässt sich klar erkennen, dass Kiesnester mit einem großen Durchmesser in geringer Tiefe wahrscheinlicher detektiert werden können als kleine Kiesnester in größeren Tiefen. Dieser Zusammenhang lässt sich physikalisch über den geometrischen Ausbreitungsverlust von Kugelwellen [17] sowie der Abhängigkeit des Reflexionskoeffizienten von der Streukörpergröße begründen [18]. Mit größeren Datensätzen ließen sich daraus dann eventuell 2-dimensionale POD-Ebenen (vgl. zu [19]) erstellen, mit welchen sich Detektionswahrscheinlichkeiten quantifizieren ließen. Allerdings ist es derzeit noch nicht möglich, eine Unsicherheit für eine solche POD-Ebene anzugeben, weshalb auch keine $a_{90/95}$-Werte bestimmt werden können.

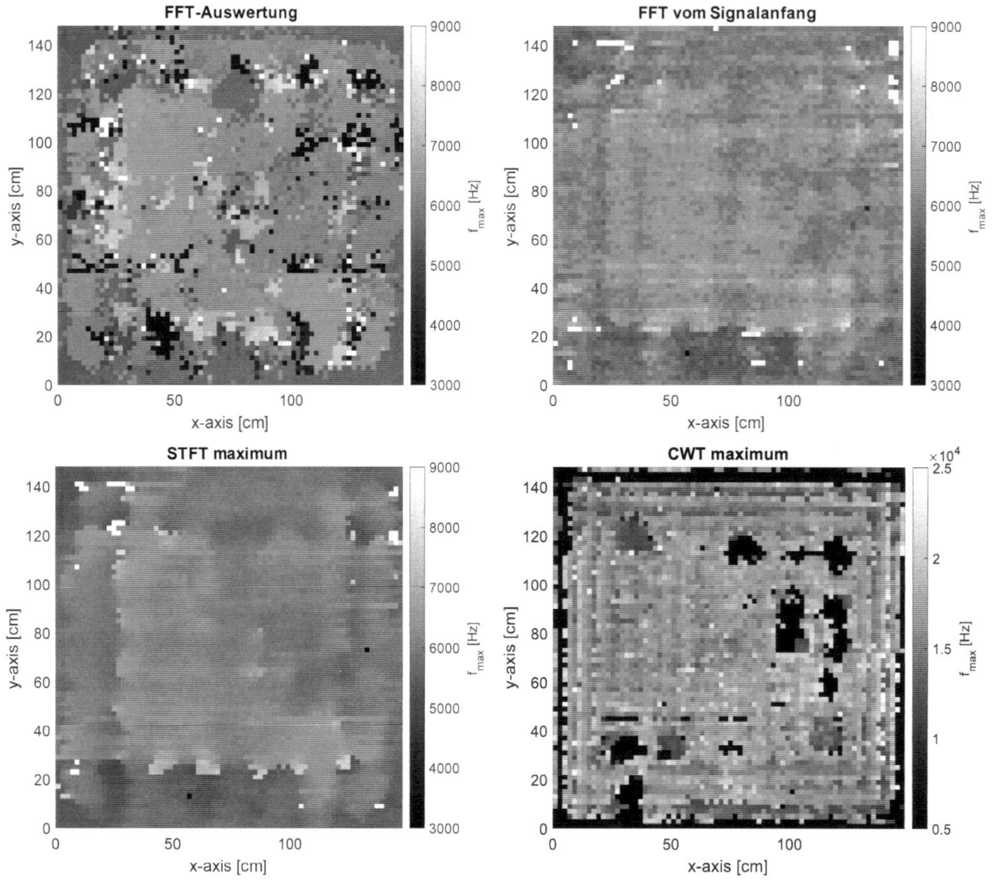

Abb. 5. Ergebnisse der vorgestellten Processingverfahren im Vergleich zur klassischen FFT-Auswertung.

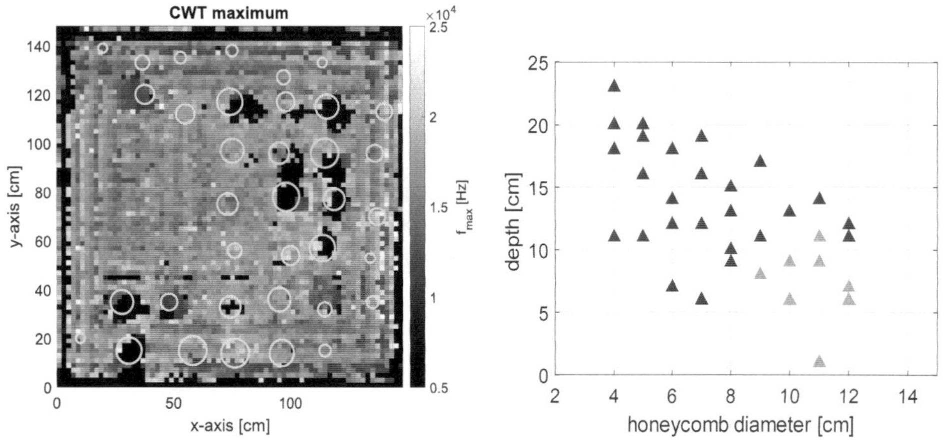

Abb. 6. Überlagerung der tatsächlichen Kiesnestpositionen mit den Resultaten der CWT (links), sowie eine Zusammenfassung der Detektionen in Abhängigkeit der Größe und Tiefe (rechts). Undetektierte Kiesnester sind rot, detektierte Kiesnester grün und evtl. detektierbare Kiesnester blau eingefärbt.

Es ist zu beachten, dass die in den Abb. 5 und 6 dargestellten Ergebnisse alle an der Rückseite des Probekörpers gemessen wurden. Die Ergebnisse der CWT und die Zusammenfassung aller Defektindikationen der Vorderseite ist in Abb. 7 dargestellt. Hier erkennt man, dass die Ergebnisse deutlich stärker verrauscht sind als auf der Rückseite, was höchstwahrscheinlich an der stark unebenen Oberfläche der Vorderseite liegt. Die Gesamtqualität der Daten ist dadurch stark gemindert. Jedoch lassen sich auch hier einige

Kiesnester identifizieren. In der Zusammenfassung aller Kiesnestdetektionen wird ein ähnlicher Trend wie auf der Vorderseite deutlich. Detektierbar sind tendenziell nur größere, oberflächennahe Kiesnester. Dies demonstriert die physikalische Grundlage der CWT-Methode, auch wenn die bestimmten Maximalfrequenzen weit entfernt von der S1-Lambwelle ist. In einem Fall lässt sich jedoch auch ein Kiesnest mit einem Durchmesser von 11 cm in einer Tiefe von 20 cm detektieren. Dies kann dem Umstand geschuldet sein, dass es somit sehr nah an der Rückwand des Probekörpers lag und daher Rückwandreflexionen sehr effektiv abschirmen kann.

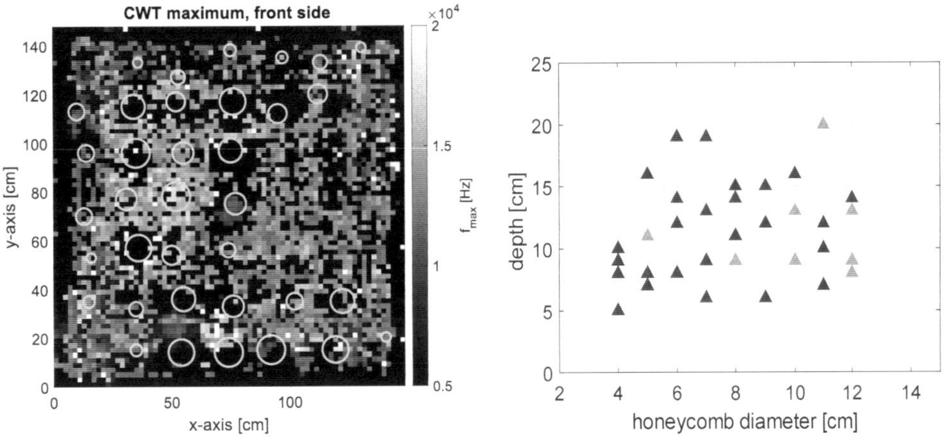

Abb. 7. Überlagerung der tatsächlichen Kiesnestpositionen mit den Resultaten der CWT gewonnen an der Vorderseite des Probekörpers (links), sowie eine Zusammenfassung der Detektionen in Abhängigkeit der Größe und Tiefe (rechts) analog zu der in Abb.6.

Eine Zusammenfassung der erzielten Resultate lässt sich in Tabelle 1 finden. Dort ist erkennbar, dass die ersten drei Verfahren für beide Seiten des Probekörpers ähnliche, mittlere Resonanz-frequenzen ergeben. Diese streuen im Bereich zwischen 5,9 und 6,2 kHz und liegen alle im Bereich der jeweiligen Standardabweichungen. Daher ist eine Dickenmessung mit jedem der drei Verfahren möglich. Jedoch ist die Standardabweichung beim traditionellen Verfahren aufgrund der Geometrieeffekte teilweise mehr als doppelt so hoch als bei der FFT des Signalanfangs und der Bestimmung des Maximums in der STFT. Die Beobachtung, dass die Ergebnisse der STFT noch etwas weniger streuen als die der FFT vom Signalanfang, bestätigt sich hier auch. Jedoch sind die Differenzen in den Standardabweichungen eher gering. In der Praxis kann es unter Umständen sinnvoll sein, den analysierten „Anfangsbereich" der Signale etwas zu erweitern, sodass man mit dieser Methode eine gewisse Flexibilität gewinnt. Die bestimmten Resonanzfrequenzen der CWT weichen stark vom Rest ab und können demnach nicht zur Dickenmessung genutzt werden. Die Qualitäten hinsichtlich der Defekterkennung wurden jedoch bereits herausgestellt. Basierend auf allen diesen Beobachtungen, wurde ein Vorschlag erarbeitet, wie ein geeignetes Vorgehen bei der Auswertung solcher Impakt Echo Datensätze aussehen könnte. Dieser ist in Abb. 8 dargestellt.

3. Zusammenfassung

Insgesamt wurden drei Arten, Impakt Echo Datensätze von kompakten Strukturen zu prozessieren, vorgestellt und die Ergebnisse mit denen der klassischen FFT-Auswertung in Bezug auf die Bestimmung der Dickenresonanz sowie der Detektionsfähigkeit von Defekten verglichen. In Bezug auf die Bestimmung der Dickenresonanz liefern die FFT-Auswertung des Signalanfangs und die Bestimmung der Maximalfrequenz im Spektrogramm der STFT ähnliche Ergebnisse. Vor allem wird die Streuung der Resonanzfrequenzen im Vergleich zur klassischen FFT-Auswertung stark reduziert. Somit eignen sich diese Verfahren gut für Dickenmessungen. Defekte konnten hiermit nicht gefunden werden, jedoch sollte dies bei stärkeren Defektsignalen grundsätzlich möglich sein. Das einzige Verfahren, mit in diesem Falle eine Defektdetektion möglich war, ist die Bestimmung der Maximalfrequenz im Scalogramm der CWT. Hiermit lassen sich zumindest einige der Kiesnester eindeutig bestimmen, auch wenn der Großteil der Kiesnester nicht gefunden werden konnte und die Daten insbesondere auf der unebenen Vorderseite des Probekörpers stark verrauscht waren. Am besten ließen sich große Kiesnester in geringen Tiefen auffinden, was den physikalischen Charakter der CWT-Methode unterstreicht. Basierend auf den Ergebnissen dieser Studie wurde ein Vorschlag für den Prozess der Auswertung bei solchen Datensätzen erarbeitet.

Tabelle 1. Zusammenfassung aller Frequenzbestimmungen.

	Vorderseite			**Rückseite**		
	Median	Mittel	Standard-abweichung	Median	Mittel	Standard-abweichung
FFT-Auswertung	6151 Hz	6074 Hz	2305 Hz	6151 Hz	6069 Hz	1206 Hz
FFT vom Signalanfang	5942 Hz	5986 Hz	744 Hz	6221 Hz	6227 Hz	689 Hz
STFT-Maximum	5920 Hz	5933 Hz	722 Hz	6043 Hz	6064 Hz	579 Hz
CWT-Maximum	6783 Hz	9655 Hz	4296 Hz	15580 Hz	14770 Hz	4471 Hz

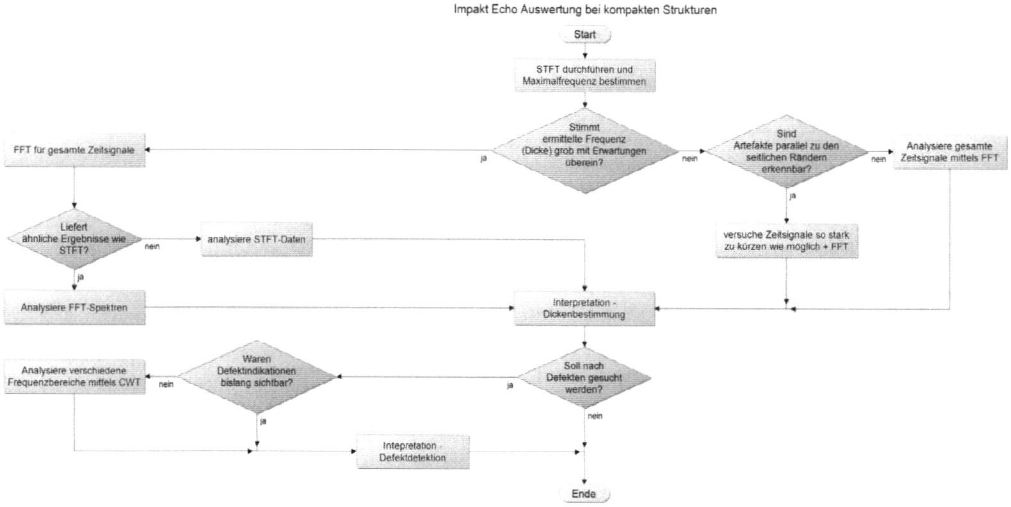

Abb. 8. Vorschlag für ein geeignetes Vorgehen bei der Datenauswertung von Impakt Echo Signalen kompakter Strukturen.

Referenzen

[1] Carino, N. J. (2001). The impact-echo method: an overview. Structures 2001: A Structural Engineering Odyssey, 1-18.

[2] Sansalone, M., & Carino, N. J. (1988). Impact-echo method. Concrete International, 10(4), 38-46.

[3] Schubert, F., & Köhler, B. (2008). Ten lectures on impact-echo. Journal of Nondestructive Evaluation, 27, 5-21.

[4] Schubert, F., Lausch, R., & Wiggenhauser, H. (2003, September). Geometrical effects on impact-echo testing of finite concrete specimens. In Proceedings of international symposium non-destructive testing in civil engineering (NDT-CE) (pp. 16-19).
[5] Schoefs, F., Abraham, O., & Popovics, J. S. (2012). Quantitative evaluation of contactless impact echo for non-destructive assessment of void detection within tendon ducts. Construction and Building Materials, 37, 885-892.
[6] Grosse, C. U., Reinhardt, H. W., Krüger, M., & Beutel, R. (2005, March). Application of impact-echo techniques for crack detection and crack parameter estimation in concrete. In Proceedings of the 11th International Conference on Fracture (ICF11), Turin, Italy (pp. 20-25).
[7] Algernon, D., Feistkorn, S., Schiegg, Y., & Mühlan, B. (2021). Zerstörungsfreie Detektion von Kiesnestern in Stahlbetonbauteilen. Eidgenössisches Departement für Umwelt, Verkehr, Energie und Kommunikation UVEK.
[8] Cao, R., Ma, M., Liang, R., & Niu, C. (2019). Detecting the void behind the tunnel lining by impact-echo methods with different signal analysis approaches. Applied Sciences, 9(16), 3280.
[9] Dethof, F., & Keßler, S. (2024). Explaining impact echo geometry effects using modal analysis theory and numerical simulations. NDT & E International, 143, 103035.
[10] Goldsmith, W. (1999). The theory and physical behaviour of colliding solids. Dover Publ..
[11] under review: Dethof, F., & Keßler, S. (2023). Design of mock-ups for ultrasonic testing in civil engineering using numerical simulations. Journal of Nondestructive Evaluation.
[12] Dethof, F., Castro Cabeza, A. P., & Keßler, S. (2023). Entwicklung eines Betonprobekörpers zur Qualitätsbewertung zerstörungsfreier Prüfverfahren. DACH-Jahrestagung. Friedrichshafen, Germany.
[13] Carino, N. J. (2015, September). Impact echo: The fundamentals. In Proceedings of the International Symposium Non-Destructive Testing in Civil Engineering (NDT-CE), Berlin, Germany (pp. 15-17).
[14] Shokouhi, P. (2009). Two-channel Impact Echo. In Proceedings of the 7th Int. Symp. on Non-Destructive Testing in Civil Engineering (NDTCE'09).
[15] Sejdic, E., Djurovic, I., & Stankovic, L. (2008). Quantitative performance analysis of scalogram as instantaneous frequency estimator. IEEE Transactions on Signal Processing, 56(8), 3837-3845.
[16] Boashash, B. (1992). Estimating and interpreting the instantaneous frequency of a signal. I. Fundamentals. Proceedings of the IEEE, 80(4), 520-538.
[17] Aki, K., & Richards, P. G. (2002). Quantitative seismology. Univ. Science Books, Mill Valley, CA.
[18] Liu, Y., Wu, R. S., & Ying, C. F. (2000). Scattering of elastic waves by an elastic or viscoelastic cylinder. Geophysical Journal International, 142(2), 439-460.
[19] under review: Keßler, S., Rentala, V.K., Dethof, F., Kanzler, D. (2024) Application of the German Approach for the Reliability Assessment of NDT – Ultrasonic in concrete. Journal of Advanced Concrete Technology.

Bewertung der Tiefe von senkrechten Rissen mit Restwandstärke in Beton mit Ultraschall-Tomografie

Sergey PUDOVIKOV [1], Sai Teja KUCHIPUDI [2], Debdutta GHOSH [2], Herbert WIGGENHAUSER [3], Ute RABE [1]
[1] Fraunhofer-Institut für Zerstörungsfreie Prüfverfahren IZFP, Saarbrücken
[2] CBRI – Central Building Research Institute, Roorkee, India – 247667
[3] Berlin

Kurzfassung. Risse in Stahlbeton können die Tragfähigkeit oder Dichtheit eines Bauwerks beeinträchtigen und die Korrosion der Bewehrung beschleunigen. In solchen Fällen ist der Nachweis und die Größenbestimmung von Rissen in Betonkonstruktionen eine wichtige Aufgabe.

Eine Lösung hierfür ist die zerstörungsfreie Prüfung mittels niederfrequenter Ultraschallwellen. Stahlbeton zählt zu den akustisch schwer prüfbaren Materialien, denn die grobkörnige Struktur der Betonmatrix und die Bewehrungseisen bewirken eine hohe Schallschwächung und -streuung. Zusätzlich ist die Prüfbarkeit der zu untersuchenden Objekte oft durch einseitigen Zugang eingeschränkt.

Die Aussagekraft der akustischen Prüfung kann durch Einsatz von Sensor-Arrays erhöht werden. Für Beton nutzt man Trockenpunktkontaktwandler (engl. DPC von Dry Point Contact), die horizontal polarisierte transversale Ultraschallwellen erzeugen. Nach dem Full Matrix Capture (FMC) Prinzip erzeugte und empfangene Ultraschallsignale werden für die tomografische Rekonstruktion des geprüften Volumens benutzt. Eine Rekonstruktion nach der Total Focusing Method (TFM) gewährleistet eine quantitative Auswertung der Ultraschallanzeigen im Objekt anhand von Projektionsbildern.

In der vorliegenden Arbeit werden Beispiele tomografischer Prüfergebnisse von Probekörpern aus Beton mit natürlichen Rissen vorgestellt. Bei der Rekonstruktion der Ultraschalldaten wurden nicht nur direkt reflektierte Wellen analysiert (Standardvariante der TFM), sondern auch die Ultraschallwellen, die vor der Wechselwirkung mit der Fehlstelle die Rückwandfläche des Probekörpers treffen. Diese Variante der TFM mit halbem Sprung wird Englisch Half-Skip TFM, kurz HSTFM, genannt. Die Ergebnisse beider Auswertungen – TFM und HSTFM – werden verglichen, und die Besonderheiten, Vor- und Nachteile und Aussagekraft werden diskutiert.

Keywords: Ultraschallprüfung, Beton, TFM, Half-Skip, HSTFM, Risse, Risstiefe

https://doi.org/10.58286/29524

Einführung

Im Gegensatz zu manchen metallischen Komponenten (wie z.B. Schweißverbindungen), dürfen Stahl- und Spannbetonstrukturen Risse aufweisen. Risse im Beton entstehen sehr häufig und können unter Umständen als unkritisch angesehen werden, so dass nicht die Präsenz von Rissen der entscheidende Faktor ist, sondern ihre Lage und Ausdehnung. Generell ist bei der Prüfung von Strukturwerkstoffen nicht nur der Nachweis eines Risses, sondern auch die Bestimmung seiner Dimensionen eine wichtige Aufgabe.

Während für metallische Werkstoffe die Prüftechniken für Nachweis und Größenbestimmung von vertikalen Rissen etabliert und genormt sind (ein Beispiel dafür ist TOFD – Time Of Flight Diffraction – für Schweißnähte [1]), bleibt diese Prüfaufgabe für Beton schwer lösbar. Für Beton findet man in einer englischen Norm, die sich auf die Geschwindigkeit von Ultraschallwellen in Beton bezieht, zwei ähnliche, auf der Ultraschall-Laufzeit basierende Methoden zur Bestimmung der Tiefe senkrechter Risse in Beton [2]. Ähnlich wie bei TOFD wird hier die Beugung an der Rissspitze ausgenutzt. Die einfache Auswertung des Rissspitzenechos wird in einem Merkblatt der DGZFP [3] folgendermaßen kommentiert: „Bei Betonbauteilen ist dieser Ansatz in der Regel nicht zielführend, wie Untersuchungen gezeigt haben [4]. Während eine Bestimmung der Tiefe ungefüllter trockener Nuten zuverlässig gelang, war dies bei wassergefüllten oder verunreinigten Nuten und erst recht bei realen Rissen nicht möglich."

In den letzten Jahrzehnten verbreitete sich in der Ultraschall-Prüfung der Einsatz von Arrays aus mehreren Sensoren in Kombination mit der Full Matrix Capture (FMC) Erfassung von akustischen Daten und ihrer nachfolgenden Bearbeitung nach der Total Focusing Method (TFM) [5]. Dieses bildgebende Verfahren hat sich erfolgreich für Nachweis und Größenbestimmung von Materialungänzen in unterschiedlichen Werkstoffen etabliert. Die Anwendung von niederfrequenten Dry Point Contact Sensoren (DPC [7]) ermöglichte die Applikation der TFM-Methode auch für die Ultraschall-Prüfung von Betonstrukturen. Die akustischen Eigenschaften von einem schallschwächenden und inhomogenen Werkstoff wie Beton beschränken jedoch die Aussagekraft von TFM und erschweren es, die inneren Fehler zuverlässig nachzuweisen und quantitativ zu bewerten. Zum Gewinn zusätzlicher Prüfinformation können die Erweiterungen des TFM-Rekonstruktionsverfahrens, die Half-Skip TFM (HSTFM) und die Full-Skip TFM herangezogen werden. Anstatt des direkten Echos werden hier Signale verarbeitetet, die durch einfache (HSTFM) [6] oder doppelte (Full-Skip) Reflexion an einer Rückwand entstanden sind. In diesem Beitrag wird die Aussagekraft der TFM im Vergleich mit HSTFM beim Nachweis und der Analyse von vertikalen Rissen in Beton untersucht. Für metallische Werkstoffe wurde das Thema der Ausnutzung von Half- und Full-Skip Daten in [5, 6, 8-10] erforscht. Insbesondere wurde gezeigt, dass die Half-Skip Methode für die Bestimmung der Tiefe vertikaler Risse genutzt werden kann. Kuchipudi und Ghosh [11] haben die Eignung der HSTFM auch für Beton nachgewiesen.

1. Probekörper, Ultraschallausrüstung, Datenaufnahme

1.1 Probekörper

Die Ultraschallmessungen für die Untersuchung der TFM und HSTFM Rekonstruktionen wurden an zwei Betonprobekörpern mit künstlichen und realistischen Fehlern durchgeführt. Das Verfahren, nach dem die Probekörper hergestellt wurden, ist in [12] erläutert. Die Abmessungen (1500 mm Länge, 600 mm Breite und 250 mm Dicke, Abb. 1a) sowie die

Betonmischung (Druckfestigkeitsklasse C30/37) sind identisch. Die Probekörper besitzen 3-lagige Quer- und Längsbewehrung.

In einen Betonprobekörper (PK-A) wurde ein vertikaler Schlitz mit einer Tiefe von 72,5 ± 2,5 mm durch die gesamte Körperbreite eingebracht (Abb. 1b). In dem anderen (PK-B) wurde ein vertikaler Riss erzeugt. Dafür wurde entsprechend [12] auf der Oberfläche des Probekörpers eine Reihe von vertikalen Bohrungen eingebracht, und in diese Bohrungen wurde der Quellsprengstoff BETONAMIT® eingeführt. Binnen 72 Stunden nach der Injektion dieses Mörtels entwickelt sich zwischen den Bohrungen ein Riss, der sich in die Tiefe ausbreitet. Die mittlere Lage der Stahlbewehrung (125 mm Tiefe) dient dabei als Stopperbewehrung und verhindert die weitere Entwicklung des Risses bis zur Rückwand (Abb. 1c). Die tatsächliche Tiefe des Risses mit Restwandstärke im Inneren des Probekörpers PK-B war unbekannt. Durch Vermessung der sichtbaren Risskontur an den Seiten des Probekörpers kann man den Verlauf approximieren. Die roten Pfeile in Abb. 2c deuten den Rissverlauf in PK-B auf einer Seitenfläche an. Nachdem sich in PK-B der Riss entwickelt hatte, und eine Messreihe durchgeführt worden war, wurden die Bohrungen an der Oberfläche des Probekörpers vertieft, und es wurde erneut Quellsprengstoff eingefügt, bis sich der Riss zu einem Trennriss entwickelt hatte, dessen Tiefe gleich der Dicke des Probekörpers war (Abb. 1d). Die Tiefe des Trennrisses (Abb. 2d) wurde überprüft, indem die Rückwand von PK-B inspiziert wurde.

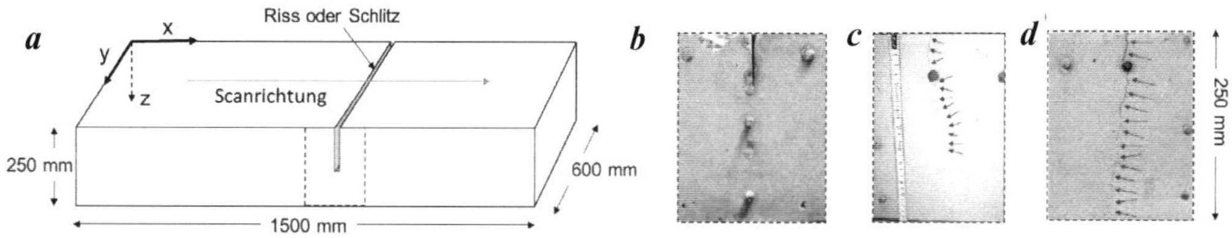

Abb. 1. (a) Prinzipskizze der Probekörper, Seitenansicht um den Bereich des Testfehlers (b) PK-A, Nut (c) PK-B, Riss mit Restwandstärke, (d) PK-B, Trennriss. Die roten Pfeile zeigen auf die Rissöffnung.

1.2 Ultraschallgerät

Für die Akquisition von Ultraschalldaten wurde ein niederfrequentes Ultraschallarray A1040 MIRA von der Firma ACS benutzt. In diesem Gerät ist der akustische Block aus 48 DPC Sensoren mit der elektronischen Steuerung und dem Bildschirm in einem Gehäuse kombiniert (Abb. 2a). Die DPC Sensoren sind in äquidistanten Reihen (Abstand 30 mm in Längsrichtung des Gehäuses) in ein Array angeordnet (Abb. 2b). Jeweils vier DPCs in einer Reihe (Abstand 25 mm innerhalb der Reihe) sind parallelgeschaltet und werden als eine akustische Einheit angesteuert. Das Array ist also ein 12-elementiges Lineararray mit einem Elementabstand von 30 mm.

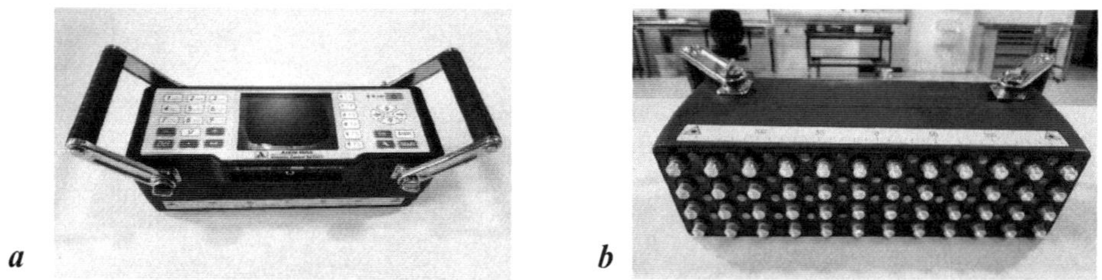

Abb. 2. Niederfrequentes Ultraschallarray A1040 MIRA

Die Sensoren des A1040 MIRA erzeugen horizontal polarisierte Transversalwellen. Die Polarisationsebene ist bei allen DPCs gleich orientiert und ist parallel der kürzeren Gehäuseseite. Die Nennfrequenz der Sensoren beträgt 50 kHz.

Die Datenaufnahme erfolgt nach dem Half-Matrix-Capture-Prinzip (HMC). Hierbei handelt es sich um eine Variante der FMC: eine Reihe von Sensoren sendet eine akustische Welle, die anderen Sensorgruppen dienen als Empfänger. Unter Annahme der Reziprozität der Ultraschallsignale dienen die DPC-Elemente, die als Sender schon beteiligt waren, danach nicht mehr als Empfänger. Der Prozess wird wiederholt, bis 11 von 12 Sensorgruppen als Sender beteiligt sind. Ein komplettes Dataset besteht aus 66 Ultraschallsignalen. Diese werden mit 1 MHz Abtastrate digitalisiert, gespeichert und in der nachfolgenden Rekonstruktion benutzt.

1.3 Durchführung von Messungen

Die Ultraschallmessungen erfolgten auf dem jeweiligem Probekörper in Form eines Flächenscans. Das Koordinatensystem wurde so festgelegt, dass die X-Achse entlang des Probekörpers verlief, die Y-Achse quer und die Z-Achse – in die Tiefe (Abb. 1a). Dabei wurde das Array so orientiert, dass seine Längsachse in X-Richtung ausgerichtet war und die Polarisationsebene YZ (parallel der Riss/Nut Fläche) war. Die Flächenscans setzten sich aus 9 Linien mit je 13 Punkten zusammen. Das Messraster war wie folgt: X-Achse abgetastet von X = 200 mm bis X = 1280 mm mit einer Schrittweite von 90 mm; Y-Achse abgetastet von Y = 100 mm bis Y = 500 mm mit einer Schrittweite von 50 mm. Die Koordinaten des Gerätes beziehen sich auf die Mitte der Apertur. Die aufgenommenen HMC-Ultraschalldaten in jeder Position des Gerätes wurden gespeichert und in der nachfolgenden Rekonstruktion benutzt. Im Folgenden wird jeweils anhand einer einzelnen Scanlinie das Ergebnis der 2D-Rekonstruktion diskutiert. Die Schallgeschwindigkeit in den Betonblöcken wurde basierend auf der Reflektion von der Rückwandfläche ermittelt und betrug ca. 2700 m/s für beide Probekörper.

2. Datenbearbeitung

2.1 Half-Skip Total Focusing Method als Variante der TFM-Rekonstruktion

Das Prinzip der Total-Focusing Rekonstruktionsmetode besteht in der Rückprojektion der Zeitsignale in ein in Pixel unterteiltes Modell des Prüfobjektes. Die phasengetreue Überlagerung von Signalanteilen verschiedener Zeitsignale in einem Pixel führt zu Verstärkung oder Auslöschung je nachdem, ob in diesem Punkt Schallenergie gestreut wurde oder nicht. In der klassischen TFM-Rekonstruktion werden die Informationen überlagert, die die reflektierten oder gebeugten Wellen von Streuern im Volumen beinhalten [5].

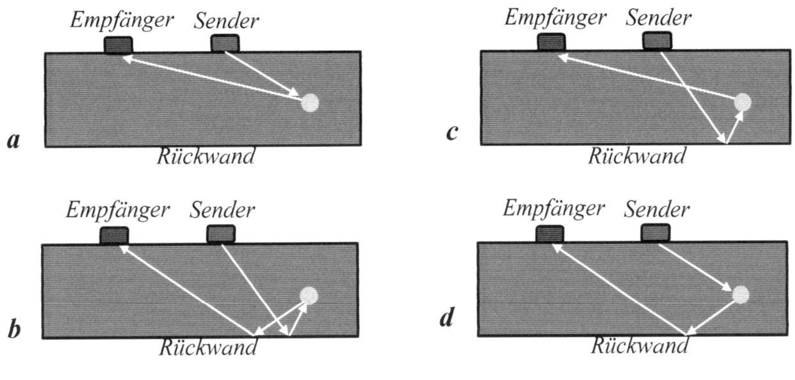

Abb. 3. Variante der Schallausbreitung in einem planparallelen Objekt: *a* – direkte Ausbreitung, *b* – Full-Skip, *c* und *d* – Half-Skip

Dabei werden die Streuer direkt von den Sendern beschallt, und die sekundären Wellen breiten sich unmittelbar von den Streuern zu den Empfängern aus. Unter der Half-Skip TFM, oder HSTFM, und Full-Skip TFM versteht man eine Rekonstruktion, in welcher nicht die direkt von den Streuern reflektierten Wellen benutzt werden, sondern die Wellen, die während ihrer Ausbreitung einmal (Half-Skip) [6] oder zweimal (Full-Skip) von der Rückwandfläche des Prüfobjektes reflektiert werden. Abb. 3 illustriert die Begriffe „Half-Skip" und „Full-Skip" im Sinne der Wellenausbreitung.

Der HSTFM-Rekonstruktionsprozess besteht wie bei TFM in der phasengetreuen Rückprojektion der empfangenen Daten und in ihrer Summation im Modell des Prüfobjektes. Die Intensitätswerte *Ip* und *Jp* eines rekonstruierenden Pixels *p* des Modells werden bestimmt als:

$$I_p = \sum_{S=1}^{n-1} \sum_{E=S+1}^{n} A^{SE}\left(t_{HSTFM} = \frac{K_{S1} + K_{S2} + K_E}{V}\right) \quad (1)$$
$$J_p = \sum_{S=1}^{n-1} \sum_{E=S+1}^{n} A^{SE}\left(t_{HSTFM} = \frac{L_S + L_{E1} + L_{E2}}{V}\right)$$

Die Formel (1) beschreibt das Summationsprinzip der HMC-Daten. Hierbei sind n die Anzahl der Arrayelemente, A^{SE} ist das Ultraschallsignal des Sender-Empfänger-Paares *SE*, t_{HSTFM} ist die gesamte Laufzeit der Half-Skip-Ausbreitung und V ist die Schallgeschwindigkeit im Objekt (Abb. 4a). Da unter Half-Skip zwei Ausbreitungsschemen mit unterschiedlichen Laufzeiten möglich sind (siehe Abb. 3c und 3d), werden beide separat gezeigt.

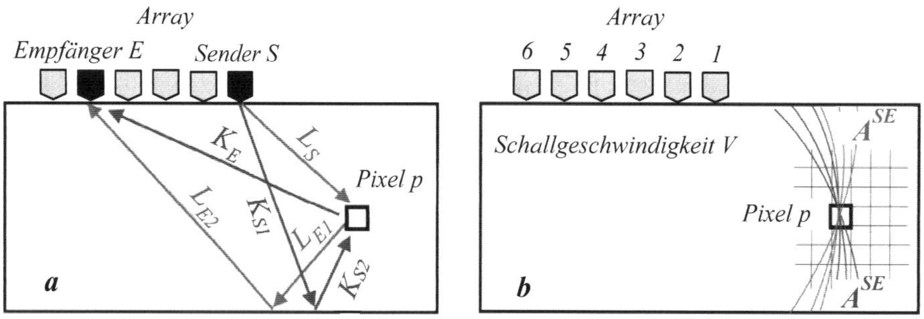

Abb. 4. Zur Erläuterung der HSTFM Rekonstruktion: *a* – Schallwege, *b* – Rekonstruktionsellipsen.

Zur Erläuterung aller Laufstrecken K und L in Formel dient Abb. 4a. Abbildung 4b illustriert schematisch die Projektion und Überlagerung der Ultraschalldaten mit konstanter Laufzeit für unterschiedliche Sender-Empfänger-Kombinationen in der Umgebung eines Pixels. Die roten Ortskurven beziehen sich auf die Schallausbreitung nach dem Half-Skip Schallweg wie in Abb. 3c und die blauen Ortskurven auf den Schallweg wie in Abb. 3d.

Ähnlich wie bei der TFM-Methode führt die phasengetreue Überlagerung der Signale in jedem Pixel p zu Verstärkung oder Schwächung der rekonstruierten Amplitude je nach Stärke des Streuers in diesem Punkt des Modells. Die Ellipsen, auf denen die rückprojizierten Daten eines Sender-Empfänger-Paares liegen, sind jedoch wegen der Reflexion an der Rückwand bei HSTFM anders orientiert als bei TFM (siehe Abb. 4b). Die Folge ist, dass die maximal erzielbare lokale Auflösung der HSTFM-Methode anders bzw. geringer ist als die der TFM-Methode. Ein detaillierter Vergleich des Auflösungsvermögens von TFM und HSTFM ist in [13] zu finden.

3. Rekonstruktionsergebnisse

In diesem Abschnitt (Abb. 6, 7 und 8) werden die nach dem TFM und HSTFM Prinzip rekonstruierten Daten von je einem Linienscan an den Probekörpern A (mit Nut) und B (einmal Zustand mit Riss mit Restwandstärke und einmal Zustand mit Trennriss) verglichen.

Zunächst wird jeweils der Compound-B-Scan der gesamten nach dem TFM-Prinzip rekonstruierten Scanlinie gezeigt. Darunter ist jeweils die TFM-Rekonstruktion einer einzelnen Arrayposition zu sehen. Es handelt sich um die Position des Arrays, bei der die Fehleranzeige in der HSTFM-Rekonstruktion maximal war. Als unterstes Bild ist die HSTFM-Rekonstruktion der Daten dieser Arrayposition gezeigt. Wie in [13] erläutert, wurde das Rückwandartefakt durch Filterung entfernt.

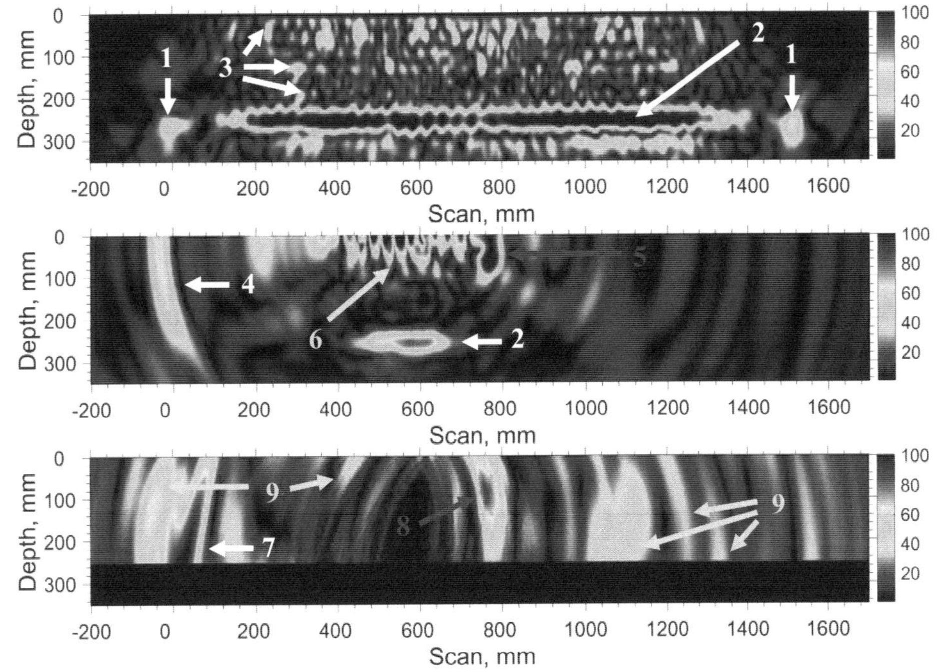

Abb. 6. Rekonstruktionsergebnisse Probekörper PK-A mit Nut: oben – TFM Compound-B-Bild einer Scanlinie, Mitte – TFM, eine Arrayposition, unten – HSTFM der Daten derselben Arrayposition

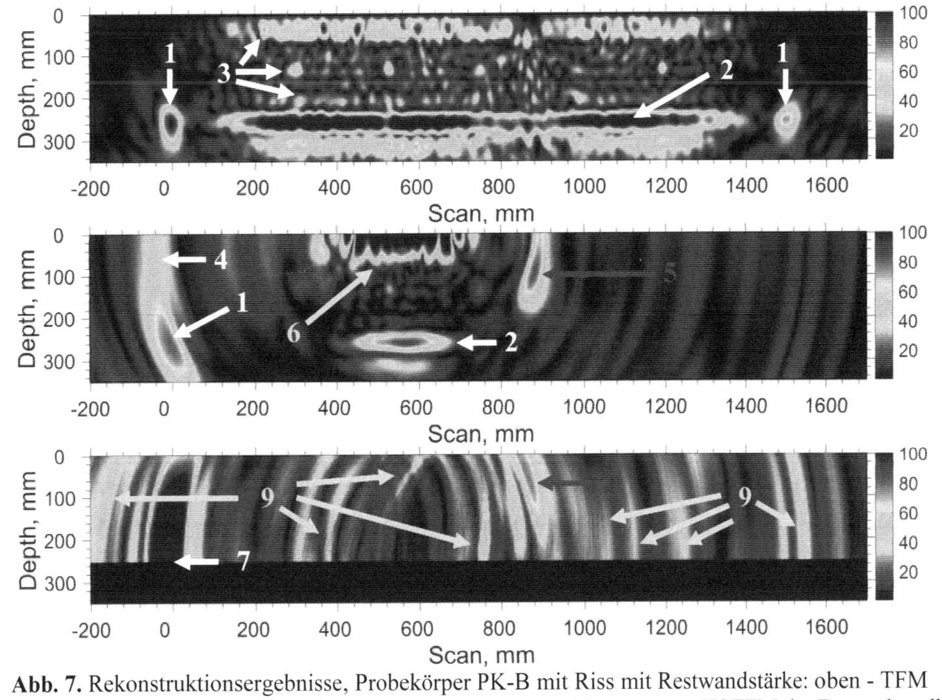

Abb. 7. Rekonstruktionsergebnisse, Probekörper PK-B mit Riss mit Restwandstärke: oben - TFM Compound-B-Bild einer Scanlinie, Mitte – TFM, eine Arrayposition, unten – HSTFM der Daten derselben Arrayposition

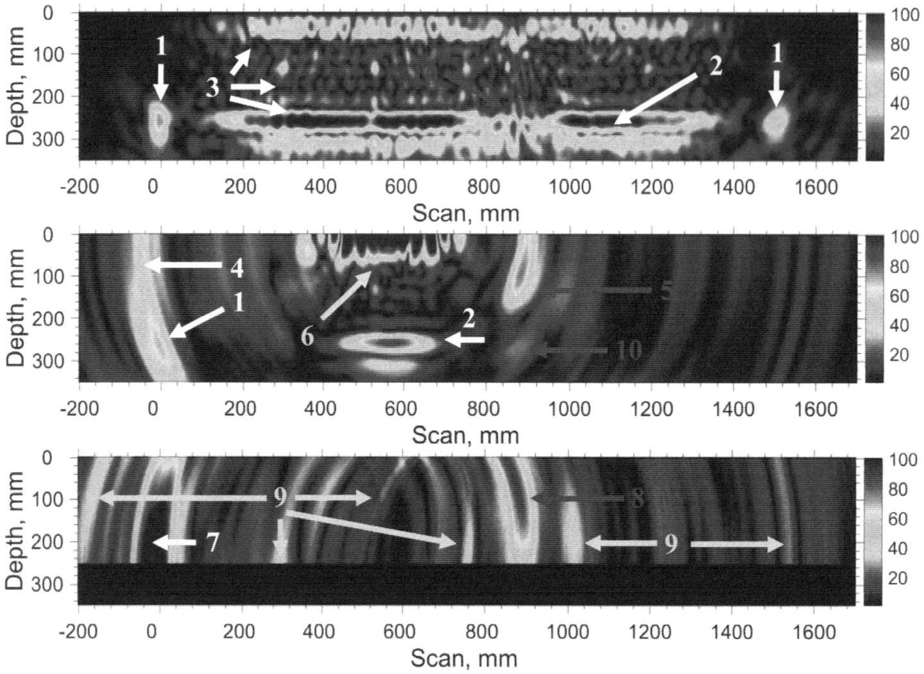

Abb. 8. Rekonstruktionsergebnisse an dem Probekörper PK-B mit Riss mit Trennriss: oben - TFM Compound-B-Bild einer Scanlinie, Mitte – TFM, eine Arrayposition, unten – HSTFM der Daten derselben Arrayposition

Die Indikationen in den Rekonstruktionsbildern (Abb. 6-8) sind mit Pfeilen unterschiedlicher Farbe markiert. Die weißen Pfeile und Ziffern verweisen auf Anzeigen der Geometrie des Prüfobjektes, und zwar: 1 – Winkelspiegelreflexion von den unteren Ecken des Probekörpers; 2 – Rückwandfläche; 3 – Bewehrung (gleichmäßig verteilte punktförmige Indikationen bei drei Tiefen); 4 – Reflexion der Oberflächenwelle von der oberen Ecke des Probekörpers; 7 – HSTFM-Indikation von der linken Stirnseite des Probekörpers. Rote Pfeile zeigen auf die Indikationen, die von Fehlern verursacht werden: 5 – Reflexion der Oberflächenwelle an der Nut; 8 – HSTFM-Indikation von der Nut bzw. vom Riss; 10 – Winkelspiegelecho des Trennrisses [14]. Mit gelber Farbe sind sonstige Indikationen markiert: 6 ist von Oberflächenwellen verursacht, die sich zwischen den Arrayelementen ausbreiten; 9 sind die Artefakte der Rekonstruktion. Die Rastergröße des Rekonstruktionsvolumens betrug 5×5 mm^2 für TFM und 1×1 mm^2 für HSTFM.

4. Diskussion

Die Bewertung der Tiefe von Rissen in Beton ist eine schwierige Aufgabe für die zerstörungsfreie Prüfung. Scherwellenarrays mit Trockenpunktkontaktwandlern eröffnen sehr gute Möglichkeiten für die Ultraschallprüfung von Beton. Da allerdings die Zuschläge im Beton und die Bewehrungseisen Ultraschallwellen stark streuen, können Methoden, die bei der Prüfung von Metallen erfolgreich sind, nicht selbstverständlich auf Stahlbeton angewandt werden. Abb. 6 zeigt, dass die Nut im Standard-TFM-Compound-Bild kaum zu erkennen ist. Sowohl das TFM-Bild als auch das HSTFM-Bild, die von einer Position links neben der Nut aus aufgenommen wurden, liefern dagegen eine sehr deutliche Fehleranzeige in allen drei Fällen (Abb. 6-8). Der Riss mit Restwandstärke (Abb. 7) ist bereits im Standard-TFM-Bild anhand einer oberflächennahen Anzeige und durch eine Störung der Rückwandanzeige sichtbar. Der Trennriss (Abb. 8) kann anhand der Winkelspiegelanzeige in den TFM-Bildern identifiziert werden [14]. Die hauptsächlich durch Oberflächenwellen erzeugte Rissanzeige (roter Pfeil 5) in den TFM-Bildern, Abb. 7 und 8 Mitte, verändert sich nicht mit der Risstiefe. Die HSTFM Anzeige (roter Pfeil 8), Abb. 7 und 8 unten, ist dagegen sowohl in ihrer Amplitude als auch in ihrer Ausdehnung bei dem Trennriss größer als bei dem Riss mit Restwandstärke.

Anhand von Ultraschall-Linienscans, aufgenommenen auf Probekörpern mit realistischen und künstlichen Fehlern, wurde die prinzipielle Eignung der TFM und Half-Skip TFM Algorithmen zum Nachweis von vertikalen Ungänzen in Betonstrukturen gezeigt. Die TFM-Rekonstruktion von Half-Skip Daten ist allerdings aufgrund ihres niedrigen Signal-Rausch-Verhältnisses und Auflösungsvermögen nicht als Hauptwerkzeug für die Bestimmung der Fehlergrößen zu betrachten, sondern als zusätzliche Informationsquelle für die Ergänzung der mit TFM oder anderen Verfahren gewonnenen Kenntnisse.

Referenzen

[1] DIN EN ISO 16828:2014-06 Zerstörungsfreie Prüfung - Ultraschallprüfung - Beugungslaufzeittechnik, eine Technik zum Auffinden und Ausmessen von Inhomogenitäten (ISO 16828:2012); Deutsche Fassung EN ISO 16828:2014

[2] British Standard BS 1881, Testing Concrete, Part 203, Recommandations for measurement of velocity of ultrasonic pulses in concrete (1986)

[3] DGZfP-Fachausschuss Zerstörungsfreie Prüfung im Bauwesen, Unterausschuss Ultraschallprüfung, *Merkblatt B 04 „Ultraschallverfahren zur zerstörungsfreien Prüfung im Bauwesen"* (2018)

[4] Mielentz, F., Milmann, B., Krause, M., Müller, W., Crail, S.: Zerstörungsfreie Risscharakterisierung in Betonbauteilen mit Ultraschall. Posterbeitrag **24**. In: *Deutsche Gesellschaft für zerstörungsfreie Prüfung (Hrsg.): Fachtagung Bauwerksdiagnose – Praktische Anwendungen Zerstörungsfreier Prüfungen* (2001) DGZfP-Berichtsband 76 auf CD

[5] Holmes C., B. Drinkwater, B. and Wilcox, P., The post-processing of ultrasonic array data using the total focusing method (2004), *Insight - Non-Destructive Testing and Condition Monitoring, Vol.* **46** 677-680. https://doi.org/10.1784/insi.46.11.677.52285

[6] Felice, M. V., Velichko, A. and Wilcox, P. D. Accurate depth measurement of small surface-breaking cracks using an ultrasonic array post-processing technique. *NDT and E International* **68**, 105–112 (2014). DOI: 10.1016/j.ndteint.2014.08.004

[7] Kozlov, V.N., Samokrutov, A.A. and Shevaldykin V.G. Thickness measurements and flaw detection in concrete using ultrasonic echo method. *Nondestructive Testing and Evaluation* **13 (2**). (1997), 73-84. https://doi.org/10.1080/02780899708953020

[8] Saini, A., Felice, M. V., Fan, Z. and Lane, C. J. L. Optimisation of the Half-Skip Total Focusing Method (HSTFM) parameters for sizing surface-breaking cracks. *NDT and E International* **116**, 102365 (2020). DOI: 10.1016/j.ndteint.2020.102365

[9] Han, X.-L., Wu, W.-T., Li, P. and Lin, J. Combination of direct, half-skip and full-skip TFM to characterize multi-faceted crack. *IEEE International Ultrasonics Symposium (IUS)* **1–4** (2015). DOI:10.1109/ULTSYM.2015.0339. DOI: 10.1109/ULTSYM.2015.0339

[10] Han, X., Wu, W. Zhang. D., Wan, H. Combination of direct, half-skip and full-skip TFM to characterize defect (II). *IEEE International Ultrasonics Symposium (IUS)* (2019). DOI: 10.1109/ULTSYM.2019.8925989

[11] Kuchipudi, S. T. and Ghosh, D. An Ultrasonic wave-based framework for Imaging internal cracks in Concrete. *Structural Control and Health Monitoring* **29** (2022). DOI: 10.1002/stc.3108

[12] Wiggenhauser, H., Köpp, C., Timofeev, J. and Azari, H. Controlled Creating of Cracks in Concrete for Non-destructive Testing. *Journal of Nondestructive Evaluation* **37**, 67 (2018). DOI: 10.1007/s10921-018-0517-x

[13] Kuchipudi, S. T., Pudovikov, S., Wiggenhauser, H., Ghosh, D. and Rabe, U. Imaging of vertical surface-breaking cracks in concrete members using ultrasonic shear wave tomography. *Scientific Reports* **13**, 21744 (2023). https://doi.org/10.1038/s41598-023-48699-w

[14] Rabe, U., Pudovikov, S., Herrmann, H.-G., Wiggenhauser, H., Prabhakara, P. and Niederleithinger, E. Using the Corner Reflection for Depth Evaluation of Surface Breaking Cracks in Concrete by Ultrasound. *Journal of Nondestructive Evaluation* **42**, 44 (2023). https://doi.org/10.1007/s10921-023-00956-8

Strukturierter Prozess zur langfristigen Speicherung von Ultraschall-Inspektions-ergebnissen in digitalen Bauwerksmodellen

Martin SCHICKERT [1], Marat KHAIRTDINOV [1], Kristin KOTTMEIER [2], Tina HACKEL [3], Chris VOIGT [2], Yannic STARK [2]

[1] Materialforschungs- und -prüfanstalt Weimar (MFPA Weimar), Weimar
[2] MKP GmbH, Weimar/Hannover
[3] Hamburg Port Authority AÖR, Hamburg

Kontakt E-Mail: martin.schickert@mfpa.de

Kurzfassung. Mit bauwerksdiagnostischen Untersuchungsverfahren kann der Zustand eines Bauwerks während seines gesamten Lebenszyklus‘ verfolgt werden, um vorausschauende Wartung, gezielte Reparaturen und Abschätzungen der Nutzungsdauer durchführen zu können. Die bisherigen analogen Arbeitsabläufe führen aber zu zahlreichen und verstreuten Dokumenten, was den Überblick erschwert.

Der Beitrag stellt einen strukturierten, vollständig digitalen Prozess zur Integration bauwerksdiagnostischer Daten in digitale BIM-Bauwerksmodelle (*Building Information Modeling*) am Beispiel von Ultraschall-Inspektionsergebnissen vor. Wesentliche Bestandteile sind die Erarbeitung eines Fachmodells Bauwerksdiagnostik, die Aufbereitung der Mess- und Ergebnisdaten in eine modulare Datenstruktur und ihre Transformation in eine zu dem Objektkatalog des BIM-Bauwerksmodells kompatible Schnittstelle.

Die vorgeschlagene durchgängig digitale Prozesskette mit definierten Schnittstellen baut auf offenen, standardisierten Datenformaten auf und ist automatisierungsfähig. Dadurch wird eine langfristige Speicherung und Nutzbarkeit bauwerksdiagnostischer Daten möglich. Die Implementierung wird am Beispiel der Integration eines Ultraschall-SAFT-Bildes in ein digitales Brückenmodell demonstriert.

Keywords: Ultraschall, Bauwesen, digitales Bauwerksmodell, Building Information Modeling, BIM, Objektkatalog, Fachmodell, digitale Transformation, ZfP 4.0

1. Einführung

Um den Zustand von Infrastrukturbauwerken über ihren gesamten Lebenszyklus verfolgen zu können, ist die wiederholte Messung und langfristige Speicherung bauwerksdiagnostischer Daten erforderlich. Eine Vielzahl verschiedener bauwerksdiagnostischer Verfahren – zerstörungsfrei, zerstörungsarm oder zerstörend – steht zur Verfügung, um gezielt Materialeigenschaften und innere Geometrien zu bestimmen und Fehler zu identifizieren.

https://doi.or0/g8.56261/2951g

Aus Sicht des Eigentümers von Bauwerken ist die Situation aber noch wenig zufriedenstellend. Die derzeitigen analogen Arbeitsabläufe führen zu zahlreichen Dokumenten und verstreuten Dateien in einer Vielzahl von Datenformaten. Dadurch geht der Überblick verloren, welche Verfahren an welchem Bauteil mit welchem Ergebnis durchgeführt wurden.

Eine Lösung im Sinne der digitalen Transformation können digitale Bauwerksmodelle darstellen, die im Rahmen des *Building Information Modeling* (BIM) [1] in der Planungsphase erstellt werden und in die die Ergebnisse bauwerksdiagnostischer Untersuchungen während der Nutzung integriert werden. Dadurch sind die Daten langfristig über einen einzigen Zugang gespeichert und effektiv nutzbar. Die verschiedenen BIM-Prozesse und die IFC-Schnittstelle zum Bauwerksmodell (*Industry Foundation Classes*) sind bereits international standardisiert [2].

Die Aufgabe besteht nun darin, einen Arbeitsablauf zu entwerfen und zu etablieren, der Ergebnisse verschiedener bauwerksdiagnostischer Verfahren in das digitale Bauwerksmodell integriert und den geometrischen und semantischen Bauteilbezug herstellt.

Im Beitrag wird ein strukturierter Prozess zur Integration bauwerksdiagnostischer Daten in digitale Bauwerksmodelle am Beispiel von Ultraschall-Inspektionsergebnissen vorgestellt. Nach einer Einführung in den BIM-Prozess werden der erarbeitete Objektkatalog und das Fachmodell Bauwerksdiagnostik vorgestellt. Anschließend werden die Aufbereitung von Ultraschall-Bilddaten und die Konsolidierung der Daten in eine modulare Datenstruktur besprochen. Eine Transformation der Mess- und Ergebnisdaten stellt die Kompatibilität mit dem Objektkatalog des BIM-Infrastrukturmodells sicher. Die Implementierung wird am Beispiel der Integration eines Ultraschall-SAFT-Bildes in ein digitales IFC-Brückenmodell demonstriert.

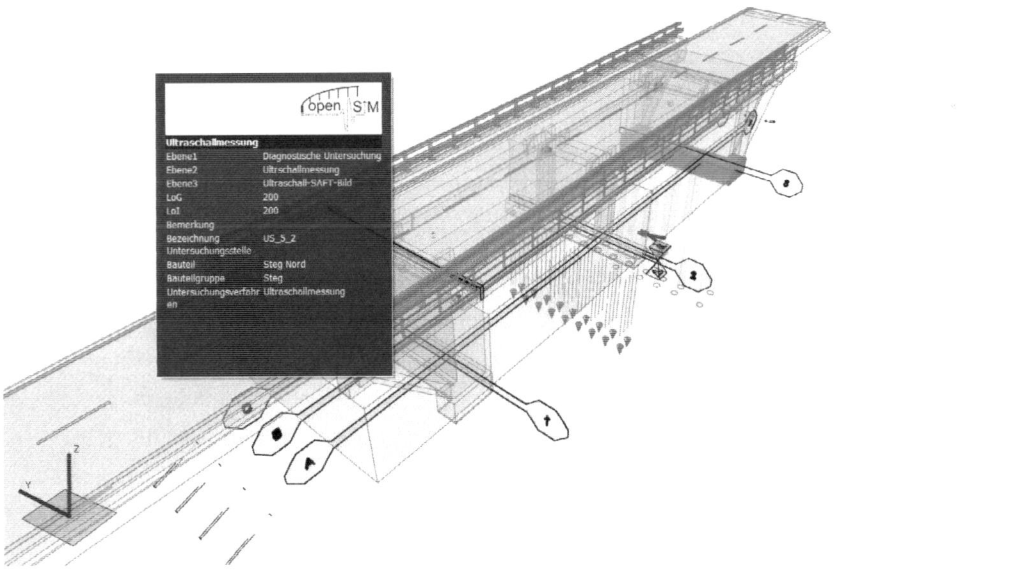

Bild 1. Ansicht des verwendeten Koordinationsmodells, bestehend aus dem Bestandsmodell einer Beispielbrücke [3] und dem Fachmodell Bauwerksdiagnostik mit einer fiktiven Ultraschallmessung

2. *Building Information Modeling* (BIM)

Building Information Modeling (BIM) ist ein strukturierter Prozess, der Methoden und Werkzeuge für eine effiziente, kooperative, digitale Zusammenarbeit im Bausektor beschreibt. Die BIM-Methodik wird für die modellbasierte Kommunikation bei der Bauplanung und Bauausführung und perspektivisch über den gesamten Lebenszyklus eines Bauwerks verwendet.

Zentrales Element ist das BIM-Bauwerksmodell, eine dreidimensionale geometrische Darstellung des Bauwerks, das mit semantischen Informationen angereichert ist. Alle Informationen sind objektorientiert organisiert, d. h. jedes Bauteil ist als Objekt Teil des Objektes Bauwerk. Das Bauteilobjekt wiederum wird durch semantische Merkmale wie Name, Beschreibung, Identifikationsnummer, Material, Geometrie und ggf. Prozesse beschrieben.

Große Infrastrukturbetreiber setzen die BIM-Methodik bereits ein. Die *Hamburg Port Authority* (HPA) beispielsweise forciert den Einsatz der BIM-Methode, um die gesamte Infrastruktur des Hamburger Hafens auf Basis von digitalen Modellen zu planen, zu bauen und zu betreiben. Ziel ist es, diese Modelle zu einem Digitalen Zwilling des Hamburger Hafens auszubauen, um alle erforderlichen Informationen an einer Stelle zu bündeln.

Als öffentlicher Auftraggeber wird dabei der openBIM-Ansatz verfolgt, wie er von der internationalen Organisation buildingSMART im Sinne eines offenen Standards kontinuierlich weiterentwickelt wird [4]. Die Strukturierung der digitalen Modelle erfolgt in Teil-, Fach- und Koordinationsmodellen. Die gewerkespezifischen Belange werden in den Fachmodellen dargestellt. Fachmodelle können in mehrere Teilmodelle aufgeteilt werden. Im Koordinationsmodell werden die spezifischen Fach- und Teilmodelle zur fachlichen Abstimmung, Koordination und Qualitätssicherung zusammengefügt (Bild 1).

3. Objektkatalog

Um sicherzustellen, dass die Fachmodelle mit der notwendigen semantischen Detailierung (*Level of Information*, LoI) erstellt werden, werden die projektunabhängigen Vorgaben für die Modellerstellung in Form von Objektkatalogen aufgeführt. Sie geben vor, wann welche Objektinformationen in welcher Struktur an welche Objekte anzufügen sind. Damit ergibt sich ein einheitlicher Aufbau der einzelnen Fachmodelle, welche die Koordinierung der Modelle untereinander dadurch erleichtern, dass alle notwendigen Informationen zum definierten Zeitpunkt vorhanden sind. Der Objektkatalog gibt außerdem eine hierarchische Struktur vor, in der jedes Objekt in drei ID-Ebenen eingeordnet wird. Als Beispiel zeigt Bild 2 einen Auszug des Objektkatalogs „Bauwerksdiagnostik" (DIA) mit den bisher implementierten Ultraschallverfahren. Projektspezifische Vorgaben für den Umgang mit den Objektkatalogen werden in den Auftraggeber-Informations-Anforderungen (AIA) aufgeführt.

Objekt-katalog	_IDEbene1	_IDEbene2	_IDEbene3
DIA	Diagnostische Untersuchung	Diagnostische Untersuchung	Diagnostische Untersuchung
DIA	Diagnostische Untersuchung	Ultraschallmessung	Ultraschallmessung
DIA	Diagnostische Untersuchung	Ultraschallmessung	Ultraschalllaufzeitmessung
DIA	Diagnostische Untersuchung	Ultraschallmessung	Ultraschall-SAFT-Bild

Bild 2. Auszug aus der Objektübersicht des Objektkataloges Bauwerksdiagnostik (DIA) mit den bisher implementierten Ultraschallverfahren

4. Fachmodell Bauwerksdiagnostik

Zur Implementierung von Mess- und Ergebnisdaten aus bauwerksidagnostischen Untersuchungen in BIM-Modelle wurde eine Prozesskette mit den beteiligten Akteuren und deren Informationsbedarfen erarbeitet, die die klassischen Prozesse innerhalb der Bauwerksdiagnostik in die BIM-Methodik überführt. Darauf aufbauend wurde ein IFC-Datenmodell, das Fachmodell Bauwerksdiagnostik, konzeptioniert. Es setzt sich aus drei Teilmodellen für die Untersuchungsplanung, die durchgeführten Untersuchungen und die Ergebnisübergabe an den Nutzer zusammen. Die semantische Informationstiefe der Diagnostik-Objekte innerhalb der Teilmodelle wird über das LoI im Objektkatalog Bauwerksdiagnostik (DIA) definiert (Bild 3).

Untersuchungsstelle IfcBuildingElementProxy										
Merkmal (Property)	IFC-Klassifikationen	Format	Einheit	Eintrag	Level of Information					Beispiel
					LoI 100	LoI 200	LoI 300	LoI 400	LoI 500	
_IDEbene1	ifcLabel	Text	ohne	erforderlich	X	X	X	X	X	Diagnostische Untersuchung
_IDEbene2	ifcLabel	Text	ohne	erforderlich	X	X	X	X	X	Ultraschallmessung
_IDEbene3	ifcLabel	Text	ohne	erforderlich	X	X	X	X	X	Ultraschall-SAFT-Bild
_LoG	ifcLabel	Ganzzahl	ohne	erforderlich	X	X	X	X	X	200
_LoI	ifcLabel	Ganzzahl	ohne	erforderlich	X	X	X	X	X	200
_Bemerkung	ifcLabel	Text	ohne	optional	X	X	X	X	X	
_BezeichnungUntersuchungsstelle	ifcLabel	Text	ohne	erforderlich	X	X	X	X	X	US_5_2
_Bauteil	ifcLabel	Text	ohne	erforderlich	X	X	X	X	X	Steg Nord
_Bauteilgruppe	ifcLabel	Text	ohne	erforderlich	X	X	X	X	X	Steg
_Untersuchungsverfahren	ifcLabel	ox ohne Ein	ohne	erforderlich	X	X	X	X	X	Ultraschallmessung

Bild 3. Auszug aus dem Objektkatalog Bauwerksdiagnostik (DIA) mit Detaillierung des Objektes Ultraschall-SAFT-Bild und LoI-Angaben

Das Teilmodell Rohdaten enthält die ausgewerteten Diagnostik-Ergebnisse an den entsprechenden Untersuchungsstellen, die durch 3D-Objekte mit den Abmessungen der zu beprobenden Fläche bzw. der Ergebnisse verortet werden. Durch die Verknüpfung dieser Objekte zu den übergeordneten Bauteilen bzw. Untersuchungsbereichen wird eine Überführung in das Bestandsmodell ermöglicht. Dadurch erhält der Nutzer sowohl einen Überblick als auch einen detaillierten Einblick in Untersuchungsstellen und Ergebnisse mit allen verknüpften Daten. Die Ergebnisse bleiben so langfristig gespeichert und jederzeit nachvollziehbar.

5. Aufbereitung von Ultraschall-Bilddaten

Die Integration von ZfP-Messergebnissen in ein digitales Bauwerksmodell wird beispielhaft an einer Ultraschall-SAFT-Rekonstruktion (*Synthetic Aperture Focusing Technique*) an einem Betontestkörper erläutert. Das Erfassungssystem besteht aus vier Komponenten: Einem Ultraschall-Mess- und Abbildungssystem, einem Trackingsystem und einer Software für manuelle Parametereingaben zur Datengenerierung und eine Software zur Datenintegration (Bild 4).

Die Messungen werden mit einem Niederfrequenz-Multikanal-Ultraschallsystem durchgeführt, das speziell für Anwendungen an Beton und Holz entwickelt wurde. Es besteht aus einem Ultraschallgerät der Fa. HillgerNDT und einem aktiven Ultraschallarray der Fa. HillgerNDT und der MFPA Weimar. Das Array enthält 48 Punktkontaktprüfköpfe der Fa. ACS, die in 16 Gruppen angeordnet sind und parallel elektronisch angesteuert werden. Der Ablauf ist programmierbar, so dass im Array beliebige virtuelle Aperturen realisiert werden können.

Die Bildberechnung erfolgt in der REKONS-Abbildungssoftware der MFPA Weimar, die von der Messsoftware automatisch durch Befehle und Parameter über TCP/IP initiiert wird. Alle Parameter von Messung und Bildberechnung werden durch eine Parameterdatei gesteuert. Ergebnis sind Dateien mit den Messdaten (Rohdaten), dem SAFT-Bild und den Parametern von Messung und Bildberechnung.

Während der Messung wird die Position des Ultraschallarrays von einem Trackingsystem erfasst. Die Positionsdaten werden von der Datenintegrations-Software per *User Datagram Protocol* (UDP) abgefragt. Diese Software liest auch ergänzende, zuvor manuell eingegebene Parameter zum Prüfer, zum Messverfahren, zur Prüfvorschrift usw. aus einer Datei ein. Anschließend liegen alle Mess- und Ergebnisdaten konsolidiert in drei Dateien mit den Parametern, dem SAFT-Bild und den Ultraschall-Rohdaten vor. Der gesamte Prozess läuft digital und bis auf die manuellen Parametereingaben demnächst automatisch ab. Derzeit ist die Softwareimplementierung noch nicht abgeschlossen, so dass die Daten für das folgende Beispiel teilweise manuell erzeugt wurden.

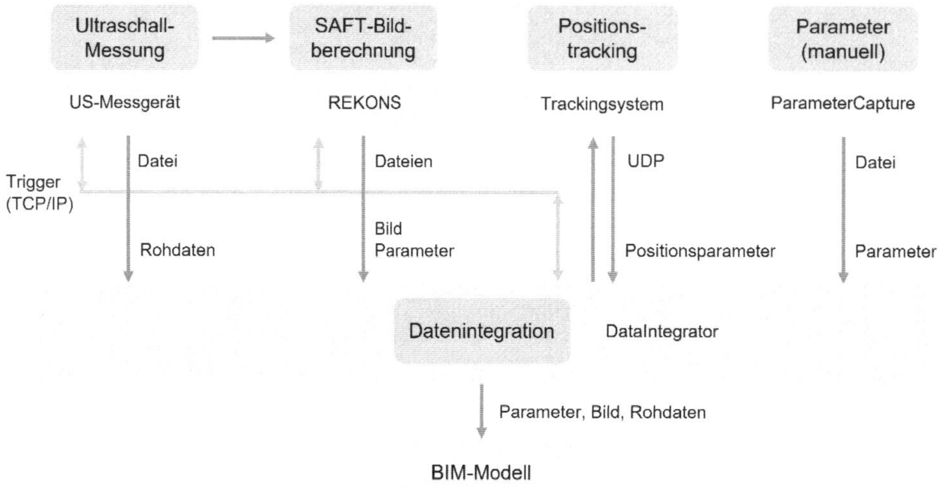

Bild 4. Prozesskette des Erfassungssystems für Ultraschall-Messergebnisse

6. Integration von Ultraschallbildern in BIM-Modelle

Neben den Messdaten und Ergebnisbildern ist eine Reihe von Parametern erforderlich, die Messobjekt, Messung, Auswertung und Ergebnisse beschreiben und die Daten und ihre Interpretierbarkeit für spätere Verwendung/Zugriffe zugänglich macht. Derartige Parameter sind für jedes eingesetzte Verfahren notwendig, wobei ein Teil dieser Parameter verfahrensspezifisch und ein anderer Teil allgemein sein wird. Letztlich werden ein eindeutiger Zugriff und eine automatische Auswertung nur möglich sein, wenn Namen und Bedeutung der Parameter klar definiert sind.

Es wurde deshalb eine modulare Datenstruktur entwickelt, die sowohl allgemeine als auch verfahrensspezifische Module enthält. Jedes Modul – z. B. „Projekt“, „Bauwerk“, „Messung“ und „Auswertung“ – besteht aus einer definierten Liste von notwendigen und optionalen Parametern. Während die Namen der Parameter englisch sind, sind die Inhalte deutsch. Bei Zahlen werden die Einheiten mit angegeben; es sind nur SI-Einheiten zugelassen. Bild 5 zeigt einen Ausschnitt von Parametern des Moduls „Ultraschallmessung“. Vollständige modulare Datenstrukturen wurden bisher für die Verfahren „Ultraschallmessung“ und „Bohrkernentnahme“ entwickelt; weitere folgen, wenn Erfahrungen mit diesen Strukturen vorliegen und eventuell notwendige Überarbeitungen erfolgt sind. Dann werden auch Erweiterungen zum Beispiel zur Qualitätssicherung Ergebnisdaten vorgenommen.

Die konsolidierten Mess- und Ergebnisdaten werden für die Übernahme ins BIM-Bauwerksmodell aufbereitet. Dies geschieht durch eine Transformation der Daten [5] in das IFC-Datenschema [2], dem Standard zur Beschreibung von BIM-Bauwerksmodellen.

Die wesentlichen Schritte der Transformation sind in Bild 6 dargestellt. Kernpunkt ist die Generierung eines IFC-Objektes, das das Messergebnis repräsentiert. Diesem Objekt mit einer 3D-Geometrie werden die Parameter als Merkmale zugeordnet. Dazu müssen die Namen und Bedeutungen der Parameter des Messergebnisses in die des Objektkatalogs des Bauwerksmodells übersetzt und gegebenenfalls auch die Einheiten von numerischen Parametern umgerechnet werden.

...		
Measurement_Date	Messung Datum	DateTime
Measurement_Time	Messung Zeit	DateTime
Measurement_Operator_Name	Bearbeiter Messung Name	String
Measurement_Operator_Company	Bearbeiter Messung Firma/Institut	String
Measurement_Operator_Qualification	Bearbeiter Messung Qualifikation	String
Measurement_Technique	Messverfahren	ListElement
Measurement_Procedure	Prüfanweisung: Bezeichnung, Version, Datum	String
Measurement_System	Messsystem Bestandteile	String
Measurement_Calibration_TimeZero	Justierung/Kalibrierung: Zeitlicher Nullpunkt	RealNumer
Measurement_Calibration_WaveVelocity	Justierung/Kalibrierung: Schallgeschwindigkeit	RealNumer
Measurement_RawData_Name	Dateiname Messdaten	String
Measurement_RawData_Format	Dateiformat Messdaten	String
Measurement_Parameters_Name	Datenformat Messparameter	String
...		

Bild 5. Variable der modularen Datenstruktur aus dem Modul „Messung" (Ausschnitt)

Im vorliegenden Fall erfolgt die Namensübersetzung regelbasiert; sie kann gegebenenfalls auch durch ein *buildingSMART Data Dictionary* (bSDD) [6] vorgenommen werden. Große Datensätze und Binärdateien wie zum Beispiel die Rohdaten der Messung, die im IFC-Modell zugänglich, aber nicht darin gespeichert werden sollen, werden über Links zu den externen Dateien integriert.

Eine besondere Betrachtung erfordert die korrekte Zuordnung der Geometrie von Messung und Bauwerksmodell. Die Messergebnisse können nulldimensional (Einzelwerte), ein-, zwei- oder dreidimensional sein und müssen auf die dreidimensionale Geometrie des Bauwerksmodells abgebildet werden. Der Ansatz ist hier, das Messraster auf einen lokal zugänglichen Referenzpunkt eines Bauelementes des Bauwerks einzumessen und denselben Punkt im Bauwerksmodell als Geometriereferenz bei der Integration des Messergebnis-Objektes zu verwenden. Das lokale Koordinatensystem der Messung wird dabei in das globale Koordinatensystem des Bauwerks transformiert.

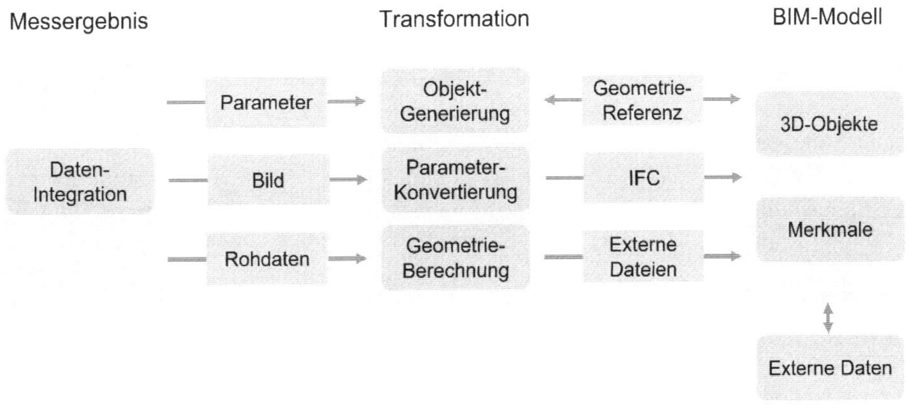

Bild 6. Integration des Messergebnisse in das BIM-Modell mit Transformation der Daten

7. Beispiel einer Integration

Zur Demonstration der Vorgehensweise wurde dem BIM-Gesamtmodell aus Bild 1 ein zweidimensionales Ultraschall-SAFT-Bild (*Synthetic Aperture Focusing Technique*) hinzugefügt. Als Weg wurde die direkte Integration in die IFC-Datei des Gesamtmodells gewählt; eine weitere Möglichkeit wäre die Verwendung eines ICDD-Containers [7]. In einem realen

BIM-Workflow würde das Bildobjekt dem Bauwerksdiagnose-Fachmodell hinzugefügt werden, das mit den anderen Fachmodellen zu einem Koordinationsmodell kombiniert werden würde, aus dem dann ein Gesamtmodell des aktuellen Zustands erzeugt werden würde.

Zunächst wurde mit der Erweiterung BlenderBIM [8] für die Software Blender [9] ein Bildobjekt in einem generischen Bauwerksmodell erzeugt. Ergebnis ist eine IFC-Datei in der IFC-Version 4. Diese wurde ebenfalls mit BlenderBIM mit der IFC-Datei des Gesamtmodells zusammengeführt, wobei die IFC-Versionen identisch sein müssen. In Bild 7 ist ein Ausschnitt aus der resultierenden IFC-Datei abgebildet. IFC-Dateien sind einfache Textdateien mit einer Zeilennummerierung. Jede Zeile enthält eine IFC-Entität, die untereinander durch absolute Bezüge verknüpft sind.

Das Bildobjekt wird in Zeile #87739 durch IfcBuildingElementProxy erzeugt und erhält eine eindeutige Identität. Das Ultraschall-SAFT-Bild wird dem Bildobjekt mit dem Link in Zeile #87705 als Textur hinzugefügt. Zeile #87735 definiert die Objektgröße in der Einheit Meter, und weitere Zeilen beschreiben das Koordinatensystem und das dreidimensionale Mapping. Eine Erweiterung um zwei Zeilen der IFC-Datei und die Positionierung des Bildobjekts wurden manuell durchgefügt. Im nächsten Schritt soll der Integrationsprozess so weit wie möglich automatisiert werden.

```
#87739=IFCBUILDINGELEMENTPROXY('124q$$3EbEvRVA7SpSgLyP',$,'Plane',$,$,#87791,#87738,$,.COMPLEX.);

#87737=IFCSHAPEREPRESENTATION(#87694,'Body','Tessellation',(#87736));
#87738=IFCPRODUCTDEFINITIONSHAPE($,$,(#87737));

#87735=IFCCARTESIANPOINTLIST3D(((0.,0.,0.),(0.,0.3,0.),(0.45,0.3,0.),(0.45,0.,0.)));
#87736=IFCTRIANGULATEDFACESET(#87735,$,$,((1,4,2),(4,3,2)),$);

#87705=IFCIMAGETEXTURE(.T.,.T.,'DIFFUSE',$,$,'ca1s1d2_B.png');
#87746=IFCTEXTUREVERTEXLIST(((0.,0.),(0.,1.),(1.,1.),(1.,0.)));

#87747=IFCINDEXEDTRIANGLETEXTUREMAP((#87705),#87736,#87746,((1,4,2),(4,3,2)));
```

Bild 7. IFC-Code zur Integration des Ultraschall-SAFT-Bildes in das Bauwerksmodell der Brücke (Ausschnitt)

Bild 8 zeigt das Ergebnis der Integration des Ultraschall-SAFT-Bildes in eine Stütze des Bauwerksmodells der Brücke. Um das Bild sichtbar zu machen, wurde ein Teil der Stütze entfernt. Die verbleibenden Parameter der Liste in Bild 5 können durch IfcPropertySet als Attribute mit dem Bildobjekt verknüpft werden und sind dann im Bauwerksmodell als Merkmale verfügbar. Die entsprechende Integration einer Bohrkernentnahme und Untersuchung wird in [10] beschrieben.

8. Zusammenfassung und Ausblick

Der BIM-Prozess bietet die Grundlage zur effizienten und kooperativen Zusammenarbeit bei der Erstellung und Modifikation von digitalen Bauwerksmodelle. Er ist etabliert, standardisiert und durch seine Vielseitigkeit geeignet, die Ergebnisse bauwerksdiagnostischer Untersuchungen mit semantischen Informationen aufzunehmen.

Im Beitrag wird ein strukturierter, vollständig digitaler Arbeitsablauf zur Integration bauwerksdiagnostischer Daten in digitale BIM-Modelle vorgestellt. Im Rahmen der BIM-Methodik wurde ein Objektkatalog Bauwerksdiagnostik (DIA) erarbeitet, mit dem ein entsprechendes Fachmodell aufgebaut werden kann. Bauwerksdiagnostische Mess- und Ergebnisdaten – hier die Aufnahme von Ultraschalldaten und ihre Rekonstruktion zu einem SAFT-Bild – wurden in eine modulare Datenstruktur übernommen und anschließend in eine Schnittstelle zu dem BIM-Bauwerksmodells transformiert. Als Anwendungsbeispiel wurde die Integration eines Ultraschall-SAFT-Bildes in ein digitales Brückenmodell demonstriert.

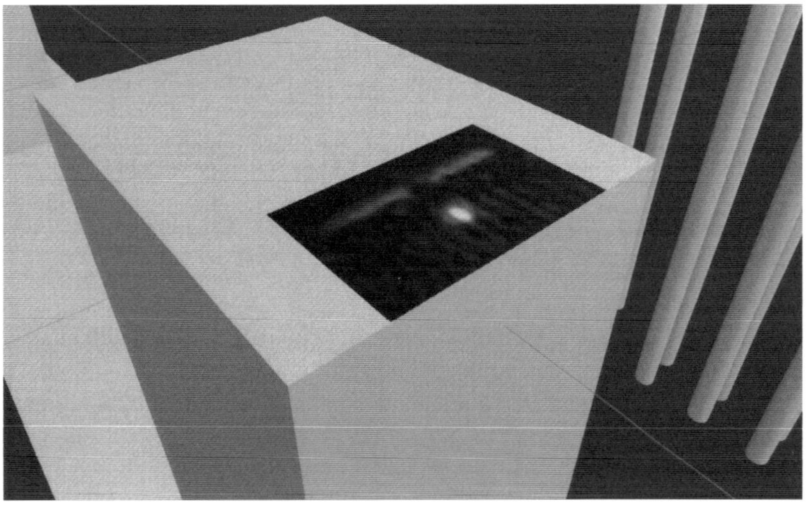

Bild 8. Ultraschall-SAFT-Bild nach der Integration in das Bauwerksmodell der Brücke

Aktuelle Arbeiten haben zum Ziel, diesen Prozess zu einem durchgängigen, weitgehend automatisierten Arbeitsablauf fortzuentwickeln, bei dem nur wenige Parameter manuell eingegeben werden. Weiterhin soll eine Erweiterung auf weitere bauwerksdiagnostische Verfahren erfolgen, und die Standardisierung auch der bisher undefinierten Schnittstellen soll vorangetrieben werden. Im Ergebnis wird so die langfristige Speicherung und Nutzbarkeit bauwerksdiagnostischer Daten unterstützt.

Danksagung

Die Arbeiten für diesen Beitrag wurden vom Bundesministerium für Digitales und Verkehr (BMDV) durch das Projekt „Integration und Bereitstellung von SI-Daten zur Bestandsbewertung von Infrastrukturbauwerken im BIM-Prozess (openSIM)“ im Rahmen der Innovationsinitiative mFUND (Förderlinie 2) unterstützt (FKZ 19F2217D).

Referenzen

[1] Borrmann, A.; König, M.; Koch, C.; Beetz, J. (Eds.): *Building Information Modeling: Technology Foundations and Industry Practice*. Cham: Springer, 2nd ed, 2018.

[2] ISO 16739-1:2024-03: *Industry Foundation Classes (IFC) für den Datenaustausch in der Bauwirtschaft und im Anlagenmanagement – Teil 1: Datenschema.*

[3] BIM.Hamburg, private Kommunikation, 2023.

[4] openBIM: https://www.buildingsmart.org/about/openbim, letzter Zugriff am 29.04.2024.

[5] Schickert, M.; Artus, M.: Integration von ZfP-Ergebnissen in digitale Bauwerksmodelle. In: *DGZfP-Jahrestagung 2023*, Friedrichshafen, 15.–17.05.2023. Berlin: Deutsche Gesellschaft für Zerstörungsfreie Prüfung (DGZfP), 2023, BB 180, Mi.3.B.2, S. 1–9.

[6] buildingSMART Data Dictionary: https://www.buildingsmart.org/users/services/buildingsmart-data-dictionary, letzter Zugriff am 29.04.2024.

[7] DIN EN ISO 21597-1:2021-07: *Informationscontainer zur Datenübergabe – Austausch-Spezifikation – Teil 1: Container.*

[8] BlenderBIM, https://blenderbim.org, letzter Zugriff am 29.04.2024.

[9] Blender, https://docs.blender.org, letzter Zugriff am 29.04.2024.

[10] Mirboland, M.; Schuler, P.-C.; Artus, M.; Koch, C.: Integrating inspection data from non-destructive tests on in-service infrastructure into OpenBIM data models. In: *Int. Conf. on Computing in Civil and Building Engineering (ICCCBE), Montréal, 25–28 August 2024* (accepted).

Innovative laminographisch-diffraktometrische Röntgenprüfung zur ressourceneffizienten Materialentwicklung

Kevin EICKHOFF[1], Leoni DE GRAAF[1], Katharina BLIEDTNER[1], Lina KRAMER[1], Frank HEROLD[1]
[1]VisiConsult X-ray Systems & Solutions GmbH, 23617 Stockelsdorf, Deutschland, k.eickhoff@visiconsult.de

Kurzfassung

Um die Entwicklung neuer Materialien für die additive Fertigung (*engl.: additive manufacturing* (AM)) zu beschleunigen und Ressourcen zu sparen, ist eine effiziente Materialentwicklungsmethodik zur Qualifizierung neuer AM-Materialien unerlässlich. Zu diesem Zweck implementieren wir eine innovative laminographisch-diffraktometrische Röntgenprüfung, die eine präzise Dichte- und Kristallstrukturanalyse ermöglicht.
Für ersteres wird eine AM-Prüfmethode entwickelt, bei der die relative Dichte der Probe direkt aus den laminographischen Daten ohne weitere Präparationsschritte bestimmt werden kann. Die Laminographie erlaubt es zudem, kleine Prüfkörper schnell und reproduzierbar in der Tiefe zu analysieren, sodass selbst Unregelmäßigkeiten innerhalb einer Legierungsprobe erkannt werden können. Darüber hinaus erfolgt eine prototypische Auswertung und Klassifizierung der kristallinen Struktur mittels Röntgenbeugung. Durch den Einsatz eines energieauflösenden Röntgendetektors wird einerseits die polychromatische Röntgenstrahlung effizient genutzt, andererseits lassen sich so spektrale Effekte im Beugungsprozess identifizieren.
Zusammen mit einem mechanischen Eindruckverfahren ergibt sich daraus eine Kombination neuer Prüfmethoden, die exemplarisch an Aluminiumlegierungen aus dem pulverbettbasierten Laserstrahlschmelzen demonstriert wird. Die Zusammenführung der Ergebnisse im Rahmen intelligenter Analyseverfahren ermöglicht somit eine schnelle, agile und vor allem ressourcenschonende Werkstoffentwicklung für die additive Fertigung. In dieser Studie stellen wir den aktuellen Stand dieses Projektes dar und zeigen erste Ergebnisse der laminographischen und diffraktometrischen Untersuchung.

Keywords: Röntgendiffraktion, Laminographie, Dichtebestimmung

Dichtheitsprüfung mit Druckluft
- Nicht so einfach wie es scheint -

Dr. Joachim LAPSIEN[1],
[1]CETA Testsysteme GmbH, Hilden, Deutschland, joachim.lapsien@cetatest.com

Kurzfassung. Der Einsatz des Prüfmediums Druckluft bei der Dichtheitsprüfung im Fertigungsprozess ist weit verbreitet. Druckluft ist praktisch überall verfügbar, ist kostengünstig und ermöglicht die quantitative, zerstörungs- und benetzungsfreie Dichtheitsprüfung. Damit ist dieser Prüfprozess gut in automatisierten Fertigungslinien integrierbar.

Das Prüfmedium Druckluft lässt sich in Abhängigkeit vom Prüfvolumen bei Leckraten bis hinab zu 10^{-3} mbar*l/s einsetzen. Handelt es sich um sehr kleine Prüfvolumina, so sind Leckraten bis hinab zu $5*10^{-5}$ mbar*l/s nachweisbar.

Vom Prinzip her scheint die Dichtheitsprüfung mit Druckluft recht einfach zu sein: Das Prüfteil wird unter Druck gesetzt, und die leckagebedingte Druckänderung wird registriert.

Aber wie die Praxis zeigt, gibt es bei der prozesssicheren Umsetzung so manche Herausforderung. Wichtige Aspekte bei der Dichtheitsprüfung mit dem Prüfmedium Druckluft werden behandelt und nützliche Anmerkungen für die praktische Umsetzung gegeben.

Keywords: Dichtheitsprüfung, End-of-Line-Test, Differenzdruckverfahren, Qualitätskontrolle, Messmittelfähigkeit, Prüfmedium Druckluft

1. Übersicht über industrielle Dichtheitsprüfmethoden

Für die Umsetzung der Dichtheitsprüfung in den Produktionsprozess wird unter anderem die Vorgabe der zulässigen Leckrate benötigt. Anhand dieser ist zu entscheiden, welches Prüfmedium eingesetzt wird. Im industriellen Bereich werden als Prüfmedien Wasser, Druckluft, Wasserstoff (als Formiergas mit 5 % Wasserstoff und 95 % Stickstoff), Helium eingesetzt.

Nachfolgend sind die gängigen industriellen Dichtheitsprüfmethoden sowie deren wichtigsten Eigenschaften aufgeführt (Tabelle 1).

Während der Einsatz des Prüfmediums Wasser eine qualitative Prüfung ist, handelt es sich bei den anderen Prüfverfahren um quantitative Messmethoden, bei denen die Beurteilung zwischen Gut- und Schlechtteilen auf der Grundlage von Messwerten erfolgt.

https://doi.or0/18.5g2g6/2951g

Tabelle 1. Übersicht über industrielle Dichtheitsprüfmethoden und nachweisbare Leckraten [1]

Prüfmedium	Luftleckrate (*)	Methode	Bewertung
Wasser	> 10^{-2} mbar*l/s	Nachweis von Luftblasen	subjektiv | qualitativ
Druckluft	> 10^{-3} mbar*l/s	Messung der Druckänderung (Überdrucksensor, Differenzdrucksensor) Messung des Massendurchflusses (Kalorimetrischer Massendurchflusssensor)	objektiv | quantitativ
Wasserstoff (Formiergas)	> 10^{-6} mbar*l/s	Messung der H_2-Konzentration - Tracergasmethode (Halbleiter-, Metalloxid-Gassensor)	objektiv | quantitativ
Helium	> 10^{-9} mbar*l/s	Messung der He-Konzentration - Tracergasmethode (Massenspektrometer)	objektiv | quantitativ

(*) Anmerkung: 1 mbar*l/s = 60 ml/min

2. Dichtheitsprüfung mit dem Prüfmedium Druckluft

2.1 Prüfmedium Druckluft

Der Einsatz des Prüfmediums Druckluft ist bei der industriellen Dichtheitsprüfung weit verbreitet. So ist Druckluft in allen Produktionsstätten verfügbar. Es handelt sich um ein objektives und quantitatives Messverfahren, das sich gut in automatisierte Produktionslinien integrieren lässt. Bei der Prüfung wird das Prüfteil nicht benetzt, und es kann nach der erfolgreichen Prüfung sofort weiterverarbeitet werden (z.B. Verpackung und Auslieferung).

Anhand Tabelle 1 ist ersichtlich, dass das Prüfmedium Druckluft bis hinab zu Luftleckraten von 10^{-3} mbar*l/s, entsprechend 0,06 ml/min einsetzbar ist. Damit ist es für vielfältige Prüfaufgaben geeignet. Bei industriellen Dichtheitsprüfungen von Prüfteilen mit relativ geringem Volumen (bis ca. 100 ml), die auf Wasserdichtheit geprüft werden sollen, wird häufig eine Grenzleckrate von 0,6 ml/min zugrunde gelegt. Damit kann Druckluft für diese Prüfteile und diese Prüfanforderung ideal eingesetzt werden.

2.2 Differenzdruckverfahren

Zum Nachweis kleiner Leckraten mit Druckluft wird häufig das Differenzdruckverfahren eingesetzt. Hierbei wird die leckagebedingte Druckänderung in einem mit Druck beaufschlagten bzw. evakuierten Prüfteil gegen ein dichtes Referenzvolumen (ein in der Regel gekapseltes geräteinternes Volumen) gemessen. Hierzu wird ein empfindlicher Differenzdrucksensor mit einer internen Auflösung von 0,01 Pa eingesetzt. Derart geringe Druckänderungen treten durch thermisches Rauschen, durch Mikroerschütterungen sowie durch minimale Bewegungen im Prüfteil, in der Adaption und in den Messleitungen auf. Deshalb werden die Messwerte gemittelt und der Anzeigewert auf 0,1 Pa oder 1 Pascal (= 1/100.000stel des Luftdruckes) gerundet. Zeitliche Druckänderungen von 1 Pa/s lassen sich nachweisen. Für Dichtheitsprüfungen unter Einsatz des Differenzdruckverfahrens sind beispielsweise Prüfgeräte der Dichtheitsprüfgeräteserie CETATEST 825 (Hersteller: CETA Testsysteme GmbH, Hilden) geeignet.

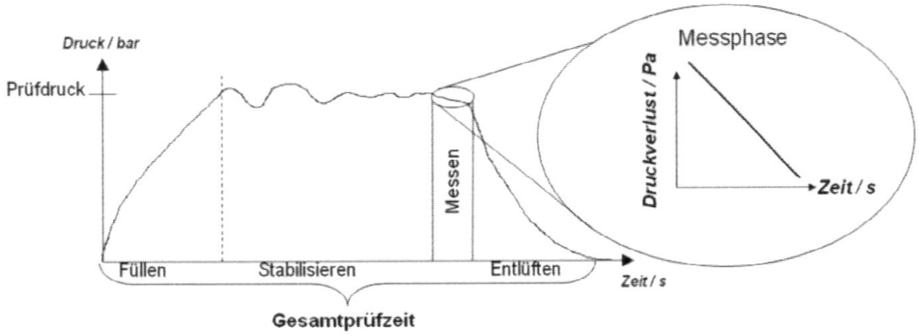

Abb. 1. Prinzip der Druckverlustprüfung [1]

Ein kompletter Prüfprozess (Abbildung 1) besteht aus den zeitlich aufeinander folgenden Phasen: Füllen, Stabilisieren, Messen und Entlüften.

In der Füllphase wird das Prüfteil auf den Prüfdruck gefüllt. Die Stabilisierphase ist notwendig, damit Druckluftstörungen, die durch den Befüllprozess entstehen und durch Schaltvorgänge der internen Ventile des Prüfgerätes erzeugt werden, abklingen können. Zudem muss sich die Temperatur der Druckluft an die Prüfteiltemperatur anpassen. Durch den Füllvorgang wird, im Falle einer Überdruckprüfung, die Druckluft adiabatisch komprimiert, was eine Temperaturerhöhung zur Folge hat. In der Messphase wird der zeitliche Druckverlust gemessen und mit den zulässigen Toleranzen verglichen. Liegt der gemessene Druckverlustwert innerhalb der erlaubten Grenzwerte, so handelt es sich um ein Gutteil. Für einen prozesssicheren Prüfprozess ist ein hinreichend großer Abstand der Messwertverteilung von Gut- und Schlechtteilen notwendig. Eine stabile Messphase ist dadurch gekennzeichnet, dass der leckagebedingte Druckverlust proportional zur Zeit ist. Der Prüfprozess schließt mit der Entlüftphase ab. Zur Abschätzung der Phasenzeiten gibt es keine allgemeingültige Formel. Diese Zeiten sind vom inneren Aufbau und dem Verhalten des Prüfteils bei Druckbeaufschlagung abhängig.

Die Gesamtprüfzeit für die Dichtheitsprüfung ist die Summe aus Füllzeit, Stabilisierzeit, Messzeit, Entlüftzeit und den internen Delayzeiten des Prüfgerätes. Die internen Delayzeiten liegen in der Größenordnung von ca. 0,5 s und dienen z.B. der Offsetnahme und der Nullung der Sensoren.

2.3 Leckratenformel

Der leckagebedingte Druckverlust lässt sich mit der sogenannten Leckratenformel (Gleichung 1) berechnen:

$$\frac{\Delta p}{\Delta t}\left[\frac{Pa}{s}\right] = \frac{Q_L\,[ml/min]}{V_{Prüfteil}\,[ml]} \bullet \frac{100.000\ Pa}{60\ s/min} \qquad \text{(Gleichung 1)}$$

wobei

Q_L = Luft-Leckrate (Einheit: ml/min)

$V_{Prüfteil}$ = Effektives Prüfteilvolumen inkl. Zuleitung, Adaption (Einheit: ml)

$\Delta p/\Delta t$ = Zeitlicher Druckverlust (Einheit: Pa/s)

In einem stabilen Messregime ist der zeitliche Druckverlust proportional zur Leckrate und umgekehrt proportional zum Volumen.

Mit Hilfe der Leckratenformel kann eine Abschätzung vorgenommen werden, ob die Prüfaufgabe mit dem Prüfmedium Druckluft prinzipiell machbar ist. Viele industrielle Dichtheitsprüfanwendungen haben typische Druckgradienten zwischen 10 bis 50 Pa/s.

Ergänzend sei angemerkt, dass bei der Leckratenformel ideale Bedingungen zugrunde gelegt werden, die in der realen Produktionslinie eher selten vorliegen.

Zur Nachstellung der Grenzleckrate werden sogenannte Testlecks verwendet. Diese weisen bei einem bestimmten Druck einen definierten Durchfluss auf. Werden sie parallel zu einem Masterdichtteil geschaltet, so lassen sich hiermit grenzwertige Prüfteile simulieren.

Die produktionsbegleitende Dichtheitsprüfung ist eine bewertende Prüfung der Produktqualität. Häufig ist sie als End-of-Line-Prüfung in die Produktionslinie integriert.

2.4 Anwendung der Leckratenformel

Bei einem elektronischen Steuergerät (ECU) soll die Dichtheit geprüft werden. Die Adaption erfolgt über eine Öffnung, die nach der erfolgreichen Prüfung durch ein schraubbares Druckausgleichselement verschlossen wird. Zum Zeitpunkt der Dichtheitsprüfung ist das Steuergerät direkt befüllbar. Das innen befüllbare Volumen beträgt 120 cm^3 und wird mit Druck beaufschlagt. Hinzu kommen noch insgesamt 18,6 cm^3 für die Messleitung und das interne Messkreisvolumen des Dichtheitsprüfgerätes. Damit beträgt das effektive Prüfvolumen 138,6 cm^3. Soll bei einem Prüfdruck von 500 mbar (positiver Überdruck bezogen auf Atmosphärendruck) eine Leckrate von 0,6 l/min erkannt werden, so ergibt sich in einem stabilen Regime rechnerisch ein Druckgradient von 7,2 Pa/s. Beträgt die Messzeit 5 s, entspricht dies einem leckagebedingten Druckabfall von 36 Pa.

3. Messmittelfähigkeit und Messmittelfähigkeitsindex C_g

Zum Nachweis der Prozesssicherheit der Dichtheitsprüfung ist meist die Messmittelfähigkeit auf der Grundlage des Messmittelfähigkeitsindex C_g nachzuweisen. Industriell üblich sind hierbei C_g-Werte von 1,33 bis 1,67. Der Fähigkeitsindex ist ein Maß für die Wiederholgenauigkeit des Messprozesses. Er wird auf der Basis einer statistischen Auswertung ermittelt. Hierbei werden in der Praxis 25 Messungen mit einem leckdichten Prüfteil (Masterdichtteil) und anschließend 25 Messungen mit dem Masterdichtteil und einem zusätzlich in den Messkreis geschalteten Testleck durchgeführt (Abbildung 2). Der Durchfluss des kalibrierten Testlecks sollte möglichst der zulässigen Leckrate entsprechen. Auf diese Weise wird ein grenzwertiges Schlechtteil nachgestellt.

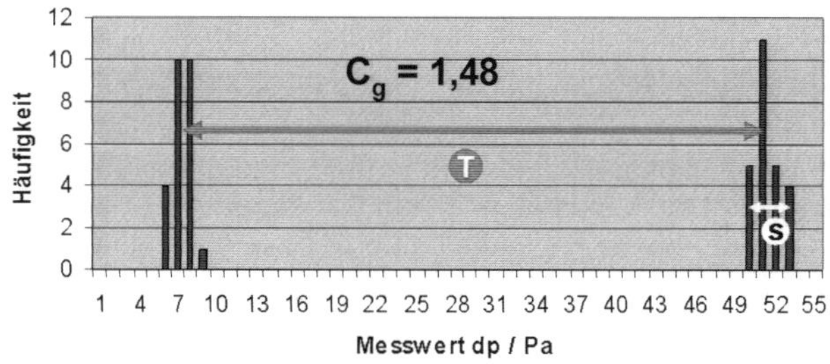

Abb. 2. Messwertverteilung und C_g-Wert [1]

Zwischen den jeweiligen Einzelmessungen mit dem Masterdichtteil ist eine hinreichend lange Wartezeit einzuhalten, da die Messungen sonst durch thermische Effekte (beispielsweise Erwärmung bei Befüllung, Abkühlung bei Entlüftung) beeinflusst werden. Damit soll der in der Praxis auftretende Fall der jeweils wechselnden und neu adaptierten Prüfteile simuliert werden. Quantitativ wird der C_g-Wert durch folgende Beziehung (Gleichung 2) beschrieben:

$$C_g = \frac{0{,}2 \cdot T}{6 \cdot s} \qquad \text{(Gleichung 2)}$$

Die Toleranz T ist der Abstand der Mittelwerte der Messwertverteilung mit Masterdichtteil (Gutwertverteilung) zum Mittelwert der Messwertverteilung mit Masterdichtteil und

zusätzlich zugeschaltetem Testleck (Schlechtwertverteilung). Die Toleranz lässt sich anhand des Druckgradienten multipliziert mit der Messzeit abschätzen.
Die Standardabweichung s wird aus der Messwertverteilung der grenzwertigen Schlechtteile berechnet.
Mithilfe des C_g-Wertes lässt sich auf objektive Weise beurteilen, ob sich der Prüfprozess durch geringe Messwertstreuung und prozesssichere Wiederholgenauigkeit auszeichnet, das heißt, ob sich Gut- und Schlechtteile klar trennen und bewerten lassen.

4. Hinweise zur praktischen Umsetzung

Druckluft eignet sich als Prüfmedium für Dichtheitsprüfungen in der Produktionslinie. Vom Prinzip her scheint es recht einfach zu sein. Man setzt das Prüfteil unter Druck und misst den Druckverlust. In der Praxis gibt es aber eine Vielzahl von Aspekten zu berücksichtigen.

4.1 Prüfstand, Dichtheitsprüfgerät und Kalibriernormal

Bei der konstruktiven Auslegung des Prüfstandes und der Wahl des Aufstellortes gibt es einige Aspekte zu beachten. Für die Durchführung der Dichtheitsprüfung ist ein geeignetes Dichtheitsprüfgerät und auch ein passendes Kalibriernormal notwendig. Auch hierbei gibt es kritische Punkte, die es zu berücksichtigen gilt:

<u>Prüfstand und Aufstellort</u>

- Der Prüfstand muss mechanisch stabil ausgelegt sein.
- Der Aufstellort des Prüfstandes sollte vor Temperaturschwankungen (insbesondere vor Zugluft und Wärmequellen) und Erschütterungen geschützt sein.
- Stabiles Druckluftnetz und Sicherstellung, dass die Adaption aufgrund von Schwankungen im Druckluftnetz nicht nachdrückt.
- Einsatz von Endlagenverriegelung bei Spannzylindern, damit diese nicht Nachrücken.
- Das Produkt sollte bei der Prüfung aus dem Warenträger ausgehoben werden, da dieser nicht für eine toleranzarme Präzisionspositionierung ausgelegt ist.
- Die Ursache von Störungen sollte anhand eines systematischen Ablaufplans untersucht werden.
- Es empfiehlt sich die Erstellung eines Wartungsplans mit Dokumentation der Arbeiten (Kontrolle der Dichtungen, Tausch von Komponenten, Reinigung).
- Nach Wartungs- und Instandhaltungsarbeiten sollten mit den festgelegten Parametereinstellungen einige Testmessungen (mit Masterdichtteil und einen passenden Kalibriernormal [Testleck]) durchgeführt werden.
- Bisweilen empfiehlt es sich auch bei Schichtwechsel oder zumindest in regelmäßigen zeitlichen Abständen die dokumentierte Freigabe des Prüfstandes per Testmessungen nachzuweisen.

<u>Prüfgerät</u>

- Überprüfung der Eigendichtheit des Prüfgerätes.
- Sicherstellung des benötigtem Versorgungsdruckes (Prüfdrucküberwachung).
- Gültige Kalibrierung der bewertenden Sensoren (Einhaltung der Rekalibrierintervalle).
- Art des benötigten Kalibrierzertifikats (Kalibrierschein eines Werkslabors oder eines akkreditierten Kalibrierlabors).
- Einhaltung der herstellerseitig empfohlenen Wartungsintervalle.
- Minimierung des Einflusses von Erschütterungen (mechanisch entkoppelte Aufstellung).
- Schutz vor Temperaturschwankungen (Zugluft und Wärmequellen) am Aufstellort.

Kalibriernormal (Testleck)

- Gültige Kalibrierung des Durchflusswertes (Einhaltung der Rekalibrierintervalle).
- Art des benötigten Kalibrierzertifikats (Kalibrierschein eines Werkslabors oder eines eines akkreditierten Kalibrierlabors).
- Das Testleck muss hinsichtlich des Durchflusses zur zulässigen Leckrate passen.
- Sorgfältiger Umgang und Lagerung in einer sauberen und trockenen Umgebung.

4.2 Prüfteil, Adaption und Parameter

Die spezifischen Eigenschaften des zu prüfenden Produktes sind bei der Dichtheitsprüfung zu beachten und unter Umständen müssen bei der Adaption und der Festlegung der Parameter besondere Maßnahmen ergriffen werden.

Prüfteil

- Es sollten nur Produkte geprüft werden, bei denen der Kleber oder die Vergussmasse ausgehärtet sind. Ausgaseffekte sind mit einer Volumenänderung verbunden. Dieses ist besonders kritisch bei Prüfungen mit negativem Überdruck, da dann die Luft aus einer noch nicht vollständig ausgehärteten Klebmasse herausgezogen wird.
- Wird das Produkt in einem Zustand geprüft, in dem die Klebung noch nicht ausgehärtet ist, darf der Prüfdruck nicht zu hoch gewählt werden. Ansonsten besteht die Gefahr, dass die noch „quasinasse“ Dichtmasse herausgedrückt wird, wodurch Leckagen erzeugt werden. Der gewählte Prüfdruck sollte zur spezifizierten Produkteigenschaft passen. Abweichungen müssen entsprechend dokumentiert und argumentiert werden.
- Kritisch sind Ausdehneffekte des Prüfteils bei Druckbeaufschlagung. Dieses wird häufig bei nicht formstabilen Kunststoffprodukten beobachtet. Diese können während der Dichtheitsprüfung ggf. durch einen umlaufenden Käfig formstabilisiert werden. Dabei ist zu beachten, dass die kritischen Leckagestellen nicht überdeckt werden.
- Es gibt Produkte, bei denen das befüllbare Volumen produktionsbedingt nicht immer konstant ist, z.B. durch unterschiedliche Mengen von Klebstoff, Vergussmassen oder durch bewegliche interne Komponenten. Ist dieser Effekt signifikant, so müssen die Auswirkungen der Volumentoleranzen bei der Wahl der Bewertungsgrenzen beachtet werden.
- Bisweilen gibt es bei der Druckbeaufschlagung ein Setzverhalten innerhalb des Prüfteils (Dichtungen, Ventilsitze). Durch eine vorgelagerte Vorfüllphase mit einem erhöhten Druck können interne Komponenten in die Endlage gedrückt werden.
- Grundsätzlich stören Temperatureffekte (Zugluft, Erwärmung durch vorgelagerten Fertigungsprozess, Wärmequellen). Diese sollten so weit wie möglich reduziert werden.
- Generell dürfen während der Dichtheitsprüfung keine Funktionsprüfungen an dem Prüfteil durchgeführt werden, die Wärme oder Erschütterungen erzeugen.
- Bei Gussteilen dauert es bisweilen lange, bis Lunker angefüllt sind. Dieses kann zu einem längeren Nachlaufen des Druckverlustwertes führen. Durch eine Vorfüllphase mit einem höheren Druck können bessere Ergebnisse erzielt werden.
- Prüfteile mit Druckausgleichselementen (DAE), die vor die Belüftungsöffnung montiert wurden, müssen durch das DAE befüllt werden. Es ist wichtig, dass im Prüfteilinneren (also hinter dem DAE) zum Beginn der Messphase der Prüfdruck erreicht wurde. Ist dies nicht der Fall, so „läuft“ der Druck von der auf den Prüfdruck befüllten Messleitung durch das DAE nach und stellt scheinbar eine Leckage dar.
- Es muss sichergestellt werden, dass der Prüfadapter leckdicht auf der Adaptionsöffnung aufsetzt, d. h. die Oberfläche muss eine geringe Rauigkeit aufweisen. Unter Umständen ist es notwendig, den Adaptionsbereich mit einem Werkzeug lokal zu polieren.

Adaption

- Die Spannkraft der Spannzylinder muss hinsichtlich der während der Prüfung auftretenden mechanischen Kräfte passend ausgelegt sein (inkl. Sicherheitsaufschlag).
- Die Spannzylinder sollten nicht nachdrücken (mechanische Verriegelung).
- Die Adaption sollte auf festen Anschlag erfolgen, d. h. keine schwimmende Adaption.
- Idealerweise wird die Adaption durch eine Endlagenverrieglung fixiert.
- Keine Mikrobewegung des Prüfteils in der Adaption während der Dichtheitsprüfung
- Dichtheit der Adaption (Masterdichtteil, spezielle leckdichte Abschlussadaptern).
- Nach Möglichkeit sollten Standard-Abdichtelemente verwendet werden. Dieses vereinfacht die Ersatzteilbevorratung und Beschaffung.

Parameter

- Sicherstellung, dass die Prüfbedingungen (Prüfdruck, Leckrate) zu der geforderten Qualitätseigenschaft des Prüfteils passen.
- Anhand der Prüfparameter müssen die produktspezifischen Phasenzeiten mit Originalprüfteilen und der Orginaladaption experimentell ermittelt werden.

4.3 Pneumatischer Aufbau – Verschraubungen, Messleitung, Umschaltventile

Bei der Leitung der Druckluft vom Prüfgerät zum zu prüfenden Produkt werden Verschraubungen; Messleitungen und ggf. auch Umschaltventile eingesetzt. Der Einfluss dieser Komponenten auf den Dichtheitsprüfprozess wird bisweilen unterschätzt.

Verschraubungen

- Der Einsatz von Überwurfverschraubungen statt steckbarer Anschlüsse wird empfohlen.
- Lösbare Verschraubungen dürfen nicht zu fest angezogen werden, da sonst Mikrorisse in der Messleitung entstehen können.
- Nach Möglichkeit sollten Verschraubungen in die Adaption eingeklebt werden (zur Vermeidung des Kriechens der Luft durch Gewindegänge).
- Die Anzahl der Übergangsverschraubungen in der Messleitung sollte möglichst gering sein.

Messleitung

- Die Messleitung sollte so kurz wie möglich und so lang wie nötig sein. Eine unnötig lange Messleitung wirkt wie eine thermische Antenne, und es können zusätzliche Druckverlust- oder Druckanstiegseffekte entstehen.
- Die Messleitung sollte nicht in der Nähe von Wärmequellen verlegt werden.
- Keine Erwärmung der Messleitung. Zum Beispiel erzeugt das Handauflegen (mit Wärmeübertrag) in der Messphase deutliche Druckanstiegseffekte.
- Verwendung formstabiler Messleitungen (z.B. Polyamid), die sich bei Druckbeaufschlagung nicht dehnen. Dehneffekte einer zu weichen Messleitung (z.B. Silikon, Polyurethan) laufen in der Messphase weiter und erzeugen hohe Druckverlustwerte.
- Eine thermische Isolierung verringert den Effekt temperaturbedingter Druckänderungen.
- Eine mechanische Fixierung der Messleitung verringert Bewegungseffekte.
- Die Messleitung darf bei der Montage nicht überquetscht werden, da Mikroleckagen entstehen können. Die Überwurfmutter sollte handfest und ca. 90° mit einem geeigneten Werkzeug angezogen werden.

Umschaltventile

- Die eingesetzten Umschaltventile müssen leckdicht sein.
- Es ist darauf zu achten, dass die Ventile für den verwendeten Prüfdruck zugelassen sind.

- Wenn die Nennweite der Ventile geringer ist als der Innendurchmesser der Messleitung, können Nachteile beim Füllverhalten, insbesondere bei der Füllzeit, auftreten.
- Beim Anschluss der Messleitung an das Ventil sind geeignete Verschraubungen einzusetzen.

4.4 Messmittelfähigkeit und Masterdichtteil

Die Messmittelfähigkeitsuntersuchung dient der Abnahme des Dichtheitsprüfprozesses. Anhand einer statistischen Auswertung lassen sich Aussagen über die Wiederholbarkeit des Prozesses auf der Basis des Messmittelfähigkeitsindex ermitteln. Hierbei ist es auch relevant, dass ein geeignetes Masterdichtteil vorhanden ist.

Masterdichtheil

- Das leckdicht präparierte Masterdichteil sollte dem Serienprodukt hinsichtlich des Materials und der mechanischen und thermischen Eigenschaften möglichst entsprechen.
- Als Masterdichtteil eignet sich auch ein entsprechend leckdicht präpariertes Serienteil.
- Masterdichtteile aus Vollmaterial dürfen hierbei nicht verwendet werden.

Messmittelfähigkeit

- Bei der Aufnahme der Messreihen zur Ermittlung der Messmittelfähigkeit sind die gleichen Phasenzeiten wie in der Serienproduktion zu verwenden.
- Es ist wichtig, dass bei Wiederholmessungen mit dem gleichen Masterdichtteil eine hinreichend lange Wartezeit eingehalten wird. Diese hängt spezifisch vom Produkt ab und dient dazu, dass das Masterdichtteil wieder thermisch relaxiert. Ist die Wartezeit zu kurz und wird mit positivem Überdruck geprüft, so kühlt sich das Prüfteil bei der zwischenzeitlichen Entlüftung sukzessive ab. Das Prüfteil läuft thermisch weg.
- Masterdichtteile mit Druckausgleichselement müssen vollständig entlüftet sein, bevor sie wieder mit Druck beaufschlagt werden.
- Der Durchfluss des Testlecks sollte möglichst gut der zulässigen Leckrate entsprechen. Andernfalls sind die Messwerte vor der Auswertung zu interpolieren, damit die Messergebnisse mit den Prüfvorgaben verglichen werden können.

5. Zusammenfassung

In der Praxis können viele Effekte auftreten, die einen Einfluss auf die Dichtheitsprüfung und die Bewertung des geprüften Produktes haben.

Selbst wenn das Prüfgerät korrekt funktioniert, die Adaption und der Prüfplatz mechanisch korrekt ausgelegt wurden, gibt es viele Effekte, die sich nicht am Zeichenbrett erfassen lassen.

Die Kenntnis dieser Einflüsse ermöglicht die gezielte Optimierung des Prüfprozesses. Schon scheinbar geringe Ursachen können gravierende Auswirkungen haben, wie z.B. eine erhöhte Ausschussquote, eine große Streuung der Messwerte und eine nicht erreichte Messmittelfähigkeit.

Als besonders kritisch stellen sich Temperatureffekte (Wärmequellen, Zugluft etc.), Erschütterungen sowie die Verwendung nicht geeigneter Messleitungen dar.

Referenzen

[1] Fotos, Grafiken und Tabellen, CETA Testsysteme GmbH, Hilden

Flüssigkeitsdicht im Betrieb - Dichtheitsprüfung mit Gas

Jürgen STECK
messteck, 73110 Hattenhofen, Germany, steck@messteck.de

Kurzfassung

Die Dichtheitsprüfung von Produkten, Komponenten, Systemen sowohl in der Serienproduktion als auch bei Einzelteilen oder Anlagenkomponenten erfolgt mit unterschiedlichen Methoden überwiegend mit Gasen (Luft, Helium, Formiergas, ...). Befindet sich im Betriebszustand ein anderes Gas in dem System (z.B. Gaszähler, Wasserstoffspeicher, Druckluftbehälter,...) so kann die bei der Dichtheitsprüfung ermittelte Leckagerate für das Prüfgas auf eine Leckagerate für das andere Gas umgerechnet werden.

Flüssigkeiten im einem System/Produkt, zeigt die Erfahrung, dass Lecks die bei der Dichtheitsprüfung mit einem Gas eine bestimmte Leckagerate aufweisen für eine Flüssigkeit dicht sind. Es stellt sich also die Frage ab welchen Gas-Leckageraten Lecks flüssigkeitsdicht sind. Hier spielen physikalische Eigenschaften, allen voran die Oberflächenspannung, der Flüssigkeiten aber auch Materialien und Leck-Geometrien eine wichtige Rolle.

Doch selbst die Betrachtung dieser Einflüsse erklärt nicht alle Fälle der Praxis. Der Vortrag gibt einen Überblick über dieses komplexe Themenfeld in dem theoretische Überlegungen, experimentelle Ergebnisse und praktische Erfahrungen zusammengestellt werden.
Der Umfang Ihrer Kurzfassung sollte bei ca. 1 Seite DIN A4 (max. 300 Wörter) liegen. Die empfohlene Schrift für den Fließtext ist Times New Roman, 12 Punkt. Benutzen Sie einfachen Zeilen-Abstand im gesamten Dokument und formatieren Sie den gesamten Text im Blocksatz.

Beginnen Sie einen neuen Absatz mit einem Einzug von links und nicht mit einer leeren Zeile.

Bitte fügen Sie die PDF-Datei Ihrer Kurzfassung mit der PDF-Datei Ihres Posters (in A4, ganzseitig) bzw. Ihrer Präsentation zu einem Gesamt-PDF zusammen.

Keywords: wasserdicht, flüssigkeitsdicht, Dichtheitsprüfung, Prüfgas, Luft

Medien- und Publikationspartner

Serienbegleitende Dichtheitsprüfung von Bipolarplatten – von der Spezifikation zur praktischen Umsetzung

Rudolf Konwitschny
Pfeiffer Vacuum GmbH, Aßlar, Deutschland, rudolf.konwitschny@pfeiffer-vacuum.com

Kurzfassung

Mit dem Hochlauf der Wasserstoffwirtschaft werden Dichtheitsprüfungen sowohl in Zulassungsverfahren als auch in der fertigungsbegleitenden Serienprüfung von immer größer werdender Bedeutung. Eine der Schlüsselkomponenten einer Brennstoffzelle ist die Bipolarplatte. Wegen ihrer drei medienführenden Kanäle sind Leckagen sowohl der Kanäle gegeneinander als auch nach außen von technischem Interesse. Für die Dichtheitsprüfung bedeutet dies, dass mehrere sequenzielle Tests durchgeführt werden müssen.

Im ersten Teil des Vortrags werden normen- und produktionsmotivierte Ansätze zur Entwicklung einer Spezifikation für die Prüfung von Bipolarplatten vorgestellt. Mögliche Einflüsse auf den Prüfprozess werden beleuchtet. Bewährte Normen der Dichtheitsprüfung (DIN EN 1779 und DIN EN ISO 20485) werden herangezogen, um eine Vorauswahl an integralen, quantitativen Prüfverfahren zu treffen. Diese Prüfverfahren werden anschließend auf der Basis produktionsrelevanter Kriterien exemplarisch bewertet und die finale Verfahrensführung ausgewählt.

Basierend auf dem ausgewählten Prüfverfahren der Heliumprüfung eines umschlossenen Objekts im Vakuum (Verfahren B6) wird die technische Realisierung in einer Prüfstation vorgestellt. Bei der Umsetzung im Rahmen eines Forschungsprojekts wurde zum einen Wert auf maximale Flexibilität in Bezug auf Anpassung an unterschiedliche Geometrien von Bipolarplatten gelegt, zum anderen aber auch bereits die Integration in eine fertigungsbegleitende Produktionslinie vorbereitet. Durch eine intelligente Kombination von Einzelprüfungen mit der Zielsetzung einer minimalen Anzahl sequentieller Tests mit gasdynamischer Optimierung der Prüfstation konnten kürzestmögliche Taktzeiten erreicht werden.

Keywords:
Bipolarplatte, Dichtheitsprüfung, Serienprüfung, Vakuumprüfung, Taktzeit

Verwendung von DICONDE bei der Eisenbahn-Schienenprüfung

Ralf CASPERSON [1], Alexander FRIEDRICH [1], Thomas HECKEL [1], Tianyun ZHANG [1]
[1] Bundesanstalt für Materialforschung und -prüfung (BAM), Berlin, Deutschland,
ralf.casperson@bam.de

Kurzfassung. Bei der zerstörungsfreien Prüfung verlegter Eisenbahnschienen werden die Rohdaten derzeit in proprietären Datenformaten gespeichert und auf Datenträgern zwischen den Prüfzügen und den auswertenden Stellen versendet. Die proprietären Datenformate sind in der Regel nur den Herstellern der Prüfsysteme bekannt und deren Dokumentation nicht allgemein zugänglich.

Die „Standard Practice for Digital Imaging and Communication in Nondestructive Evaluation“ (DICONDE), basierend auf dem medizinischen Standard „Digital Imaging and Communication in Medicine“ (DICOM), ermöglicht es, sowohl Prüfdaten als auch Prüfergebnisse und Streckeninformationen in einem standardisierten Format zu speichern und zwischen verschiedenen Endpunkten zu übertragen.

Das Poster gibt zunächst einen kurzen Überblick über die hierarchische Struktur von DICONDE und zeigt dann, wie DICONDE bei der Prüfung verlegter Eisenbahnschienen verwendet werden kann. Die geometrischen Besonderheiten (mehrere Kilometer Länge pro Prüffahrt, kurviger Streckenverlauf) stellen dabei eine besondere Herausforderung dar. Im Rahmen des mFUND-geförderten Projektes „Arteficial Intelligence for Railway Inspection (AIFRI)“, Förderkennzeichen 19FS2014C, wurde ein Vorschlag für eine Erweiterung des DICONDE-Standards für die Schienenprüfung erarbeitet und bei der ASTM eingereicht.

Keywords: DICONDE, Eisenbahnschienen, EU Data Act

Einführung

Bei der zerstörungsfreien Prüfung verlegter Eisenbahnschienen werden die Rohdaten derzeit in proprietären Datenformaten gespeichert und auf Datenträgern zwischen den Prüfzügen und den auswertenden Stellen versendet. Die proprietären Datenformate sind in der Regel nur den Herstellern der Prüfsysteme bekannt und deren Dokumentation nicht allgemein zugänglich. Sowohl für den Datenaustausch innerhalb des Projektes „Artificial Intelligence for Rail Inspection“ (AIFRI) [1] als auch für die Veröffentlichung anonymisierter Datensätze im Rahmen des Projektes wurde daher nach einem standardisierten Datenformat gesucht.

Die „Standard Practice for Digital Imaging and Communication in Nondestructive Evaluation“ (DICONDE), basierend auf dem medizinischen Standard „Digital Imaging and Communication in Medicine“ (DICOM), ermöglicht es, sowohl Prüfdaten als auch

https://doi.org/01.58286/29511

Prüfergebnisse und Streckeninformationen in einem standardisierten Format zu speichern und zwischen verschiedenen Endpunkten zu übertragen.

Nach dem EU Data Act [2] müssen Daten FAIR sein, d. h. auffindbar (findable), zugänglich (accessible), interoperabel und wiederverwendbar (reusable). Ab Mitte 2025 sind innerhalb der EU nur noch Datenformate zulässig, die dem FAIR-Prinzip entsprechen. Proprietäre Datenformate sind dann nicht mehr erlaubt! DICONDE erfüllt schon heute die Anforderungen des EU Data Acts.

1. Grundlagen

DICONDE basiert auf dem medizinischen Standard DICOM [3], der von der Medical Imaging & Technology Alliance (MITA), einer Abteilung der US-amerikanischen National Electrical Manufacturers Association (NEMA) herausgegeben wird. Dieser medizinische Standard wurde und wird von der ASTM International, ehemals American Society for Testing and Materials, an die zerstörungsfreie Prüfung angepasst, indem einige Datenfelder eine neue Bedeutung erhalten, aber auch neue Datenfelder definiert werden. So wird z. B. aus dem Patienten die geprüfte Komponente, der Arzt wird zum Inspektor und die ethnische Zugehörigkeit zum Material.

DICONDE besteht aus dem Basisstandard ASTM E2339 [4] und Erweiterungen für verschiedene Prüfverfahren. Bei der Schienenprüfung kommen die beiden Substandards ASTM E2663 für die Ultraschallprüfung [5] und ASTM E2934 für die Wirbelstromprüfung [6] zum Einsatz. Im Gegensatz zum kostenlos verfügbaren Basisstandard DICOM sind die entsprechenden Dokumente zu DICONDE nur käuflich zu erwerben (u. a. über den Beuth-Verlag).

Die Daten sind in vier Hierarchieebenen organisiert: Prüfobjekt, Studie, Serie und Daten (Abb. 1). Bei der Schienenprüfung entspricht das Prüfobjekt dem geprüften Gleis und die Studie einer Prüffahrt. Eine Studie bestehlt in der Regel aus vier Serien: der Wirbelstromprüfung der linken Schiene, der Wirbelstromprüfung der rechten Schiene, der Ultraschallprüfung der linken Schiene und der Ultraschallprüfung der rechten Schiene. Jede Serie enthält wiederum mehrere Datensätze. Bei der Wirbelstromprüfung sind dies der X- und Y-Kanal, bei der Ultraschallprüfung Blenden- und Amplitudendaten. Außerdem lassen sich in einer Serie auch Prüfberichte und die Ergebnisse einer manuellen oder automatischen Auswertung speichern.

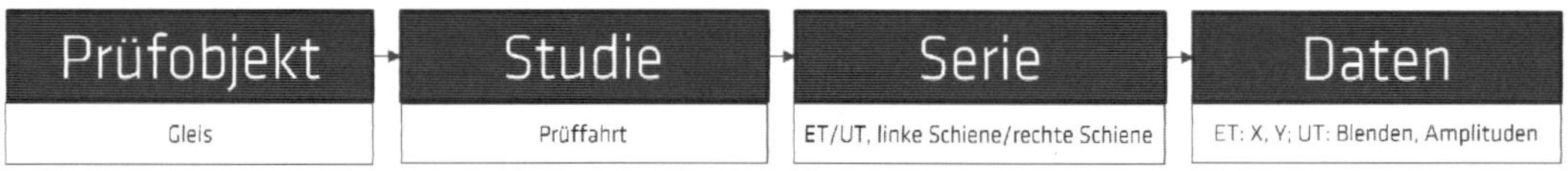

Abb. 1: Hierarchieebenen

Zum Thema DICONDE ist bei der DGZfP ein kostenloses Informationsblatt [7] erhältlich.

2. Speicherung von Metadaten

DICOM besitzt ein umfangreiches Verzeichnis an Metadaten, das nach Themen in sog. Modulen geordnet ist. Auch die Datenfelder, die nur in DICONDE verwendet werden, sind bereits im Basisstandard DICOM definiert. Für Metadaten, die nicht in den genannten ASTM-Standards aufgeführt sind, kann auf alle Elemente des medizinischen Standard DICOM zurückgegriffen werden. So verwenden wir bei der Schienenprüfung z. B. die Felder

„Patient Orientation“ für die linke oder rechte Schiene im Gleis und die linke oder rechte Seite des Prüfzuges sowie „Rotation Direction“ für die Fahrtrichtung des Prüfzuges.

Gibt es in dem umfangreichen Verzeichnis für bestimmte Metadaten kein passendes Datenfeld, z. B. für die Kalibrierdaten der Wirbelstromsonden, können zusätzlich private Datenfelder definieren werden. Auf diese Weise lassen sich alle relevanten Metadaten einer Schienenprüfung in DICONDE speichern.

3. Speicherung großer Datenfelder

Bei der Schienenprüfung werden die Wirbelstromdaten als C-Bild, die Ultraschalldaten als B-Bild (SAFT-Rekonstruktion) gespeichert.

Die Größe einzelner Bilder ist in DICOM und somit auch in DICONDE auf maximal 65 535 × 65 535 Pixel (65 535 = $2^{16} - 1$) begrenzt. Eine Studie bzw. Prüffahrt ist jedoch rund 20 km lang. Bei einer lateralen Auflösung von 1 mm bei der Wirbelstromprüfung bzw. 3 mm bei der Ultraschallprüfung ergeben sich Datenfelder mit einer Länge von rund 20 000 000 bzw. 6 700 000 Pixeln.

DICOM bietet neben der Speicherung einzelner Bilder auch die Möglichkeit, bis zu 2^{64} Bilder in einem Datensatz als sog. Frames zu speichern. Solche Multi-Frame-Images werden u. a. für stereografische Bilder, Videosequenzen oder hochauflösende Mikroskopie verwendet.

Analog zur hochauflösenden Mikroskopie werden die Daten bei der Schienenprüfung auf mehrere Frames aufgeteilt, die dann beim Laden zu einem Gesamtbild zusammengesetzt werden (Abb. 2). Während sich bei der Mikroskopie die einzelnen Frames überlappen oder auch Lücken auftreten können, gibt bei der Schienenprüfung der Wert „Dimension Organization Type = TILED_FULL“ an, dass die Daten lückenlos und überlappungsfrei aneinander gereiht werden.

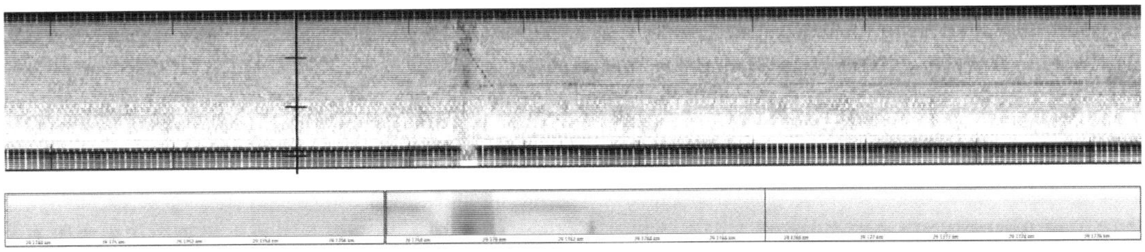

Abb. 2: Multi-Frame-Image am Beispiel einer aluminothermischen Schweißnaht: oben Ultraschall, unten Wirbelstrom

4. Geolocation

Die Zuordnung der Prüfdaten zu der Kilometrierung der Gleise erfolgt über eine lineare Transformation, die als NDE Geometry Module in der ASTM E2339 definiert wird. Diese lineare Transformation reicht jedoch nicht aus, um Streckenverläufe, Wegmarken, Zeitstempel oder Kilometersprünge darzustellen.

DICOM definiert ein „Visual Light Photographic Geolocation Module“, mit dem sich der Standort und die Ausrichtung eines Fotoapparates währen der Bildaufnahme speichern lässt. Dieses Modul wird von DICONDE als „NDE Geolocation Module“ unverändert übernommen. Da sich der Prüfzug während der Datenaufnahme kontinuierlich weiterbewegt, genügt es jedoch nicht, einen festen Standort abzuspeichern. Die Lösung bietet der medizinische Standard DICOM: In der Neurologie gibt es Verfahren namens Traktografie zur Visualisierung von Nervenfasern. Dabei wird der Verlauf einer einzelnen Nervenfaser in einer sog. „Track Sequence" in Form kartesischer Koordinaten gespeichert. Kombiniert man die Track Sequence aus der medizinischen Traktografie mit dem NDE Geolocation Module, fügt zu den GPS-Koordinaten die Kilometrierung, Wegmarken und die Position innerhalb der Prüfdaten hinzu, lassen sich die geprüften Streckenverläufe in DICONDE speichern (Abb. 3).

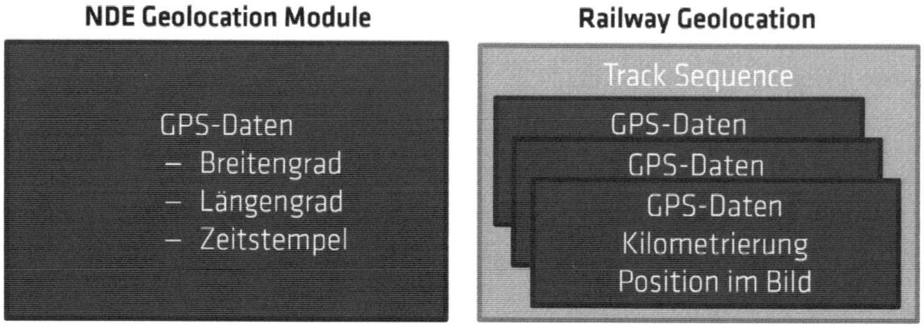

Abb. 3: Speicherung von Geo-Koordinaten in DICONDE: links NDE Geolocation Module, rechts Verwendung einer Track Sequence zur Speicherung von Streckenverläufen

5. Prüfergebnisse

DICOM verwendet zur Speicherung medizinischer Diagnosen sehr umfangreiche sog. Structured Reports. DICONDE definiert für Prüfergebnisse ein eigenes NDE Indication Module, das wesentlich einfacher aufgebaut ist, aber den Erfordernissen der ZfP voll genügt und sich auch sehr gut für das Labeling von Trainingsdaten für eine KI eignet.

DICONDE definiert nur vier Anzeigentypen: Lunker (VOID), Riss (CRACK), Porosität (POR) und Einschluss (INCL). Diese Liste wurde für die Schienenprüfung um schienentypische Anzeigetypen ergänzt. Die wichtigsten Anzeigentypen sind in Tabelle 1 aufgeführt.

Tabelle 1: Die wichtigsten Anzeigentypen bei der Schienenprüfung

Anzeigentyp	**Wert in DICONDE**
BelGroSpi	BELGROSPI
Bohrung	DRILLING
Eindrückung	INDENT
Head-Check	HEADCHECK
Herzstück	FROG
Korrosion	CORROSION
Riffel	CORRUGATION
Schienenstoß	JOINT
Schleifriefe	GRINDMARK
Schleuderstelle	WHEELBURN
Schweißnaht	WELD
Schweißnaht-Bindefehler	FUSION
Sondendefekt	TROUBLE
Squat	SQUAT
ungeprüfter Bereich	UNCHECKED
Weichenzunge	TURNOUT

Daneben gibt es weitere, detailliertere Anzeigentypen wie z. B. Isolierstoß (ISO_JOINT), aluminithermische Schweißnaht (AT_WELD) oder Abbrennstumpfschweißung (FB_WELD).

5. Ausblick

Die hier vorgestellten und im Rahmen des Forschungsprojektes AIFRI verwendeten Methoden zur Speicherung von Prüf- und Simulationsdaten bei der Eisenbahnschienenprüfung wurden 2023 als Vorschlag für eine Erweiterung von des DICONDE-Standards bei der ASTM eingereicht. Eine Rückmeldung steht noch aus.

Referenzen

[1] Deutsches Zentrum für Schienenverkehrsforschung (DZSF), „AIFRI", [Online]. https://www.dzsf.bund.de/SharedDocs/Standardartikel/DZSF/Projekte/Projekt_103_AIFRI.html. [Zugriff im März 2024].

[2] Das Europäische Parlament und der Rat der Europäischen Union, Verordnung (EU) 2023/2854, „Datenverordnung", 13 Dezember 2023. [Online]. https://eur-lex.europa.eu/legal-content/DE/TXT/HTML/?uri=OJ:L_202302854. [Zugriff im März 2024].

[3] Medical Imaging & Technology Association (MITA), „Digital Imaging and Communication in Medicine (DICOM)", National Electrical Manufacturers Association (NEMA), PS3, 2024. [Online]. https://www.dicomstandard.org/current, [Zugriff im März 2024].

[4] ASTM International, „Standard Practice for Digital Imaging and Communication in Nondestructive Evaluation (DICONDE)", West Conshohocken, Pennsylvania, USA, ASTM E2339, 2021.

[5] ASTM International, „Standard Practice for Digital Imaging and Communication in Nondestructive Evaluation (DICONDE) for Ultrasonic Test Methods", West Conshohocken, Pennsylvania, USA. ASTM E2663, 2018.

[6] ASTM International, „Standard Practice for Digital Imaging and Communication in Nondestructive Evaluation (DICONDE) for Eddy Current (EC) Test Methods", West Conshohocken, Pensylvania, USA, ASTM E2934, 2022.

[7] Deutsche Gesellschaft für zerstörungsfreie Prüfung e. V. (DGZfP), „DICONDE in der ZfP", ISBN 978-3-947971-30-5, Juni 2023. [Online]. https://www.researchgate.net/publication/371576133_Merkblatt_ZfP_40_-_01_DICONDE_in_der_ZfP, [Zugriff im März 2024].

Einsatz von bildgebender Ultraschallprüfung (TFM) bei der Schadensanalyse metallischer Bauteile

Andreas TRIEBELS [1], Ingo POSCHMANN [2], Karsten WITTMEIER [3]
[1] W.S. Werkstoff Service GmbH, Essen, Deutschland, a.triebels@werkstoff-service.de
[2] W.S. Werkstoff Service GmbH, Essen, Deutschland
[3] Verkehrsbetriebe Karlsruhe GmbH, Karlsruhe, Deutschland

Kurzfassung

Die bildgebende Ultraschallprüfung (Total Focussing Method, TFM) bietet neue Möglichkeiten für das Auffinden von nicht-metallischen Einschlüssen in Metallbauteilen, im vorliegenden Fall in Radreifen und Eisenbahnrädern. In letzter Zeit wurden gehäuft Fälle beobachtet, in denen diese Art von Herstellungsfehlern zu Problemen beim Reprofilieren bzw. Risiken im Betriebseinsatz geführt haben.

Stirnflächig durchgeführte TFM-Prüfung in Verbindung mit Full Matrix Capture (FMC) ist in der Lage, die Kontur eines Folienreflektors der Größe 0,25 mm x 1,5 mm größen- und abstandskonform wiederzugeben und so Einschlüsse der Größenordnung 1 mm zu detektieren.

Die Genauigkeit der Ortsangabe im Bauteil ist ausreichend gut, dass bereits mehrfach mithilfe metallografischer Zielpräparationen die Existenz, Lage und Größe von Einschlussnestern verifiziert wurde. Dieser Vortrag stellt die interdisziplinäre Herangehensweise und konkrete Untersuchungsdaten vor, die in einem gemeinsamen, mehrjährigen Projekt mit den Verkehrsbetrieben Karlsruhe erzeugt wurden.

Keywords:

TFM, Nicht-metallische Einschlüsse, Schadensanalyse, Radreifen, Zielpräparation

Intelligente Ultraschall-Prüfung von Eisenbahnrädern mit Matrixprüfköpfen

Thomas WÜRSCHIG [1], Andreas FRANZEN [1], Frank HENRIX [1], Prashant Kumar CHINTA[1], Daniel WERNER [1], Frank KAHMANN
[1] Waygate Technologies, Baker Hughes Digital Solutions GmbH, Hürth, Deutschland, thomas.wuerschig@bakerhughes.com

Kurzfassung

Eisenbahnräder sind eine der sicherheitsrelevantesten Komponenten im Schienenverkehr. Daher schreiben gängige Normen eine regelmäßige Ultraschallprüfung vor. Aktuell steigen die Anforderungen sowohl im Personen- wie auch im Güterverkehr auf Grund von einem größer werdenden Schienennetz, längeren Betriebszeiten sowie erhöhten Lasten und Geschwindigkeiten. Trotz steigender Prüfqualität sind immer noch mindestens 10% der Entgleisungen direkt auf Radschäden zurückzuführen. Ein Grund dafür ist die große Vielfalt an verschiedenen Radgeometrien mit zum Teil schwer erreichbaren kritischen Bereichen, die eine Prüfung sehr komplex und schwierig machen.

Im Beitrag wird eine industrielle Lösung vorgestellt, die auf den langjährigen Erfahrungen mit den bereits eingesetzten Krautkrämer WheelStar UFPE-Prüfsystemen basiert. Zur Verbesserung der Prüfqualität sowie einer erhöhten Flexibilität bei gleichzeitiger Vereinfachung der Prüfmechanik werden dabei Matrix-Prüfköpfe sowohl auf der Lauffläche als auch an der Stirnfläche verwendet. Anhand der erzielten Prüfergebnisse kann ein Vergleich mit dem bisherigen Stand der Technik erfolgen. Darüber hinaus wird konkret auf die Vorteile der neuen Lösung in Hinblick auf die Prüfsicherheit, die elektronische Anpassung an verschiedene Prüfgeometrien sowie die Erweiterung der Prüffunktionalität eingegangen.

Keywords: Phased-Array-Technologie, Matrix-Prüfköpfe, Radprüfung, Eisenbahn

MiDAcLife – Ein neues Lebensdauerprognoseverfahren basierend auf der Kombination zerstörungsfreier Messverfahren und (nicht)linearer Schadensakkumulationsansätze

Fabian WEBER [1,2], Peter STARKE [1,2]
[1] Hochschule Kaiserslautern, Fachbereich Werkstoffkunde und Werkstoffprüfung (WWHK), Kaiserslautern, Deutschland, fabian.weber@hs-kl.de
[2] Universität des Saarlandes, Naturwissenschaftlich-Technische Fakultät, Saarbrücken, Deutschland

Kurzfassung. Das im Rahmen dieses Beitrages vorgestellte Verfahren „MiDAcLife$_{incr}$" stellt ein neu entwickeltes Lebensdauerprognoseverfahren dar, welches die Ermittlung einer Wöhlerkurve im HCF-Bereich mit lediglich eines Ermüdungsversuches ermöglicht.
Diese Reduktion des Probenumfangs auf ein Minimum von lediglich einer Probe wird durch die Kombination der Schadensakkumulation nach den Ansätzen von Palmgren-Miner und die zerstörungsfreie Überwachung der Materialreaktion infolge einer dynamischen Beanspruchung erreicht und führt somit zu einer erheblich Zeit- und Kostenersparnis. Basierend auf der Tatsache, dass mikrostrukturelle Änderungen, welche durch den Ermüdungsvorgang hervorgerufen werden, mit Hilfe von Verfahren der zerstorungsfreien Prüfung (ZfP, bspw. Thermografie und Resistometrie) sensitiv detektiert werden können, werden diese Signale in dem Lebensdauerprognoseverfahren genutzt, um eine partielle Schädigung jeder Laststufe eines Laststeigerungsversuches zu errechnen.
Diese Signale werden durch eine Umrechnung in eine Schädigung überführt und können anschließend in die Zusammenhänge der Schadensakkumulation integriert werden. Das Verfahren ermöglicht es somit „virtuelle" Bruchlastspielzahlen zu den jeweiligen Spannungsamplituden des Laststeigerungsversuches zu errechnen und somit eine Wöhlerkurve zu generieren. Aufgrund des deutlichen Informationsgewinns gegenüber einer herkömmlichen Bestimmung einer Wöhlerkurve stellt die vorgangsorientierte Betrachtung des Ermüdungsprozesses durch die ZfP eine essentielle Stütze des Verfahrens dar.
Die dargestellten Forschungsergebnisse beziehen sich hauptsächlich auf den ferritisch-bainitischen Stahl 20MnMoNi5-5, welcher in deutschen Kernenergieanlagen im Bereich von Spraylines Einsatz findet. Zur Validierung des Verfahrens, auch im Hinblick auf die eingesetzten Messverfahren, werden die Ergebnisse beispielhaft an weiteren Stählen validiert, welche in ihrem

Materialverhalten und somit den mikrostrukturell ablaufenden Prozessen von dem 20MnMoNi5-5 Stahl unterscheiden.

Keywords: Lebensdauerprognoseverfahren, Laststeigerungsversuche, Palmgren-Miner, Zerstörungsfreie Werkstoffprüfung, Schadensakkumulation

Einführung

Um ein plötzliches Materialversagen infolge einer dynamischen Beanspruchung zu vermeiden, ist eine Kenntnis der Ermüdungseigenschaften von entscheidender Bedeutung. Hierbei beruhen Abschätzungen der Lebensdauer zumeist auf der Bestimmung von Wöhlerkurven, deren konventionelle Ermittlung mit einer großen Probenanzahl und dadurch mit einem gesteigerten Zeit- und Kostenaufwand verbunden ist.
Aus diesem Grund gewinnen Lebensdauerprognoseverfahren (LPV), mit deren Hilfe eine Trend Wöhlerkurve bereits mit sehr geringer Probenzahl generiert werden kann, zunehmend an Bedeutung. Diese Verfahren stützen sich auf die Kombination der klassischen zerstörenden Materialprüfung mit zerstörungsfreien Messverfahren (ZfP), welche durch die Detektion der Materialreaktion im Laufe eines Versuches eine vorgangsorientierte Lebensdauerprognose ermöglichen. Das neu entwickelte Verfahren MiDAc-Life (Miner Damage Accumulation Lifetime Prediction) basiert auf einem modifizierten Ansatz der linearen Schadensakkumulation nach Palmgren und Miner. Im Gegensatz zu bisher entwickelten Verfahren wie StressLife, StrainLife und SteBLife [1–5] ermöglicht diese Methode eine Lebensdauerabschätzung unter Berücksichtigung von variierenden Beanspruchungen und bedarf lediglich eines Ermüdungsversuches zur Ermittlung der benötigten Materialkennwerte.

1. Theorie

Eine häufig angewandte Methode zur Bestimmung der Lebensdauer unter dynamischer Beanspruchung mit variabler Amplitude ist die lineare Schadensakkumulation nach Palmgren und Miner [6, 7]. Grundlage hierfür ist die Überlegung, dass eine dynamische Beanspruchung eine Schädigung in dem Werkstoff hervorruft, welche sich bis zum Erreichen eines bestimmten kritischen Grenzwertes akkumuliert. Die partielle Schädigung pro Beanspruchungsamplitude ist dabei als der Quotient der aufgebrachten Zyklen n_i und der zugehörigen Bruchlastspielzahl N_B definiert.

$$D_i = \frac{n_i}{N_B} \tag{1}$$

Ein Proben- oder Bauteilversagen tritt nach Definition auf, wenn die Summe der partiellen Schädigungen den Grenzwert 1 erreicht.

$$\sum_{i=1}^{l} D_i = \sum_i \frac{n_i}{N_B} = 1 \tag{2}$$

Inzwischen existiert eine Vielzahl von Modifikationen des ursprünglichen Palmgren-Miner Ansatzes, welche sich durch jeweils getroffene Annahmen bzw. Erweiterungen unterscheiden. Bspw. berücksichtigt die elementare Miner-Regel die Ermüdungsfestigkeit nicht, wodurch die Schädigungsbeiträge von niedrigen Beanspruchungsamplituden deutlich überschätzt wird. Folglich werden die Werte der Bruchlastspielzahlen in diesem Bereich stark unterschätzt. Eine Methode zur Berücksichtigung der Ermüdungsfestigkeit ist die originale Miner-Regel, welche durch Gleichung (3) und (4) beschrieben werden kann.

$$\sigma_a \geq \sigma_D: N = N_D \times (\sigma_a/\sigma_D)^{-k} \quad (3)$$

$$\sigma_a < \sigma_D: N = \infty \quad (4)$$

Weitere Modifikationen des Verfahrens sind in der Literatur ausführlich beschrieben. Beispielhaft sei an dieser Stelle die Literaturstelle [8] genannt.

In bereits abgeschlossenen Forschungsprojekten konnte nachgewiesen werden, dass die Temperaturmessung, wie auch die Detektion des elektrischen Widerstandes (allgemein: die Materialreaktion), sensitive Werkzeuge zur Ermittlung von zyklischen Ent- und/oder Verfestigungsprozessen darstellen. Aus diesen Vorerkenntnissen stammt die Überlegung, dass die Änderung der Materialreaktion (MR) auch direkt mit dem Schädigungszustand des Werkstoffes korrelieren muss. Ein Umformen der Gleichung (1) nach der Bruchlastspielzahl führt demnach dazu, dass anhand der Temperaturmessung die jeweiligen Werte der Bruchlastspielzahlen für die zugehörigen Beanspruchungsamplituden errechnet werden können.

Das grundsätzliche Vorgehen des Verfahrens MiDAc-Life [9, 10] ist schematisch in **Abb. 1** dargestellt. Die Durchführung eines Laststeigerungsversuches (LSV), dessen Spannungsamplitude σ_a zu Versuchsbeginn unterhalb der Ermüdungsfestigkeit liegt, stellt die Grundlage des Verfahrens dar. Hierbei wird die gemittelte MR jeder Laststufe erfasst und anschließend in einem Morrow-äquivalenten Plot (σ_a vs. MR) aufgetragen. Durch eine Normierung der MR auf den Wert der letzten Laststufe, kann die partielle Schädigung D_i jeder Laststufe ermittelt werden. Die letzte Stufe wird jedoch nur anteilig berücksichtigt, da in dieser Stufe das Probenversagen auftritt und demnach nicht die volle Zyklenzahl erreicht wird. Somit ergibt sich MR aus einer gewichteten Kombination der letzten und vorletzten Laststufe.

Mit Hilfe der Daten aus dem D_i-σ_a-Plot können schlussendlich die Bruchlastspielzahlen N_B errechnet werden. Durch einen allometrischen Fit kann zudem die Wöhlerkurve erstellt werden.

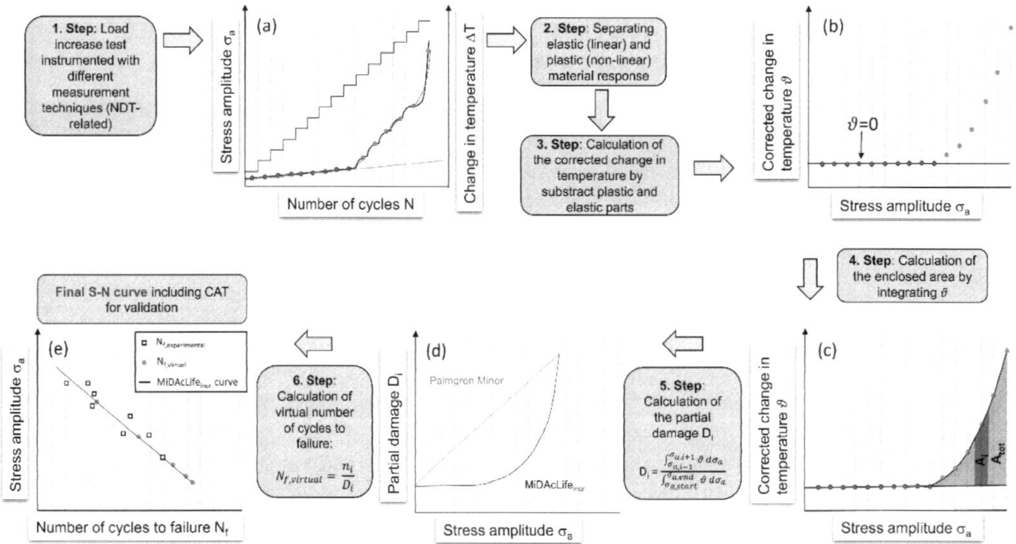

Abb. 1: Schematische Darstellung des Verfahrens MiDAcLife. (a) Laststeigerungsversuch mit zugehöriger, durch ZfP ermittelte, Materialreaktion. (b) Korrigierte Temperaturkurve als Funktion der Spannungsamplitude. (c) Integration der Temperaturdaten zur Berechnung der partiellen Schädigung D_i. (d) Vergleich des Schädigungsverlaufes nach Palmgren-Miner (linear) und MiDAcLife (nichtlinear). (e) Ermittelte Wöhlerkurve inklusive der Daten von Einstufenversuchen als Validierung.

2. Material und experimentelle Methodik

Die dargestellten Forschungsergebnisse beziehen sich in erster Linie auf den Stahl 20MnMoNi5-5 (1.6310). Es handelt sich hierbei um einen Stahl mit einem ferritisch-bainitischen Gefüge, welcher insbesondere in deutschen Kernenergieanlagen eingesetzt wird. Aufgrund der chemischen Zusammensetzung besteht eine gewisse Vergleichbarkeit zu dem Stahl 20MnCrS5 (1.7149), weshalb dieser Stahl zur Validierung der Methode hinzugezogen wurde. Weiterhin wird die Validierung an den Stählen C45E (1.1191) und C22R (1.1149) (normalisierter Werkstoffzustand) durchgeführt. Somit kann die Methode sowohl an Werkstoffen mit einem spröderen als auch mit einem duktileren Werkstoffverhalten nachgewiesen werden.

Die Ermüdungsversuche wurden an servohydraulischen Prüfsystemen der Typen EHF-L 20 kN und EHF-U 50 kN der Firma Shimadzu durchgeführt. Sämtliche Versuche erfolgten spannungskontrolliert bei einer Versuchsfrequenz von 5 Hz und bei Raumtemperatur. Das Spannungsverhältnis der sinusförmigen Beanspruchung beträgt $R = -1$. Um den Informationsgehalt hinsichtlich der während eines Ermüdungsvorganges ablaufenden Prozesse zu maximieren, ist es sinnvoll, eine Vielzahl an unterschiedlichen zerstörungsfreien Messverfahren komplementär einzusetzen, welche unterschiedlich sensitiv auf gewisse mikrostrukturelle Änderungen reagieren. Im Rahmen der durchgeführten Versuche wurden neben der Thermographie auch elektrische und taktile Messverfahren eingesetzt. Die in dieser Veröffentlichung gezeigten Ergebnisse fokussieren sich jedoch zunächst auf die Auswertung der thermographisch ermittelten Daten. Die Auswertung weiterer Messtechnik, ebenso wie die Ausweitung auf weitere Werkstoffgruppen stellt ein zukünftiges Forschungsziel dar.

3. Ergebnisse und Diskussion

Neben der Datenbasis zur Lebensdauerberechnung nach der MiDAc-Life Methode, liefern LSV weitere wichtige Informationen hinsichtlich des Ermüdungsverhaltens von Werkstoffen, bspw. kann aus den MR-Verläufen (bspw. der Temperaturänderung) die Ermüdungsfestigkeit abgeschätzt werden. Die Ermüdungsfestigkeit kann dabei als die Spannungsamplitude definiert werden, bei der eine erste Materialreaktion infolge der dynamischen Beanspruchung sichtbar wird. Abb. *2* und **Abb. 3** fassen die Ergebnisse der LSV der untersuchten Stähle zusammen, wobei die Separierung in eher sprödes/duktiles Materialverhalten lediglich für einer besseren Übersicht erfolgt und keine Auswirkung auf die folgende Auswertung hat.
Aufgrund der höheren Festigkeiten bei den Stählen 20MnCrS5 und 20MnMoNi5-5 gegenüber den Stählen C22R und C45E, welche sich hinsichtlich ihrer chemischen Zusammensetzung und z.T. auch hinsichtlich ihres Werkstoffzustandes unterscheiden, lassen sich deutliche Unterschiede in den Verläufen der Materialreaktion beobachten. Während beim 20MnCrS5 und 20MnMoNi5-5 jeweils nach der Spannungsamplitudenerhöhung oberhalb der Ermüdungsfestigkeit rein zyklisch entfestigendes Verhalten vorliegt, was durch einen Anstieg der Temperaturänderung charakterisiert wird, neigen die duktileren Werkstoffe nach initialer zyklischer Entfestigung zu einer leichten Verfestigung innerhalb der Laststufe.

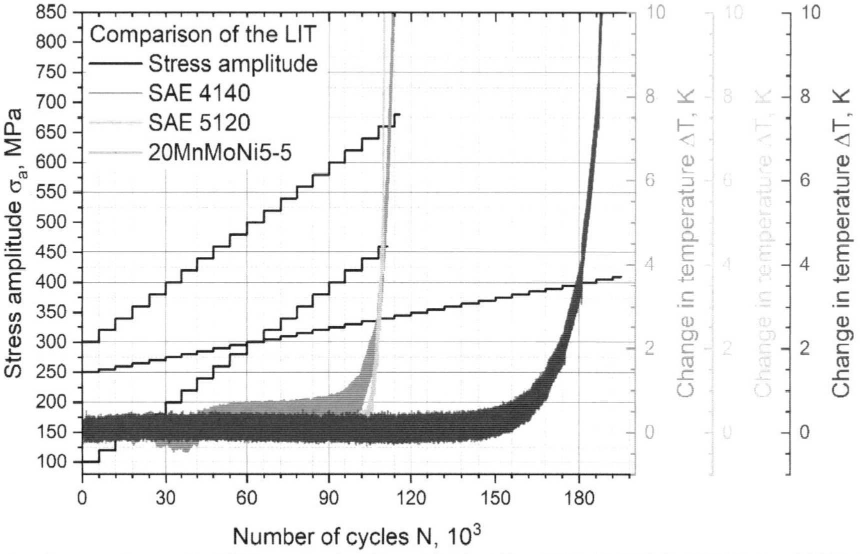

Abb. 2: Wechselverformungskurven der LSV von den (spröderen) Materialien 20MnMoNi5-5, 42CrMo4 und 20MnCrS5 basierend auf den thermographisch ermittelten Daten.

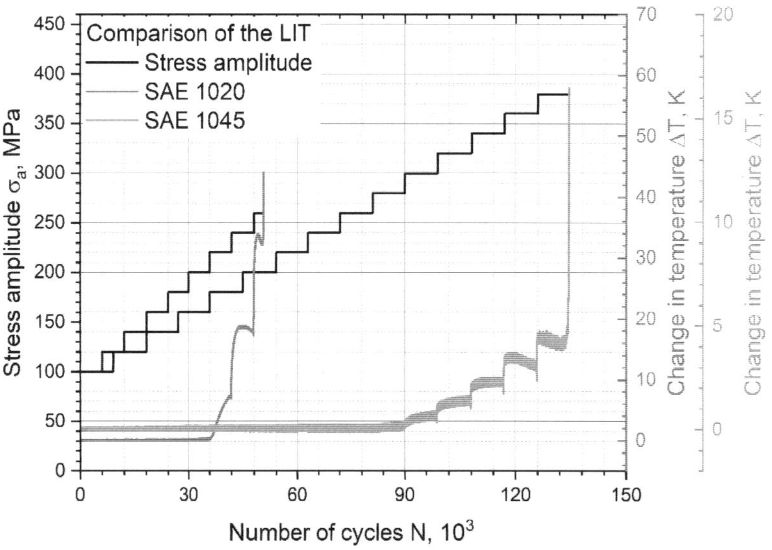

Abb. 3: Wechselverformungskurven der LSV von den (duktileren) Materialien C22R und C45E basierend auf den thermographisch ermittelten Daten.

Eine genauere Betrachtung der Materialreaktionen führt zu der Erkenntnis, dass die Ermüdungsfestigkeit des 20MnMoNi5-5 mit 330 MPa abgeschätzt werden kann. In analoger Weise ergeben sich für den Stahl C22R eine Ermüdungsfestigkeit von ca. 180-200 MPa, für den C45E 280 MPa und für den 20MnCrS5 420 MPa.

Auffällig ist der deutliche Temperaturunterschied zwischen den Wechselverformungskurven des C22R und des C45E, welche beide in einem normalisierten Zustand vorliegen. Dies lässt sich durch den höheren Perlit-Anteil des C45E begründen, da sich die plastische Verformung hauptsächlich auf die Ferritkörnern konzentriert (bis ca. 0,45 Ma.-% C) und der Werkstoff C22R aufgrund seines höheren Ferrit-Anteils mehr Wärme dissipieren kann.

Wie bereits beschrieben, lässt sich die partielle Schädigung jeder Laststufe aus den Daten der Thermographie errechnen. Der Verlauf der Schädigungen während den Versuchen ist in **Abb. 4** zu sehen. Hierbei ist zu beachten, dass lediglich die Datenpunkte in die Berechnung einfließen, welche einen Anstieg in der Materialreaktion aufweisen. Um die Schädigung bei beliebigen Spannungsamplituden ablesen zu können, wird ein allometrischer Fit verwendet, welcher die partielle Schädigung als Funktion der Spannungsamplitude abbildet. Die Werte der letzten Laststufe sind in **Abb. 4** als ausgefüllte Punkte dargestellt, da an dieser Stelle eine gesonderte Betrachtung erfolgen muss. Durch die niedrigere Anzahl an Zyklen ergeben sich Schädigungswerte welche größer als 1 sind, was physikalisch auszuschließen ist.

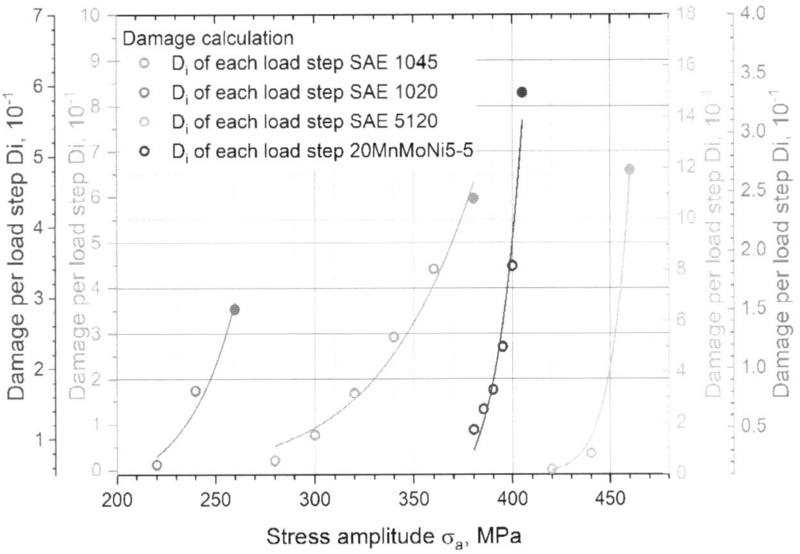

Abb. 4: Partielle Schädigungen der einzelnen Laststufen gegenüber der jeweiligen Spannungsamplitude für die Stähle 20MnMoNi5-5, 20MnCrSe, C45E und C22R.

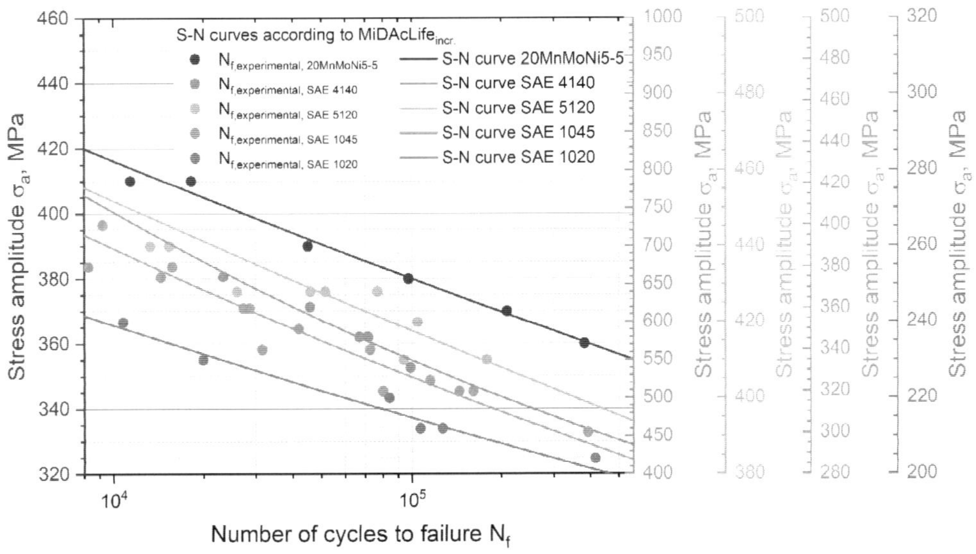

Abb. 5: Nach MiDAc-Life berechnete Wöhlerkurven, inklusive Validierungsversuche für die Stähle 20MnMoNi5-5, 20MnCrS5, C45E und C22R.

Mit den Werten der partiellen Schädigungen und der bekannten Stufenlänge des Laststeigerungsversuches, lassen sich die zugehörigen Bruchlastspielzahlen berechnen. Zum Erhalt der Wöhlerkurve werden die Datenpunkte durch einen allometrischen Fit beschrieben, aus dem die Parameter zur Beschreibung der Wöhlerkurve nach Basquin ermittelt werden können. Zusätzlich beinhaltet **Abb. 5** weitere Datenpunkte aus Einstufenversuchen (ESV), welche zur VAlidierung dienen. Aus der Betrachtung der experimentell ermittelten Bruchlastspielzahlen verglichen mit den errechneten Werten, lässt sich bereits eine sehr gute Übereinstimmung ableiten, welche anhand der Darstellung in **Abb. 6** bestätigt wird.

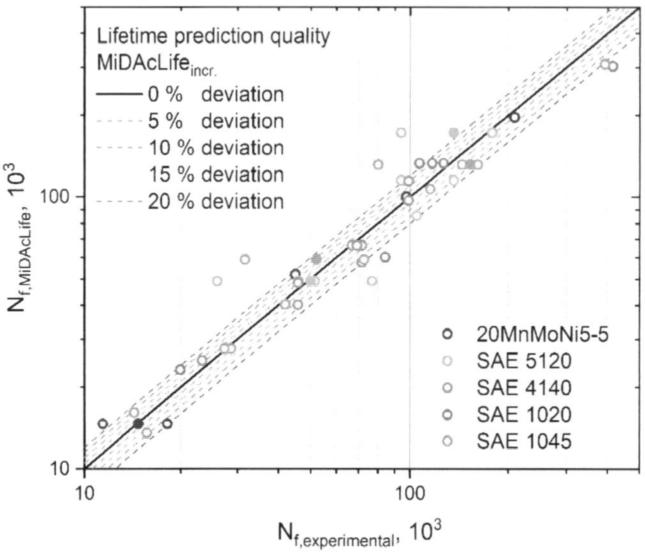

Abb. 6: Vergleich der virtuell berechneten und experimentell ermittelten Bruchlastspielzahlen.

Eine Abweichung der Datenpunkte im LCF-Bereich, welche durch unterschiedliche Schädigungsprozesse begründet werden kann, wird im Rahmen dieses Verfahrens vernachlässigt, da der elastische Ansatz nach Basquin lediglich im HCF-Bereich Gültigkeit besitzt.
Die Abschätzung der Ermüdungsfestigkeit des 20MnMoNi5-5 aus **Abb. 2** zu 330 MPa kann mit Hilfe der Wöhlerkurve aus **Abb. 5** bestätigt werden. Auch die Abschätzung der Ermüdungsfestigkeiten der anderen Werkstoffe lässt sich anhand von **Abb. 5** bestätigen. Neben der Erweiterung der Methode auf weitere Werkstoffgruppen wie bspw. Gusseisenwerkstoffe, besteht die Zielsetzung weiterer Forschungsarbeiten darin, eine möglichst große Zahl an Einflussfaktoren in die Berechnung zu integrieren. Hierzu zählen Parameter wie Rauigkeit und Härtewerte sowie unterschiedliche Eigenspannungszustände.

4. Zusammenfassung

Das in diesem Beitrag vorgestellte Lebensdauerprognoseverfahren MiDAc-Life ermöglicht eine Lebensdauerabschätzung mit lediglich einem Ermüdungsversuch (Laststeigerungsversuch). Hierbei kann die partielle Schädigung jeder Laststufe aus der zerstörungsfrei gemessenen Materialreaktion errechnet und anschließend über die Ansätze von Palmgren-Miner die zugehörige Bruchlastspielzahl bestimmt werden. Durch einen allometrischen Fit werden für die Beschreibung nach Basquin benötigte Parameter abgeleitet. Das Ziel weiterer Forschungsarbeiten besteht darin, dass Verfahren auf weitere Messmethoden und Werkstoffgruppen auszuweiten.

Danksagung – Die Autoren bedanken sich bei dem Bundesministerium für Umwelt, Naturschutz, nukleare Sicherheit und Verbraucherschutz (BMUV, 1501623) für die finanzielle Unterstützung in diesem Forschungsprojekt. Weiterhin bedanken sich die Autoren bei dem Projektträger, der GRS (Gesellschaft für Anlagen- und Reaktorsicherheit) und der Hochschule Kaiserslautern für die finanzielle Unterstützung bei der Beschaffung von Versuchsinfrastruktur. Für die Methodenvalidierung wurde ergänzend auf Versuchsdaten weiterer Projekte zurückgegriffen (STA1133/6, STA1133/10), weshalb ein weiterer Dank der DFG (Deutsche Forschungsgemeinschaft) gilt. Zuletzt geht ein Dank an die Firmen

Shimadzu Deutschland/Europe und EVIDENT Deutschland für die technische Unterstützung.

Literatur

[1] P. Starke, A. Bäumchen, and H. Wu, "SteBLife – A new short-time procedure for the calculation of S-N curves and failure probabilities," *Materials Testing*, vol. 60, no. 2, pp. 121–127, 2018, doi: 10.3139/120.111139.

[2] R. Acosta *et al.,* "SteBLife, a New Approach for the Accelerated Generation of Metallic Materials' Fatigue Data," *Metals*, vol. 10, no. 6, p. 798, 2020, doi: 10.3390/met10060798.

[3] T. Bill *et al.,* "A Short-Time Approach for Fatigue Life Evaluation of AISI 347 Steel for Nuclear Power Energy Applications," *Applied Sciences*, vol. 11, no. 23, p. 11405, 2021, doi: 10.3390/app112311405.

[4] F. Weber, J. Koziol, and P. Starke, "StressLife: A Short-Time Approach for the Determination of a Trend S-N Curve in and beyond the HCF Regime for the Steels 20MnMoNi5-5 and SAE 1045," *Materials (Basel, Switzerland)*, vol. 16, no. 11, 2023, doi: 10.3390/ma16113914.

[5] P. Starke, "StressLife tc – NDT-related assessment of the fatigue life of metallic materials," *Materials Testing*, vol. 61, no. 4, pp. 297–303, 2019, doi: 10.3139/120.111319.

[6] M. A. Miner, "Cumulative Damage in Fatigue," *Journal of Applied Mechanics*, vol. 12, no. 3, A159-A164, 1945, doi: 10.1115/1.4009458.

[7] A. G. Palmgren, "Die Lebensdauer von Kugellagern (Life Length of Roller Bearings or Durability of Ball Bearings)," *Zeitschrift des Vereins Deutscher Ingenieure*, no. 14, pp. 339–341, 1924.

[8] A. Fatemi and L. Yang, "Cumulative fatigue damage and life prediction theories: a survey of the state of the art for homogeneous materials," *International Journal of Fatigue*, vol. 20, no. 1, pp. 9–34, 1998, doi: 10.1016/S0142-1123(97)00081-9.

[9] F. Weber, H. Wu, and P. Starke, "A new short-time procedure for fatigue life evaluation based on the linear damage accumulation by Palmgren–Miner," *International Journal of Fatigue*, vol. 172, p. 107653, 2023, doi: 10.1016/j.ijfatigue.2023.107653.

[10] F. Weber, M. Maul, F. Juner, and P. Starke, "A nonlinear lifetime prediction method for un- and low alloyed steels by damage determination based on non-destructive measurement techniques," *Fatigue Fract Eng Mat Struct*, 2024, doi: 10.1111/ffe.14252.

Validation of NDT results on operationally aged components from decommissioned nuclear power plants

Anne JÜNGERT, Stefan KEULER, Adam GYULA
MPA Universität Stuttgart, Deutschland,
anne.juengert@mpa.uni-stuttgart.de

Kurzfassung. Obwohl in Deutschland die letzten Kernkraftwerke 2023 vom Netz gegangen sind, ist der sichere Betrieb kerntechnischer Anlagen in unseren Nachbarländern weiterhin von großem Interesse. Die Energiekrise hat in einigen europäischen Ländern zur Erweiterung von oder zum Einstieg in kerntechnische Projekte geführt. In den USA ist inzwischen für einige Anlagen eine Betriebsdauer von 80 Jahre genehmigt worden. Im Hinblick auf die lange Nutzung der Komponenten, ist es wichtig die Lebensdauer realistisch abschätzen zu können. Zerstörungsfreie Prüfungen liefern hier einen wichtigen Beitrag, sind aber im Betrieb nicht an allen Komponenten einfach zu realisieren.
Im Rahmen des OECD NEA Projects "Studsvik Material Integrity Life Extension"- SMILE wird aus stillgelegten Reaktoren schwedischer Kernkraftwerke Material entnommen und die betriebliche Alterung durch zahlreiche Versuche zu bestimmen. Die MPA Stuttgart hatte die Möglichkeit an einer austenitischen Rohrleitungsschweißnaht mit bekannten Ultraschallanzeigen aus Handprüfungen eine mechanisierte Ultraschallprüfung durchzuführen. Die Anzeigen wurden im Anschluss durch eine PT Prüfung validiert. Der Vergleich der Risslängen, die bei den wiederkehrenden Prüfungen (WKP) ermittelt werden mit der mechanisierten Prüfung und der anschließenden PT Prüfung, kann verwendet werden um die ZfP Ergebnisse zu validieren und für künftige WKP Bewertungskriterien anzupassen.

Abstract. Germany completely phased out the nuclear power plants during 2023. However, the safe long-term operation of nuclear facilities in our neighbouring states is of great interest. The energy crisis led several states to renew their interest in nuclear power. In the USA long-term operation up to 80 years is granted for some nuclear power plants. With regard to the long operation periods, precise life time assessment is a crucial factor. Non-destructive testing during in-service inspections (ISI) is an important factor of the safety concepts of nuclear power plants. However, some components are hard to inspect with common NDT techniques.
Within the OECD NEA project "Studsvik Material Integrity Life Extension"- SMILE, material from decommissioned nuclear power plants is harvested and used for a wide variety of materials investigations. The main goal is to determine the ageing of components after up to 40 years of operation.
Within the project an austenitic pipe weld with known indications from ultrasonic testing (UT) was harvested and the MPA Stuttgart could perform additional UT at this pipe. The results were compared to former results and to visual inspections and

penetrant testing results. This is used to validate NDT results and improve future in-service inspections.

Keywords: ultrasonic testing, austenitic welds, nuclear, harvesting

1. Introduction

Long term operation of nuclear power plants (NPP) is an important topic for plant operators worldwide, as for many NPP life time expansions are planned or already decided. Safe operation is always strongly related to the structural integrity of components and to the condition of materials. During construction and operation, investigations about ageing of material were made and materials were chosen with the purpose to last for the estimated lifetimes. As now life times should be extended, it is necessary to investigate the true state of ageing. Thus, harvesting of aged materials is taking place in several NPP under decommissioning worldwide. Harvesting results and future possibilities for cooperation are discusses in regular workshops organized by the USNRC and the OECD NEA. The list of ongoing harvesting activities worldwide can be found in the report of the last harvesting workshop in 2022 [1].

Stress corrosion cracking (SCC) is a known phenomenon in austenitic components in NPP. In France SCC in the safety injection line led to a temporary shutdown of several NPP in 2022 and a vast testing and repair campaign afterwards [2]. Thus, austenitic components and SCC are crucial topics in several harvesting activities.

SCC takes place, if three conditions act together: a material prone to SCC, a corrosive medium and a tensile stress. Thus, SCC often is found near welds as the residual stresses here form unfortunate conditions. For many components with risk of SCC, regular UT is the only reasonable applicable testing technique. However, in austenitic welds the grains tend to form large columnar structures which complicate the UT testing. The grain boundaries form reflectors that scatter the signal energy and lead to a reduced signal to noise ratio. Additionally, they produce an anisotropy for elastic wave propagation. The assumptions that are used for localization and sizing of defects with UT rely on straight wave paths and do not necessarily lead to good results for austenitic welds. Different techniques for the optimization of imaging techniques like SAFT and TFM were used, however, the need of sufficient grain models, that represent the weld structure, is a limiting factor. In the ongoing EU-funded project iWeld, a weld model will be generated from welding parameters recorded during manufacturing and a sufficient simulation tool [3]. iWeld is a follow-up of the EU-funded project Advise, which also dealt with the improvement of reconstructions of austenitic welds. The results from this project shall now be applied to other industries than the nuclear industry [4, 5]. Nickel-based alloys for high temperature application also show complex grain structures in the weld material [6] .

Within the frame of the OECD NEA project "Studsvik Material Integrity Life Extension - SMILE", material from Swedish reactors in decommissioning is harvested and tested at Studsvik' s labs [7]. The focus is on irradiation and thermal ageing of low alloy steels and an irradiation and corrosion damage in austenitic stainless steels. Nondestructive testing (NDT) is performed at the harvested parts at Studsvik' s labs. The harvesting of material allows to apply additional NDT techniques to the regular in-service inspections and reach areas that are not accessible during operation.

In a side project to SMILE, financed by the German Federal Ministry for Environment, Nature Conservation, Nuclear Safety and Consumer Protection (BMUV), the NDT results gained during harvesting are compared and verified with the available results of former ISI. Additional NDT is performed at some of the harvested parts including the following investigations.

2. Test setup for UT testing at harvested pipe segment

Within the SMILE project, an austenitic pipe weld with assumed SCC was harvested from the residual heat removal system. During ISI in the 1980s with manual UT, indications were found and linked to SCC. The indication area was in the heat affected zone of a circumferential weld and near a pipe elbow. During a follow-up inspection, a growth in crack length could be observed and led to a treatment to stop the crack growth.

For SCC, three factors have to come together, material, corrosive medium and tensile stress. The removal of any of the three factors will stop any further crack growth. As the material and the corrosive environment can't be changed, the removal of tensile stresses will stop further crack growth. A common treatment to remove tensile stresses is the Mechanical Stress Improvement Process (MSIP), where the tensile stresses are removed by applying compressional stresses [8].

The MSIP was applied to the pipe weld and no crack growth was reported a in after the procedure in the following inspections. The pipe now was harvested with the main goal of investigating the residual stress. Before this an NDT should be performed with UT testing. A mechanized testing with phased array probes was performed, as it has advantages over manual UT testing. The pipe dimensions are shown in Table 1.

Table 1: Dimensions of tested pipe

Diameter	230 mm
Wall thickness	17,5 mm
Weld chamfer	J-prep bevel

UT testing was performed in the laboratories of Studsvik in Sweden by the MPA University of Stuttgart, from both sides of the weld using phased array probes with longitudinal and transversal waves. The weld surface was not machined, therefore scanning across the weld was not possible. Due to the geometry of the weld, it is only possible to detect the cracks from the side of the weld, where the crack is located. A testing from both sides in general improves the results from UT testing at SCC, as the reflectivity of these cracks varies if the direction of the crack changes while it follows the grain boundaries. The combination of results from both directions gives the full image. For the mere detection of a crack, the scanning from one side is sufficient.

The coupling on the side of the weld containing the crack area was difficult, as the bend of an adjacent elbow resulted in a bad coupling in every second track of the transducer.

The testing took place with a dual matrix array probe with 1.5 MHz using 40-60° longitudinal waves and 41-49° transversal waves. The test setups are shown in the sketches in Figure 1. It is also shown, that the geometry only allowed a crack detection from the side containing the crack. Due to limited time for the investigations, it was not possible to add more angles to the setup, which would have led to a better covering of the weld area with UT. However, the crack location was outside the weld material and was possible without scanning the weld material.

The testing took place using a magnetic wheel crawler with a scan axis connected. To attach the magnetic wheels to the austenitic pipe, a ferritic plate was bend and attached to the pipe. The crawler was attached to the ferritic plate.

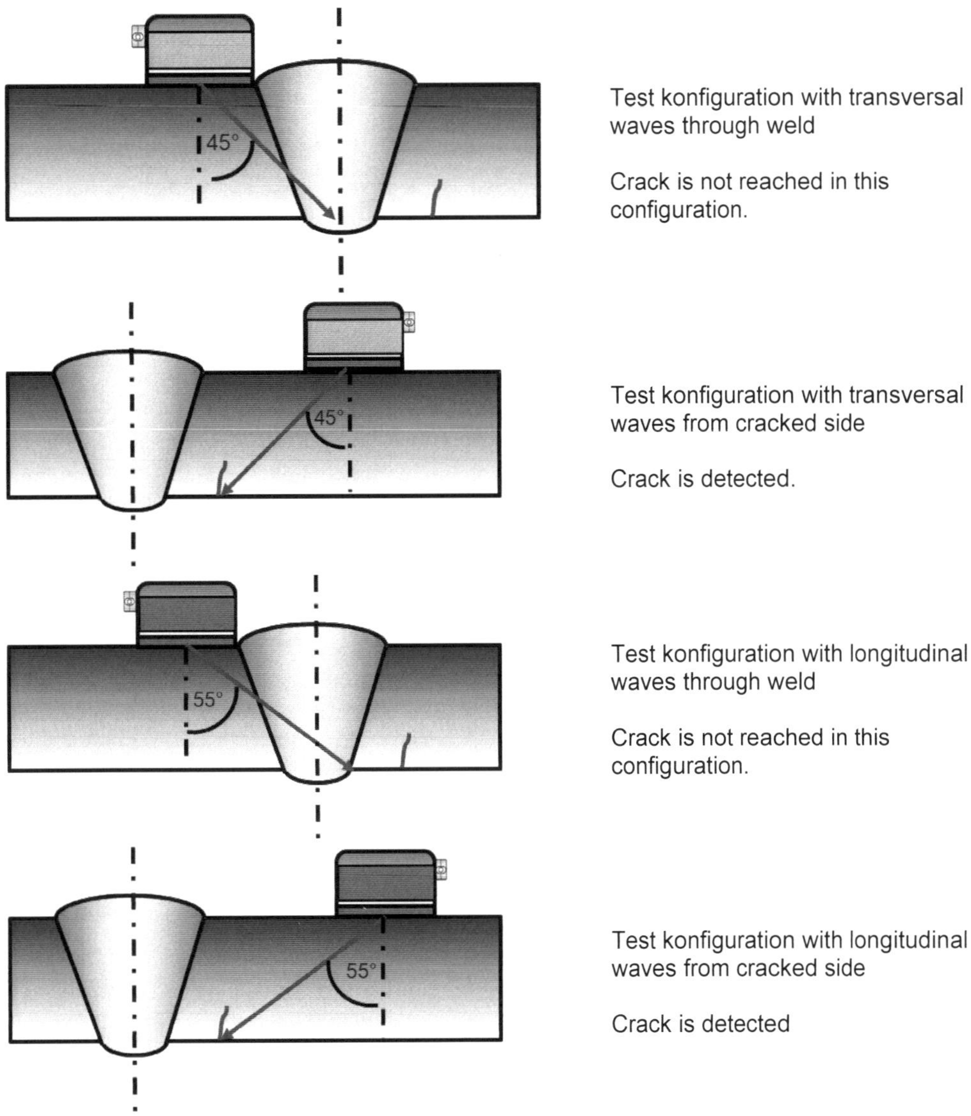

Figure 1: Sketches of configurations for UT testing of weld and crack area.

2.1. Testing conditions

The pipe was harvested in the beginning of 2023 and a decontamination was performed. Afterwards it was transported to the facilities of Studsvik, where the testing took place in September. The was performed at the MSIP treated weld and at a similar produced weld from another part of the piping system. As mentioned before, the weld was not machined, thus it was not possible to perform scanning across the weld. The scanning took place from both sides of the weld, however, the weld seam elevation covered an area of 22 mm.

The scanning from the pipe bend side was difficult due to bad coupling of the transducer. This shows in straight lines with reduced amplitudes in the recorded data. The coupling was especially bad in the crack area.

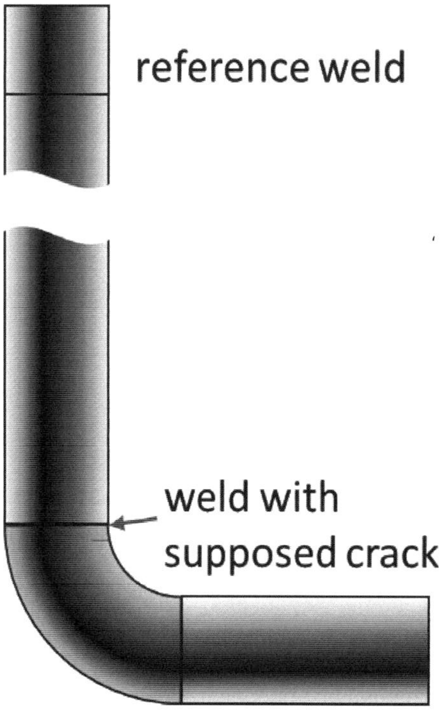

Figure 2: left: sketch of tested pipe, right: picture of UT transducer in the bended part of the pipe. Coupling was difficult due to tilting of the transducer

3. Results from UT testing at harvested pipe

The scans through the weld did not reach the crack area, therefore, this paper will focus on the results gained from the testing from the cracked side of the weld. The scans of the full pipe were performed in two parts, each covering more than half of the pipe circumference with an overlap in the supposed crack region. The results from the first and second scans can be seen in Figure 3 and Figure 4. The results are shown for 45° transversal wave.

In Scan 1 two crack indications are visible in the top view of the results. As mentioned before, coupling was bad on each second track, resulting in straight lines of low amplitudes. Additionally, some artifact signals were recorded in the pipe bend in the areas marked with bad coupling.

The crack indications in Scan 1 are marked in Figure 3 and are high in amplitude. The first crack indication is sized to 68 mm. a second indication is sized to 32 mm. The second crack indication lies in the region with bad coupling; thus, amplitudes are supposed to be higher and the crack may be underestimated.

In Scan 2 the signal quality in the crack area is too low to detect the crack signals. The results from both scans are shown together in a polar view of the scanned pipe. The two crack indications are marked.

The crack indications could be validated by a penetrant testing (PT) performed at the inside of the pipe. The PT showed one long crack indication instead of the two that were identified with UT. The crack is also clearly visible from inside the pipe.

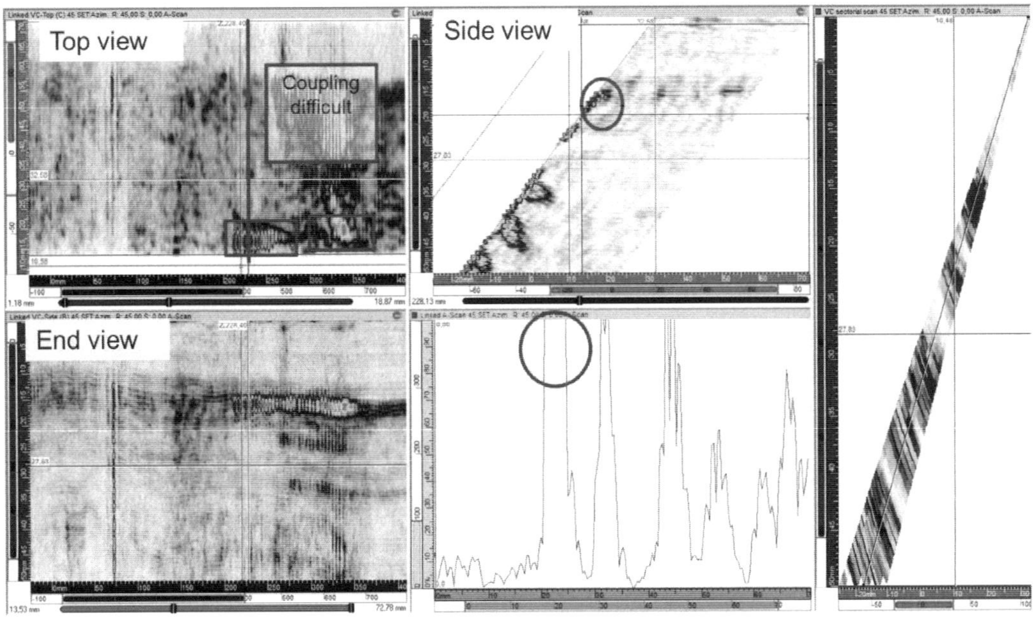

Figure 3: Results from Scan 1: testing with transversal waves. Top left shows the top view of the scanned area, in the top middle the side view (B-Scan) is shown for the line marked in the top view. The left bottom image shows the end view, where the depth distribution of indications is shown. In the bottom middle image, the A-Scan is shown for a crack indication and the right image shows the sector scan with selected angle of 45°.

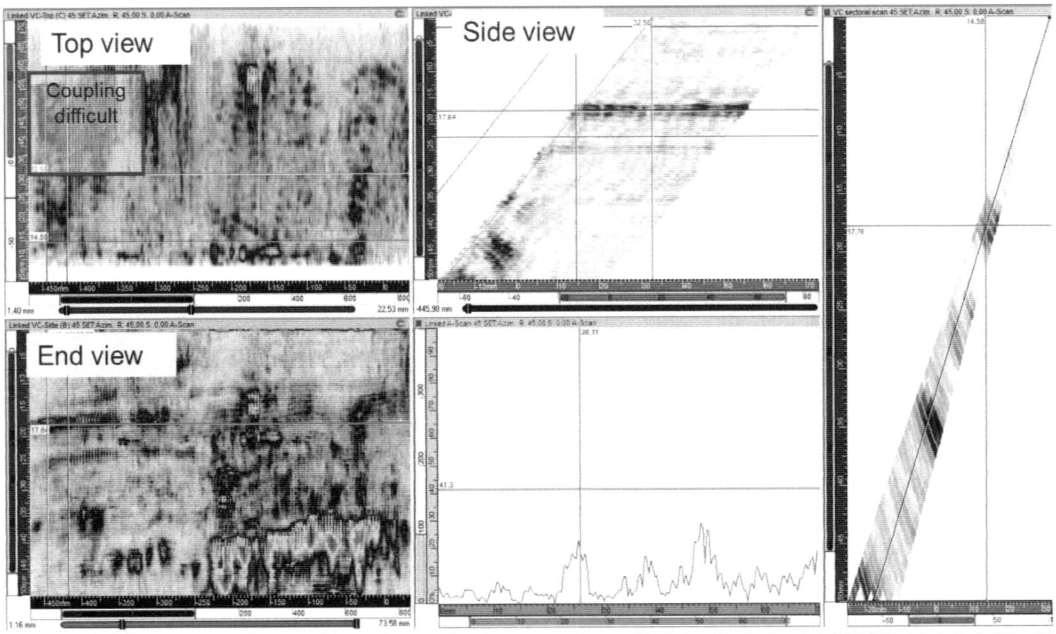

Figure 4: Results from Scan 2: testing with transversal waves. Top left shows the top view of the scanned area, in the top middle the side view (B-Scan) is shown for the thin green line in the top view. The left bottom image shows the end view, where the depth distribution of indications is shown. In the bottom middle image, the A-Scan is shown for a signal from the crack region and the right image shows the sector scan with selected angle of 45°.

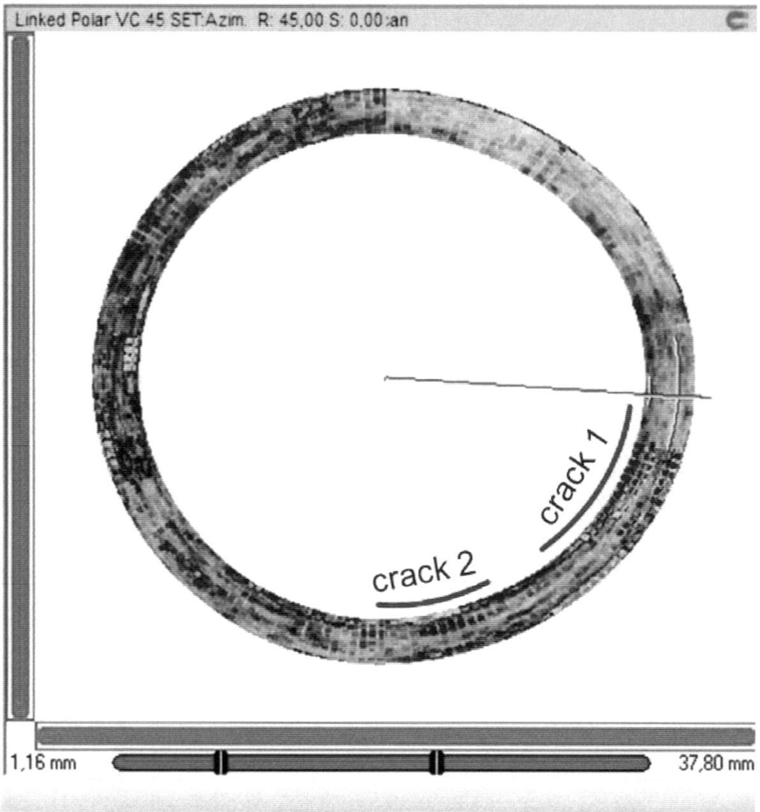

Figure 5: Polar Scan of Results from both scans with 45° transversal waves

4. Discussion

This paper shows the results from ultrasonic testing at a harvested pipe from a nuclear power plant. The pipe contained a known area of SCC, which was validated with the performed investigations. The mechanized ultrasonic testing revealed two cracks in the base material near the weld area and the pipe elbow. A depth sizing was not possible due to the data quality. The length sizing fits very good to the sizing performed during ISI 35 years ago. The manual UT testing, performed with analogue UT devices 35 years ago, in this case led to the same results as the modern digital devices with phased array transducers and a mechanized crawler. It is not surprising that the UT results from this many years ago are comparable to data recorded today. The UT testing in the past took place with a qualified testing technique according to the Swedish national standards. To qualify an NDT technique for the application in NPP, the capability of the technique has to be proven in theory and in practical performance demonstrations. A qualified technique for the use in NPP is part if the safety concept and should be capable to detect all relevant flaws. The physics behind the ultrasonic testing did not chance with the use of digital devices, mechanized testing with track recording and advanced reconstruction of signals. However, modern UT techniques offer many advantages when it comes to imaging and recording of data. The track recording offers the possibility to create images which are easier to interpret then UT A-Scans. The comparison of the result of subsequent inspections is easier if images are stored for each indication. For some geometries, crack indications may only be separated from geometrical effects by the use of B-Scan and C-Scan images. The use of TFM/FMC or plane wave imaging offers additional possibilities for some testing setups.

For the shown test object, it could be shown that the results from ISI are comparable with the results after harvesting of the pipe. It could be shown that UT testing was performed with high reliability despite the lack of digital testing equipment.

Acknowlegdements

This research work is funded in the framework of the German reactor safety research program by the Federal Ministry for the Environment, Nature Conservation, Nuclear Safety and Consumer Protection (BMUV) under contract No. 1501628. The research uses material and results gained in the OECD NEA Project SMILE. The support is gratefully acknowledged.

References

[1] USNRC (2022) 2nd Workshop on International Harvesting Cooperation Summary Report. https://www.nrc.gov/docs/ML2334/ML23347A144.pdf. Accessed 10 March 2024

[2] GRS (2022) Safety-relevant damage in the safety injection systems of French nuclear power plants. https://www.grs.de/en/news/safety-relevant-damage-safety-injection-systems-french-nuclear-power-plants. Accessed 10 March 2024

[3] European Commission (2022) AI-supported ultrasonic weld inspection will overcome the obstacle of thick weld joints. https://cordis.europa.eu/project/id/101061359. Accessed 10 March 2024

[4] Bai L, Velichko A, Drinkwater BW (2019) Grain Scattering Noise Modeling and Its Use in the Detection and Characterization of Defects Using Ultrasonic Arrays. IEEE transactions on ultrasonics, ferroelectrics, and frequency control 66(11):1798–1813. doi:10.1109/TUFFC.2019.2927439

[5] Bai L, Velichko A, Clare AT, Dryburgh P, Pieris D, Drinkwater BW (2020) The effect of distortion models on characterisation of real defects using ultrasonic arrays. NDT & E International 113:102263. doi:10.1016/j.ndteint.2020.102263

[6] Wagner S, Dugan S (2016) Ultrasonic Inspection of Nickel Alloys and Nickel Alloy Welds for High-temperature Applications in Modern Coal-fired Power Plants. In: DGZfP (ed) World Conference on NDT

[7] Studsvik (2021) SMILE Project. https://www.studsvik.com/key-offerings/fuel-and-materials-technology/international-programs/smile/. Accessed 10 March 2024

[8] Ray EA, Weir K, Rice C, Damico T (2003) Mechanical Stress Improvement Process (MSIP) Used to Prevent and Mitigate Primary Water Stress Corrosion Cracking (PWSCC) in Reactor Vessel Piping at V.C. Summer. In: ASME (ed) Pressure Vessels and Piping Conference. American Society of Mechanical Engineers, New York, NY, pp 113–121

Phased-Array-SAFT bei der Ultraschall-Prüfung von CASTOR®-Behältern

Lena THEWES[1], Oliver NEMITZ[1], Till SCHMITTE[1], Thomas ORTH[1],
Heinrich HOCKS jr. [2]
[1] Salzgitter Mannesmann Forschung GmbH, Duisburg, Deutschland
[2] GNS Gesellschaft für Nuklear-Services mbH, Essen, Deutschland
Kontakt E-Mail: l.thewes@du.szmf.de

Kurzfassung

Zum Transport und zur Lagerung von abgebrannten Brennelementen aus Kernkraftwerken und von Abfällen aus der Wiederaufarbeitung hat sich in Deutschland der CASTOR®-Behälter etabliert. Diese Behälter werden aus Gusseisen mit Kugelgraphit hergestellt und als zylindrischer Rohling einer intensiven automatisierten Ultraschallprüfung unterzogen. CASTOR®-Behälter weisen einen Durchmesser zwischen 2 und 3 m, eine Höhe von bis zu 6 m und Wanddicken von ca. 500 mm auf.
Bei der Ultraschallprüfung werden mit bis zu 13 verschiedenen Phased-Array-Prüfköpfen Sektor-Scans vom gesamten Volumen erstellt. Die Prüfung wird mit 54 Flachbodenbohrungen (KSR 6) kalibriert.
Zur Verbesserung der Prüfempfindlichkeit und zur genaueren Analyse etwaiger Anzeigen aus der Erstprüfung, soll in diesem Projekt eine zusätzliche Prüftechnik untersucht werden. Die von mehreren Prüfköpfen aufgezeichneten Sektor-Scans werden dazu mit einem SAFT-Verfahren verrechnet, um eine Rekonstruktion zu erhalten. Dabei wird das S/N Verhältnis und die Ortsauflösung verbessert. Erste Untersuchungen zeigen sehr vielversprechende Ergebnisse.
In diesem Beitrag wird die Machbarkeit des Verfahrens demonstriert und die Möglichkeit der Umsetzung in eine vielkanalige Industrie-Anlage diskutiert.

Keywords: Phased-Array, SAFT

Anwendungen von zerstörungsfreien Prüftechniken in Museen

Application of non-destructive testing techniques in museums

Christian U. GROSSE [1], Catharina BLAENSDORF[2], Christina ELSÄSSER[3], Julia FRISCH[1], Andreas HEMPFER[3], Charlotte HOLZER[3], Marisa PAMPLONA[3], Olga POPOVYCH[1], Juliana REINHARDT[1], Michaela TISCHER[4], Mathias WINKLER[3]

[1] Technische Universität München, Munich
[2] Archäologische Staatssammlung, Munich
[3] Deutsches Museum, Munich
[4] Doerner Institut, Bayerische Staatsgemäldesammlungen, Munich

Kontakt E-Mail: grosse@tum.de

Abstract

Germany is home to many important museums where unique and usually precious exhibits are displayed. Conservation scientists must protect these exhibits from aging and decay to ensure they remain available for future generations. Non-destructive (and sometimes even non-contact) testing provides important information that is often used not only to better analyze material and manufacturing details and damage processes but also to initiate suitable conservation measures. The information obtained can also be used to develop strategies for long-term preservation. For experts in non-destructive testing, such examinations usually pose particular challenges, as information on the materials used and the exposure factors (climate, light, mechanical or chemical effects, etc.) are often unknown (especially before the museum period). The lecture reports on successful applications of multi-analytical methods and presents special challenges. Examples include testing the cold storage of three-dimensional celluloid (a historical plastic) for its chemical stability compared to room temperature, art technological investigations of sculptures by the American artist Cy Twombly, and analyzing a Celtic dagger. A further lecture will present applications of NDT techniques for objects and sculptures.

Keywords: Non-destructive testing, cultural heritage, memory institutions, conservation, restoration

Introduction

Among our cultural heritage (CH) are art objects, historical artifacts used by ancient cultures, and objects related to the developments and improvements in engineering that are collected and partly displayed in memory institutions (MI). These objects are endangered due to degradation, which depends not only on the materials used but also on their individual history and environmental conditions. Very often, there is little knowledge about their history, material composition, former use or exposures, and impacts. In contrast to destructive techniques, the use of Non-destructive Testing (NDT) techniques is beneficial in investigating such precious objects. Such techniques can reveal details about artifacts without any disturbances of these objects and sometimes even without getting in contact with sensitive surfaces. Examples of successful NDT applications are presented below. However, before implementing NDT and monitoring techniques, it is essential to plan a comprehensive strategy in order to select proper techniques that enable optimal measurements. Recommendations can be given according to these considerations before any measurement campaign is performed.

1. Selection strategy for NDT applications in MI

The crucial part for the later described applications of NDT techniques in the museum environment is the selection of suitable methods. Furthermore, close cooperation is required between conservation scientists, measuring experts, and curators. Recommendations for applications of NDT investigations are summarized in Fig. 1 following Pamplona & Grosse [2019] and discussed in the following sections. The compilation in Fig. 1 represents a "best practice guideline" based on similar approaches in mechanical engineering [Grosse 2016]. However, following all points will often be impossible due to limited resources or time constraints. The best results cannot be expected if the boundary conditions are improper and the commitment is poor. In such cases, the procedures have to be adjusted.

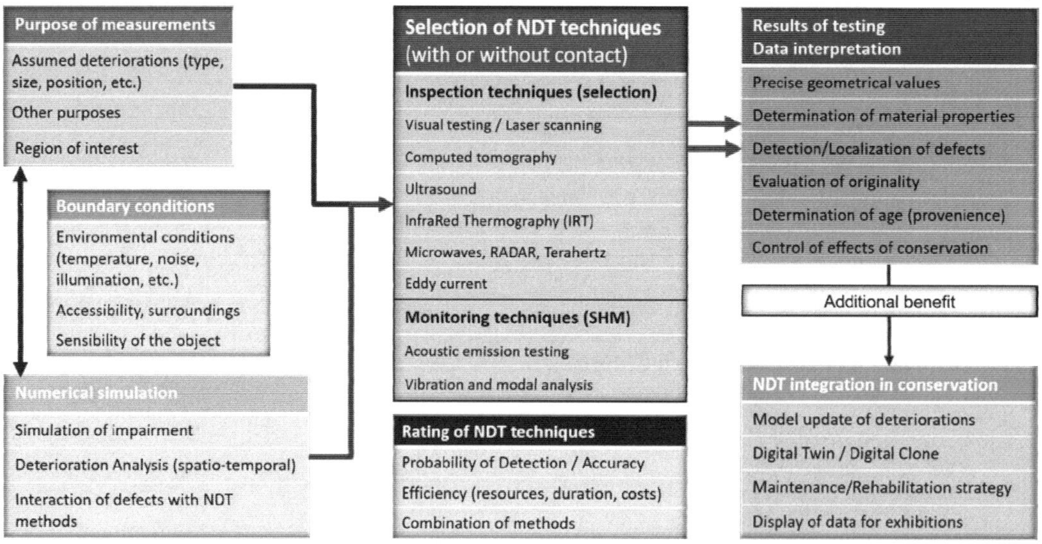

Fig. 1. Roadmap for a comprehensive selection of NDT methods in Cultural Heritage (adapted from Pamplona & Grosse [2019].

The central part of this scheme is the selection of proper NDT techniques (blue section). The key points of this figure will be discussed in the following section.

1.1 Specification of required information and boundary conditions

Before suitable methods can be selected, comprehensive information has to be provided about the purpose of the NDT application (olive table in Fig. 1, left top). What is the purpose of the investigation? Are there specific regions of interest? Will there be more than one measuring campaign, and if yes, in which time frame? If deteriorations are targeted that need to be revealed, what are the type, size, and possible location of these deteriorations? These parameters (defect type, size, location) are crucial to be discussed before choosing an appropriate NDT technique. Any a priori information about the object, including its geometry and material parameters, is helpful.

Boundary conditions (green table in Fig. 1, left center) have a tremendous influence on the applicability of NDT techniques. Some example questions can illustrate this. Is direct sensor contact with the artifact's surface allowed, or are contact-free measurements mandatory? Is the object mobile or immobile - be it due to weight, dimensions, or sensitivity to transport vibrations - and how good is its accessibility? Are the environmental conditions, due to their noise, air temperature, relative humidity, light or illumination levels, likely influencing the data acquisition? Are measurements feasible during the regular opening hours of the MI and when visitors are around? Answers to all these and other questions will have a significant influence on the method selection.

1.2 Selection of investigation techniques

NDT techniques also have to be selected based on the boundary conditions and the target information that needs to be obtained from the measurements. Many different non-destructive testing techniques are measuring chemical or physical quantities. Only some examples are mentioned in the blue table in the center of Fig. 1. Spectroscopic methods usually need a sample of the object, which makes such techniques not entirely non-destructive since they involve a loss of material that should be avoided. NDT techniques are preferred, and there is a basket full of different techniques. Counting all NDT techniques mentioned in textbooks and other resources, there will be several hundred. For conventional NDT techniques, a sensor must be coupled to the surface. Together with the conservators, it has to be decided what is possible without contaminating or damaging the surface.

More options are available if repetitive measurements are possible. Deviations of material properties from one measurement to another are easier to record and much more efficient than a single full assessment. If the NDT measurements are done in relatively short intervals and sensors are more or less permanently installed, such repetitive measurements are called monitoring. If monitoring techniques are well set, they can give alarm messages when deviations from the proposed impact model are observed.

State of the art in NDT is the use of numerical simulations before testing using sensors (table in Fig. 1, center bottom). Using a model of the artifact under test, it can be simulated if a specific property (a material property or a defect) can be measured and what would be the best sensing technique, sensor placement, and setup. Such a simulation can result in a first estimation of possible measurement resolutions and detectabilities but is usually time-consuming, particularly for a full 3D simulation.

1.3 Outcome of NDT investigations

Data obtained from NDT measurements can be used in many different ways. The red table in the upper right corner of Fig. 1 gives just a few examples. However, most NDT methods

do not directly quantify the originally required information. Radiographic techniques usually measure changes in material density, ultrasonic techniques measure wave reflectivity or amplitude attenuation, and electromagnetic waves (Microwaves, RADAR, Terahertz) a change in permittivity. A void will, therefore, be represented by changes in physical parameters that have to be correlated to the hidden elements of interest. Such a correlation is called interpretation. It is always helpful to indicate the accuracy of the applied techniques and the measuring data. This could be done by giving values of statistical and systematical errors and estimations of uncertainty (using, for example, a propagation of error technique). As a digital attachment, all processed data, along with the primary non-processed data (so-called *raw data*), have to be stored. This is essential, particularly if more measurements or further measuring campaigns are planned for a later stage.
For valid interpretations, experts from several fields should come together. Specialized conservators and conservation scientists are as crucial as historians and art historians. They should be supported by specialists for NDT measurements, sensor techniques, and data processing, and, in an ideal world, they should all contribute to the interpretation of the data. Besides the detection of deteriorations, NDT investigations can be used to prove the originality of parts and objects, to determine the age, history, and provenience, or to control the effect of conservations, just to name a few.

1.4 Further benefits of the integration of NDT techniques in the conservation process

Results of NDT applications can reveal the interior, determine material properties, and localize deteriorations or heterogeneities. Furthermore, they can also be used to display object properties electronically to the public, i.e., visitors of an exhibition, which is often described as "museum 2.0". Such a future implementation of data from measurements can address the requirements of the modern digital world. As it is done in engineering, e.g., for wind turbines [Grosse 2019], a so-called digital twin (or digital clone) can be generated of an object. This twin consists of a digital model including all digital properties and the interior of an object. The model should be kept during the lifetime of the artifact containing all individual properties and changes. The status of the parts can be controlled through non-destructive monitoring solutions along with recordings of the impacts (e.g., from vibrations, sunlight, temperature, and moisture), and the object model can be updated accordingly. In this way, a concept based on a proper digital model of an object can play an essential role in preservation.

2. Examples of NDT applications in MI

The authors of this paper have published previous reports about applications of NDT techniques in the field of MI. In a former project, the structure of the *BMW 328 Wendler* from the Deutsches Museum was investigated, which was built in 1938 and is based on a wooden frame covered by an aluminum hull. As described by Pamplona & Grosse [2019], CT and laser scanning techniques have been applied to analyze its construction and possible deformations and to develop a conservation strategy [Danz 2016]. Other applications have been in the field of investigations of historic aircraft, including the Bf 109 [Frisch et al. 2019], Me 163b [Frisch et al. 2022], and the Fokker D.VII [Mitschke 2020] of the Deutsches Museum Flugwerft in Schleißheim. These investigations are described in separate publications and will partly be presented at this conference in another talk. A fascinating object in the aeronautical field is Otto Lilienthal's monoplane glider in the Deutsches Museum, donated in 1904. A project deals with researching the history of the glider (ranging from its flight tests to becoming a museum object), analyzing original materials, and testing conservation treatments for its cleaning and stabilization [Holzer et al. 2024]. In this case study, NDT techniques such as CT scanning enabled, to some extent, to interpret the probable time-usage of some repairing materials and the degree of degradation of original wooden fragments.

2.1 Artworks by Cy Twombly

Three sculptures by American artist Cy Twombly (1928 – 2011) have been examined as part of an art-technological research project in cooperation with the *Doerner Institut München* in Munich [Reinhardt et al. 2023]. The artworks are part of the collection of the Brandhorst Museum in Munich and belong to Twombly's series of so-called 'Original Sculptures': assemblages of individual found objects, which the artist covered and modified with layers of plaster and white paint. To develop a long-term preservation strategy, the research focused on understanding the materials and construction methods used in Twombly's sculptures.

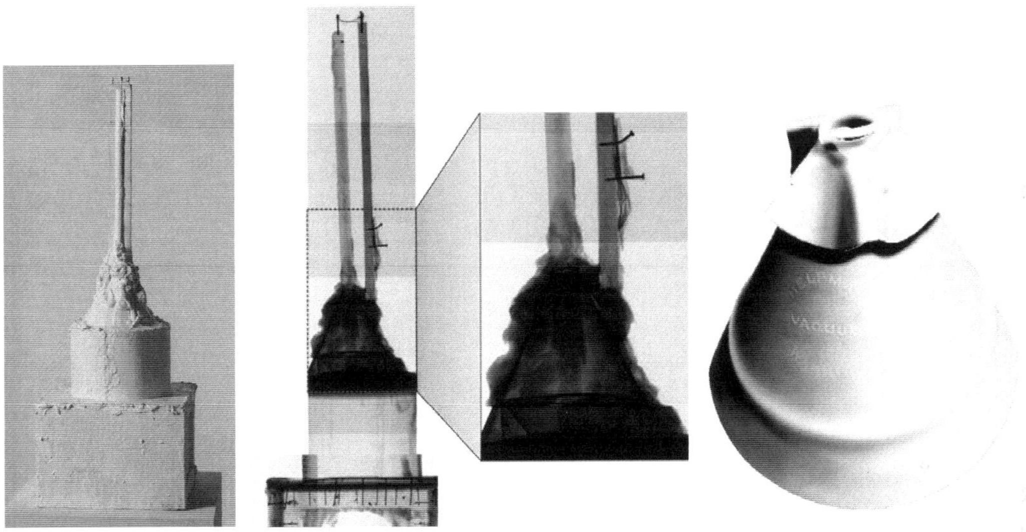

Fig. 2. Left: Cy Twombly, *Untitled*, 2001, Inv. No.UAB 656, materials: wood, metal, nails, wire, plaster, synthetic resin putty, synthetic resin paint, measurements: 110 x 38 x 40 cm (h/w/d) (© Cy Twombly Foundation, photo: Haydar Koyupinar, Bayerische Staatsgemäldesammlungen, Museum Brandhorst, middle: radiographic images stitched together; the enlarged image shows the plaster coated washer with its rod; right: Segmented metallic artifact inside the sculpture with the company´s branding "HELPMATE / VACUUM / WASHER" [Reinhardt&Tischer et al. 2023]

The results showed that Cy Twombly used various everyday objects made from wood, plastics, metal, and paper/cardboard to build the assemblages. Unexpectedly, the examinations revealed that most individual parts are solely held together by the coating of plaster and paint, lacking additional mechanical connections. The discovery of the metal, cone-shaped artifact at the artwork with the Inv. No. UAB 656, identified by the embossed writing as a vacuum washer from a company called "Helpmate" (see Fig. 2, right), was an unexpected finding for the research team. Hand-operated vacuum washers like the one Twombly processed in the assemblage were used up to the mid-1900s to clean clothes, acting like a plunger when moved up and down in a tub of water with dirty laundry. The observation that the individual objects of the assemblages were, for the more significant part, not mechanically joined together using nails or screws applies to all Twombly sculptures examined. This led to a reassessment of the fragility of the sculptures, especially about handling of the works, transport, and environmental conditions. Investigations of other sculptures from Cy Twombly and more information can be found in Reinhardt&Tischer et al. [2023].

2.2 Preservation of plastic objects

Preserving historical artifacts crafted from plastic presents a significant challenge for museums due to the inherent susceptibility of certain synthetic polymers to degradation [Sawitzki et al. 2023; Micheluz et al. 2022; Holzer et al. in-print]. Among the least stable plastics in museum collections is celluloid, the first thermoplastic made of cellulose nitrate, and the plasticizer camphor. While frozen, cold, and cool storage solutions are advocated for slowing down the chemical degradation of celluloid photographs and films, low temperatures may induce irreversible effects, such as microcracking, in three-dimensional celluloid (3D-CN) objects, owing to thermal stress and strain. A research project at the Deutsches Museum in Munich [Elsässer et al. 2021a] assessed the effectiveness and potential harm of below-RT storage conditions in preserving 3D-CN. Photoelasticity, as a non-destructive testing method, has been applied to monitor the development of inner tensions resulting from artificial aging [Elsässer et al. 2023a] and seven months of room-temperature storage (Fig. 3) caused by degradation processes. This increase of degradation with time was verified with minimal invasive techniques, such as Gel Permeation Chromatography (GPC), Ion Chromatography (IC), Thermo-Gravimetric Analysis coupled to Fourier-transform Infrared-Spectroscopy (TGA-FTIR), Evolved Gas Analysis (EGA), and Thermodesorption-Pyrolysis Gas Chromatography Mass Spectrometry (TD-Pyr-GC/MS) [Elsässer et al. 2021b; Kavda et al. 2021]. By comparing the effects of four different storage temperatures (+23 °C, +13 °C, +9 °C, −15 °C) after seven months, it was possible to verify that the lowest tested temperature induced the least chain's scissions and camphor losses (measured by GPC) [Elsässer et al. 2023b].

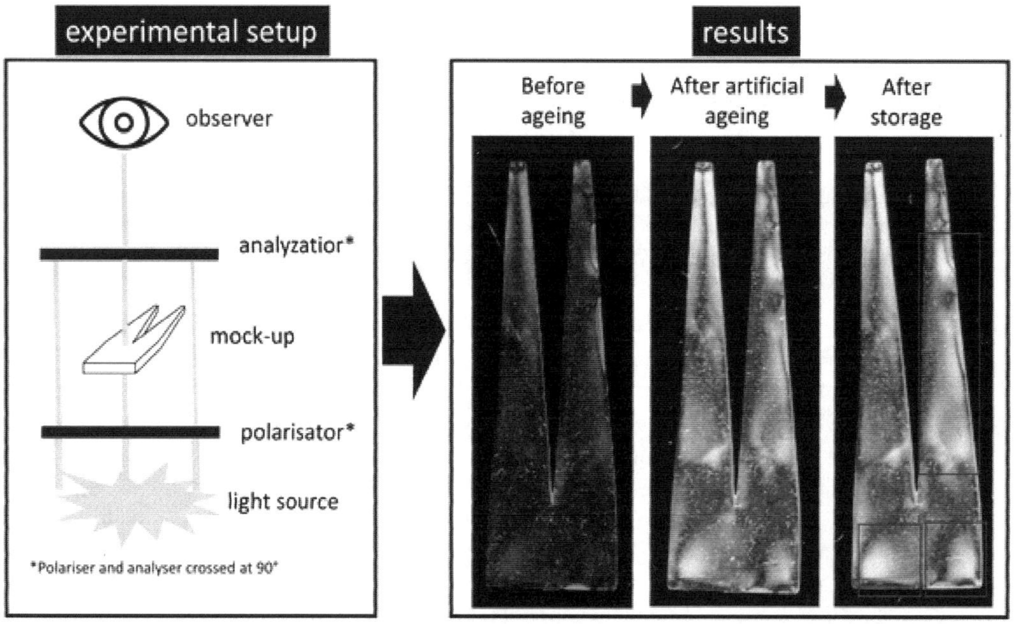

Fig. 3. Photoelasticity tests conducted on celluloid mock-ups revealed an increase in inner tensions, detectable through a brightness increase. This was observed after artificial mock-up aging and again after seven months of room-temperature storage, as highlighted in red.

Therefore, this study recommends storing valuable 3D-CN museum artifacts at −15 °C [Elsässer et al. 2023b]. A good practice in conservation science is to use reproducible analytical methods; however, special attention should be paid to the fact that 3D-CN develops heterogeneous degradation gradients. In this sense, the chemical and/or mechanical information obtained from a measured location or sample is probably not representative of the whole object but specific to the analyzed region and, depending on the condition state, likely a degradation gradient with a specific spatial orientation is present [Chavez Lozano et al. 2023]. In this study, an optimized sampling technique in-depth profile was paramount to quantify degradation gradients and assess, in a reproducible way, the impact of storage temperature on the chemical preservation of 3D celluloid.

2.3 Preservation of metal objects

A Celtic dagger dated from the early Iron Age (Hallstatt period, between 800 and 450 BC) was investigated in cooperation with the Bavarian State Archaeological Collection in Munich (Fig. 4, left). The dagger was found around the year 1880 in a grave and is exhibited at the Wittelsbach Museum in Aichach, Bavaria. A copy of the 366 mm long dagger should be produced to simultaneously display the object at different locations.

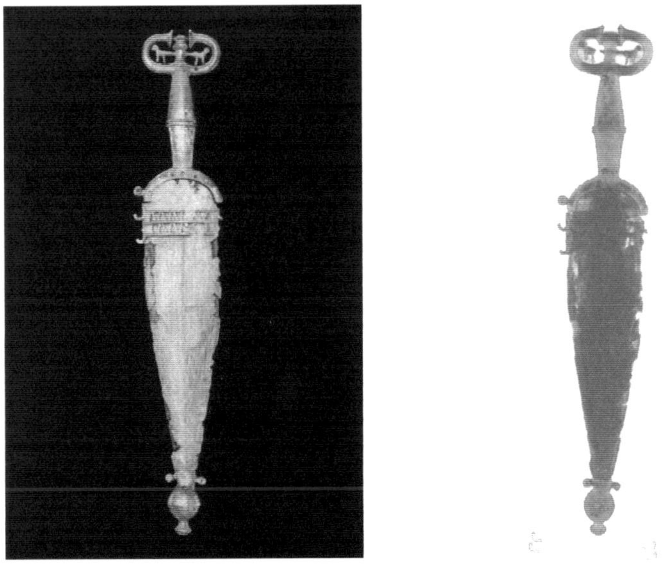

Fig. 4. Visual representation of the Celtic dagger (left) and CT scan (right)

The dagger has an "antenna" handle made of bronze. An openwork band is riveted to the upper part and is decorated with pairs of ring eyelets on both sides. The lower end of the scabbard is formed by a ribbed spherical band fastened with two rivets at the lower end. The handle is covered with small coral discs in recessed circular cells. The object's condition and shape, with many undercuts, make classical plastic molding difficult. A high-resolution CT scan and subsequent 3D printing were proposed as an alternative. Such a copy could subsequently be colored. Until now, only a full three-dimensional CT scan with segmentation was performed, as depicted in Fig. 4, right. The object was transported and scanned in a box to avoid further deterioration. The 3D model is in progress and will be used to print a copy using additive manufacturing techniques. Besides creating a detailed replica, CT scans are used to study archaeological objects. As the blade cannot be pulled out of the sheath anymore due to iron corrosion, it is now possible to study the characteristics of the blade and sheath in the CT scan otherwise completely invisible.

2.4 Monitoring in MIs

Collections are presented in museums or stored in depots, archives, or libraries. To ensure optimal environmental (in-door) conditions, monitoring of these conditions and their impacts using sensing techniques is essential. Such sensing systems are important not only to control ambient conditions and avoid further deterioration of the collections, but also to reduce energy consumption. Oversized requirements for protecting artifacts in Memory Institutions (MIs) consume a maximum amount of energy to regulate the indoor climate in terms of ventilation, temperature, and humidity. The CO_2 emissions of museums, libraries, archives, and depots are enormous.

The project "Resource-Optimized Memory Institutions – ReKult" is a cooperation between the Technical Universities in Berlin, Braunschweig, and Munich under the direction of the Rathgen Research Laboratory of the National Museums in Berlin and is funded by the Federal Ministry of Housing, Urban Development, and Construction. The research team is developing new assessment and planning approaches for the sustainable maintenance and construction of heritage buildings, improving the "Sustainable Building" assessment system (BNB) of the Federal Ministry. Sensor technologies are used to map the interactions between the structure, objects, and visitors to reliably record possible changes that may lead to deterioration. This has the advantage of keeping the building model updated as part of a so-called digital twin. Essential operational parameters of the building (e.g. Heating, Ventilation and Air Conditioning – HVAC) can be controlled to minimize energy consumption while preserving the collection.

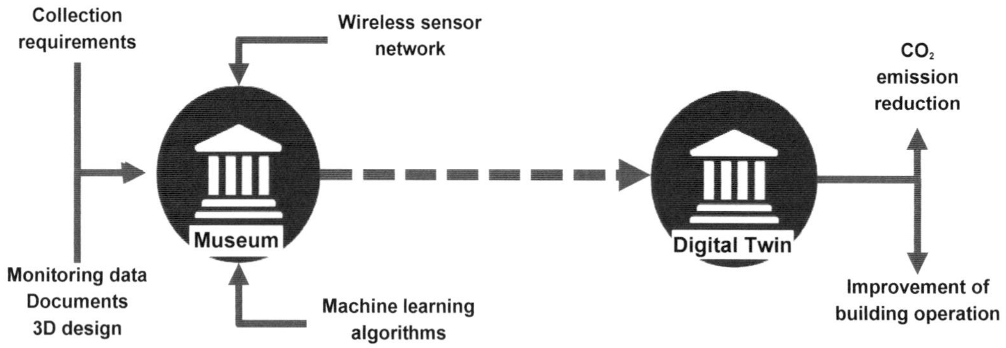

Fig. 5. Scheme to use monitoring techniques for the control of energy consumption in memory institutions

Following Fig. 5, a model of the museum (like a building information model) can be used to interconnect requirements to preserve collections with demands to reduce energy consumption. Tools such as sensors and machine learning algorithms can play a significant role if their application is simple and cost-efficient. A further investigation of suitable (wireless) monitoring techniques and their integration into a digital twin concept to control energy consumption will follow.

Conclusions

The application of non-destructive and monitoring techniques in memory institutions and on artwork has to be carefully planned. A guideline is presented that describes some of the crucial parts of such projects, where the selection of proper measurement techniques is central. The coordination of all activities requires close cooperation between experts from the memory institution (conservators, curators, technicians) and NDT techniques. Early communication can pave the way for a holistic interpretation of the data, leading to tailored and optimized conservation and preservation strategies. Other exciting applications where NDT techniques can contribute are in the fields of forming replicas using 3D printing techniques, disclosing facts about the history of objects, ensuring sustainable energy consumption inside memory institutions, and optimal ambient conditions for presentation and storage.

Acknowledgments

The research leading to results regarding artwork of Cy Twombly has received funding from the Schoof'sche Stiftung for the project of the Doerner Institut 'Kunsttechnologische Untersuchung der Skulpturen von Cy Twombly in der Sammlung Brandhorst.' Continuous support beyond the project phase was provided by the Cy Twombly Foundation and the Brandhorst Collection.

The work on the preservation of plastic objects was financially supported by the German Federal Environmental Foundation (Deutsche Bundesstiftung Umwelt – DBU).

The project ReKult is directed by the Rathgen Research Laboratory of the National Museums in Berlin and is funded by the Federal Ministry of Housing, Urban Development, and Construction.

The authors are indebted for contributions to the above-described concept to numerous institutions and colleagues: TUM Chair of Conservation-Restoration, Art Technology and Conservation Science, the Doerner Institut from the Bayerische Staatsgemäldesammlungen, Munich, the Deutsches Museum Munich including the Flugwerft Schleißheim, the Archaeological State Collection of the State of Bavaria Munich, the Siemens AG, and to all former and present members of the TUM Chair of Non-Destructive Testing.

References

Chavez Lozano MV, Elsässer C, Angelin EM, Pamplona M (2023). Shedding Light on Degradation Gradients in Celluloid: An ATR-FTIR Study of Artificially and Naturally Aged Specimens. *Polymers*, *15* (3), 522. https://doi.org/10.3390/polym15030522.

Danz A (2016). Das BMW 328 Wendler Stromliniencoupé aus dem Deutschen Museum München: Provenienz – Analysen – Konzepte. Masterarbeit, Lehrstuhl für Restaurierung, Kunsttechnologie und Konservierungswissenschaft, Technische Universität München.

Elsässer C, Pamplona M, Mayr V, Donner T, Grießbach S (2021a). Lower temperature, longer lifetime: practice at the Deutsches Museum and research perspectives for storing 3D cellulose nitrate objects. *Zeitschrift für Kunsttechnologie und Konservierung (ZKK),* ISSN: 0931-7198, Vol. *34* (1), pp. 17-26.

Elsässer C, Micheluz A, Pamplona M, Kavda S, Montag P (2021b). Selection of thermal, spectroscopic, spectrometric, and chromatographic methods for characterizing historical celluloid. *J Appl Polym Sci.*, *138* (21), 50477. https://doi.org/10.1002/app.50477.

Elsässer C, Mayr V, Montag P, Angelin EM, Hilbig H, Grosse CU, Pamplona M (2023a). Mock-Ups in Plastic Conservation Research: Processing and Aging of 3D Celluloid Specimens Simulating Historical Objects. *Polymers*, *15* (4), 852. https://doi.org/10.3390/polym15040852.

Elsässer C, Angelin EM, Montag P, Hilbig H, Grosse CU, Pamplona M (2023b). Frozen, Cold, or Cool? Chemical Assessment of the Effectiveness of Storage Conditions for Celluloid 3D Objects. *Polymers 15* (20):4056. https://doi.org/10.3390/polym15204056.

Frisch J, Blänsdorf C, Jatzlau P, Hempfer A, Grosse CU (2019). Lock-in- und Blitzthermographie zur Untersuchung von Lackschichten an den historischen Flugzeugen Bf 109 und Me 163. Thermographie-Kolloquium, 19.-20.09.2019, Halle, DGZfP. https://www.dgzfp.de/portals/thermo2019/bb/8.pdf.

Frisch J, Blänsdorf C, Hempfer A, Pamplona M, Grosse CU (2022). Active thermography to look beneath the surface of a historic German aircraft. Research and Review J. of NDT 1(1).

DOI: 10.58286/28137 https://www.ndt.net/article/ecndt2023/papers/ECNDT2023_PAPER_300.pdf

Grosse CU (2016). Modules for an efficient and holistic application of NDT methods for fiber-reinforced polymers. Proc. of the 17th European Conference on Composite Materials. Munich. 12 p. EID: 2-s2.0-85018568863

Grosse CU (2019). Monitoring and Inspection Techniques Supporting a Digital Twin Concept in Civil Engineering. In: Proc. 5th Int. Conf. on Sustainable Construction Materials and Technologies (SCMT5), Eds. E. Ganjian et al. ISBN: 978-1077905702, pp. 4-18.

Holzer C, Hempfer A, Pamplona M, Kluge R (2024). Conservation Science – Operation Lilienthal. http://www.deutsches-museum.de/forschung/forschungsinstitut/projekte/detailseite/operation-lilienthal. Last visit: 05. April 2024.

Holzer C, Micheluz A, Angelin EM, Pamplona M (in print). Modern Space Textiles: Material Identification and Degradation Study of a Russian Sokol-KV2. In: ICOM-CC Modern Materials and Contemporary Art & Textiles Working Groups Virtual Joint Interim Meeting, *Semi-synthetic and Synthetic Textile Materials in Fashion, Design and Art*, 21-23 February, 2023.

Kavda S, Micheluz A, Elsässer C, Pamplona M. (2021). Development of a gel permeation chromatography method for analysing cellulose nitrate in museums. *J. Sep. Sci.*, *44* (9), 1795–1804. https://doi.org/10.1002/jssc.202001018.

Micheluz A., Angelin E.M., Sawitzki J., Pamplona M. (2022): Plastics in robots: a degradation study of a humanoid skin mask made of soft urethane elastomer. *Heritage Science*, *10* (4). https://doi.org/10.1186/s40494-021-00636-8.

Mitschke D (2020). Deutsch oder 'Dutch'? – Untersuchungen an der textilen Bespannung und dem Anstrich der Fokker D.VII aus dem Deutschen Museum, München. Master Thesis, Staatliche Akademie der Bildenden Künste abk Stuttgart, Institut für Konservierungswissenschaften, 306 p.

Pamplona M, Grosse CU (2019). Non-destructive Testing Techniques Applied to Valuables of our Technical Cultural Heritage. DACH-Jahrestagung 2019, 27.-29.05.2019, Friedrichshafen, DGZfP. https://www.ndt.net/article/dgzfp2019/papers/Mo.3.C.2.pdf

Reinhardt J, Tischer M, Schmid S, Kollofrath J, Burger, R, Jatzlau P, Bushart E, Goldammer M, Grosse CU (2023). X-ray-based examination of artworks by Cy Twombly: art technology and condition of the 'Original Sculptures'. *Herit Sci* 11(237). https://doi.org/10.1186/s40494-023-01073-5.

Sawitzki J, Pamplona, M, Dittmann F. (2023). Helping Hinz and Kunz? – Analysing and conserving two robotic prototypes from the Deutsches Museum in Munich. *Apollo - University of Cambridge Repository*. https://doi.org/10.17863/CAM.104121.

Stoessel R, Donner T, Mosch M, Pamplona M, Hempfer A, Kiefel D, Grosse CU (2018). *Computed Tomography testing at remains of a glider from Otto Lilienthal.* 8th Conf. on Industrial Computed Tomography, Wels, Austria (iCT 2018).

Non-Destructive Methods for Researching Aviation Exhibits in the Deutsches Museum

Andreas HEMPFER[1], Catharina BLAENSDORF[2], Anna DOHNAL[3], Julia FRISCH[4], Christian U. GROSSE[4], Dennis MITSCHKE[3], Marisa PAMPLONA[1], Nils REIMS[5], Reinhold STADLER

[1] Deutsches Museum, Munich
[2] Archäologische Staatssammlung, Munich
[3] Staatliche Akademie der Bildenden Künste Stuttgart, Stuttgart
[4] Technische Universität München, Munich
[5] Fraunhofer IIS, Entwicklungszentrum Röntgentechnik, Fürth

Kontakt E-Mail: a.hempfer@deutsches-museum.de

Summary

Even some of the best-known historic aircrafts in the Deutsches Museum - the Messerschmitt Bf 109, the Me 163, the Fokker D.VII and the "Vergeltungswaffe" V2 - still raise many unanswered questions. Until the 2000s, new paint layers were applied to aircraft of the Deutsches Museum without scientific supervision for improving their appeal to visitors. Consequently, many traces of the aircraft's individual operational history were irreplaceably lost or hidden under museum paintwork. An interdisciplinary team formed from a partnership of the Deutsches Museum with the Chair for Non-Destructive testing at TUM has now proven that active thermography is often suitable as a method for researching and mapping overpainted surfaces on historic aircrafts. Combined with targeted paint sampling and material analysis to identify colour layers, pigments and binders of the original paints, the methods also provided new insights into production technology of the aircraft.

In further collaborations, students of Conservation of Paintings and Polychrome Sculptures, as well as of Objects' Conservation at the ABK Stuttgart showed even more areas of application: Thermography was used in provenance research of the Fokker D.VII, which is assumed to be stolen Dutch cultural property. Secondly, to characterize the conservation state of the V2 rocket, which is acutely affected by corrosion, in order to develop a conservation concept that considers the value of past paint layers. Another cooperation partner of the Deutsches Museum is the Fraunhofer EZRT in Fürth. As a follow-up project to the application of XXL CT tomography of a historical car in 2016, the Me 163 came to Fürth in 2018: The detailed CT data set is still being analysed but it has already made the chronological classification of individual components of the plane possible.

These non-destructive and conservation science methods have made a decisive contribution to clarifying the history, provenance, authenticity and state of preservation of technical cultural artefacts. They also provide an important basis for decision-making on ethical conservation issues. The museum not only applies and refines these methods, but also communicates them to a broad public in its new permanent exhibitions.

Keywords: Non-destructive testing, cultural heritage, memory institutions, conservation, aviation

Entwicklung einer KI-Architektur zur Form- und Lagebestimmung von Defekten in großen Objekten mittels multilateraler Röntgenbilder

Daniel GROLLMISCH [1], Jan Felix FISCHER [1], Frank HEROLD [1]
1 VisiConsult X-Ray Systems & Solutions GmbH, Stockelsdorf, Deutschland,
f.herold@visiconsult.de

Kurzfassung

Zur Qualitätssicherung bzw. zur automatischen Erkennung innenliegender Defekte in Gussteilen hat sich die röntgenbasierte Computertomographie (CT) etabliert. Für komplexe mittelgroßer Objekte wird immer häufiger roboterbasierte CT eingesetzt. Für die Qualitätskontrolle bei sehr großen Objekten erfüllen oft nur wenige Projektionsrichtungen die Anforderungen bezüglich der minimalen Bildqualität aufgrund der Durchstrahlbarkeit bzw. einige Richtungen sind selbst mit einem roboterbasierten CT nicht erreichbar.

In dieser Studie sollen nur mit wenigen multilateralen Röntgenbildern die Form und Lage von Defekten bestimmt werden, d.h. beispielsweise 2-3 Projektionen für eine bestimmte ROI (region of interest), die es ermöglichen denselben Defekt in dieser ROI aus verschiedenen Richtungen zu betrachten.

Weiterhin soll durch den Einsatz eines geeigneten KI-Frameworks für roboterbasierte CT-Systemen die Detektionsrate verbessert werden. Die Defekterkennung mit Hilfe von KI auf 2D-Röntgenbildern stellt eine Herausforderung dar, da die Menge der verfügbaren Daten geringer ist als bei der dreidimensionalen CT. Des Weiteren können sich einzelne Defekte in der einzelnen Projektion überlagern, so dass eine exakte Defektauswertung erschwert wird.

Es sollen daher unterschiedliche Filter getestet und kombiniert werden, um ein Mehrkanalbild zu erstellen, das als Input für eine CNN-basierte Architektur verwendet werden kann. Diese Architektur wird in der Lage sein, auch kontrastarme Fehler in den Projektionen komplexer Werkstücke sicher zu detektieren.

Diese Studie ist Teil eines Förderprojektes des BMBF (FKZ: 01IS23033B) bei dem eine KI-Architektur entwickelt wird, die mit Hilfe mehrerer Röntgenbilder Defekte und deren Lage und Form in komplexen Bauteilen und Strukturen finden und klassifizieren kann. Hier zeigen wir erste Resultate und diskutieren die Grenzen des Verfahrens.

Keywords: ADR, KI, Roboter-CT, multilaterale Röntgenbilder, Region of Interest CT

Multimethodischer KI-Ansatz für eine ultraschallbasierte Zustandsüberwachung in Echtzeit

Quy R. LUONG [1], Thomas SCHLECH [1], Markus G. R. SAUSE [1]
[1] Universität Augsburg, D-86159 Augsburg, Deutschland
Kontakt E-Mail: quy.raven.luong@uni-a.de

Kurzfassung. Zur Analyse von Ultraschallsignalen wird im Folgenden eine Kombination aus überwachtem und unüberwachtem Lernen eingesetzt. Die Methoden werden sowohl zur Detektion als auch Klassifizierung von Anomalien verwendet. Das unüberwachte Lernen umgeht hierbei die Notwendigkeit, entsprechende Labels zu generieren, die für das überwachte Lernen notwendig sind und für Anomalien nicht erstellt werden können, da diese nicht zwangsweise einem zugrunde liegenden Muster folgen. Die Klassifizierung basierend auf überwachtem Lernen wird daher mittels Methoden des unüberwachten Lernens zur Detektion von Anomalien ergänzt. Dieser kombinierte Ansatz kann beispielsweise zur Zustands- und Prozessüberwachung von Fertigungsprozessen wie der CNC-Bearbeitung eingesetzt werden. Durch eine zusätzliche Verknüpfung der KI-berechneten Ergebnisse mit Daten einer spezifischen Anlage, z.B. Informationen über die Werkzeugposition, kann ein Prozess nicht nur global bewertet, sondern entsprechende Anomalien und Defekte direkt lokalisiert werden. Bezüglich einer echtzeitfähigen Überwachung gelten hierbei zusätzlich die Rahmenbedingungen, dass die Datenströme aus verschiedenen unabhängigen Systemen (Sensorik und Maschine) stammen und typischerweise unterschiedliche Abtastraten besitzen bzw. im Echtzeitfall asynchron zueinander ablaufen. Eine sequenzielle Verarbeitung mehrerer Datenströme ist infolgedessen nur bedingt möglich und bei zu hohen Datenraten, wie sie bei Ultraschall anfallen, praktisch unmöglich. Die Programmierung von Nebenläufigkeit ist daher unerlässlich für die Entwicklung echtzeitfähiger Anwendungen, welche zeitgleich mehrere Datenströme erfassen, verarbeiten, fusionieren und schließlich die Ergebnisse wiedergeben sollen. Die genannten Ansätze werden im Folgenden anhand der Überwachung des CNC-Fräsprozesses vorgestellt. Dabei soll einerseits der Zustand des Werkzeugs und andererseits Abweichungen im Material des Werkstücks bewertet werden.

Keywords: Zustandsüberwachung, Künstliche Intelligenz, Maschinelles Lernen, Echtzeit, Fertigungsprozesse

Einführung

Mit der fortschreitenden Digitalisierung und Automatisierung spielen Algorithmen des maschinellen Lernens eine immer bedeutendere Rolle, da sie bei der Bewältigung komplexer Aufgaben neue Möglichkeiten eröffnen, die vorher nur mit sehr tiefem Verständnis oder gar

Medien- und Publikationspartner

überhaupt nicht erreicht werden konnten. Insbesondere in den Bereichen der industriellen Fertigung besteht in Form von Zustands- und Prozessüberwachungslösungen ein hohes Potenzial, die Produktivität verschiedener Prozesse zu erhöhen [1]. Der Einsatz von künstlicher Intelligenz ermöglicht einerseits erhöhte Automatisierungsrade z.B. durch automatisierte Detektion von Prozessanomalien, andererseits kann dieser das Prozessverständnis durch Einblicke in bisher verborgene Informationen in den Prozessdaten verbessern. Daraus lassen sich Möglichkeiten zur Prozessverbesserung ableiten. In der vorliegenden Arbeit werden daher verschiedene KI-Methoden vorgestellt, die sich im Bereich der Zustands- und Prozessüberwachung als nützlich erweisen. Die Datengrundlage dafür bilden akustische Sensordaten aus dem Ultraschallbereich. Dabei werden typischerweise große Datenmengen generiert, was hohe Anforderungen an das jeweilige Überwachungssystem stellt. Insbesondere für echtzeitfähige Überwachungssysteme liegt die Herausforderung darin, dass die Daten möglichst zeitnahe verarbeitet, analysiert und an den Nutzer als Information weitergegeben werden sollen. In dieser Arbeit werden zudem verschiedene KI-Methoden zu einem Programm für die Überwachung eines Zerspanungsprozess in einer CNC gesteuerten Fräse zusammengeführt.

1. Methode

1.1 Ultraschall

Ultraschall bildet die technische Grundlage vieler zerstörungsfreier Prüfverfahren zur Untersuchung verschiedener Komponenten oder Materialien und spielt in der produzierenden Industrie als End-of-Line-Prüfmethode in der Qualitätssicherung bereits eine entscheidende Rolle. Produkte können jedoch auch schon auf Ebene der Fertigungsprozesse anhand prozessbedingter emittierter Geräusche im Ultraschallbereich bewertet werden, was insbesondere im Rahmen der Prozessüberwachung als Online-Prüfverfahren eine sehr vielversprechende Entwicklung darstellt. Dabei ist das Potenzial vieler dieser Prüfmethoden bei weitem noch nicht ausgeschöpft und bietet eine Vielzahl an Möglichkeiten zur Integration von künstlicher Intelligenz, welche helfen können, Inspektionen und Prozesse zu automatisieren, neue Information aus den Prozessdaten zu gewinnen oder die Überwachung der Anlagen oder des Prozesses zu ermöglichen. Aus dem maschinellen Lernen existieren hierzu verschiedene Algorithmen, die den Bereichen des überwachten oder unüberwachten Lernens angehören und für verschiedenste Prozesse Einsatz finden können [2].

1.2 Überwachtes Lernen

Überwachtes Lernen verfolgt den Ansatz, mit Hilfe eines Lernalgorithmus die Zusammenhänge zwischen gegebenen Eingangsdaten und erwarteten Ausgangsdaten bzw. Labels zu erlernen, und findet meist Einsatz bei Klassifizierungs- oder Regressionsproblemen. Aufgrund der Tatsache, dass lediglich die vorhandenen Eingangsdaten und erwarteten Ausgabedaten übergeben werden müssen und dass der Algorithmus daraufhin selbständig lernt, ist das überwachte Lernen meist eine relativ einfach umzusetzende Methode. Ein typischer Ablauf des überwachten Lernens im Rahmen der Zustands- und Prozessüberwachung ist in Abbildung 1 dargestellt. Zum einen werden mit Hilfe entsprechender Sensorik Daten während des Betriebs einer Maschine oder Ablauf eines Prozesses erfasst. Zum anderen müssen diese Daten in interpretierbare Informationen verarbeitet werden bzw. über die sogenannte Feature-Extraktion auf ihre relevanten Charakteristiken reduziert werden, während typischerweise mit Hilfe von Inspektionen am interessierenden Objekt - seien es Werkzeuge, Anlagen oder Prozesse - Labels erzeugt werden. Die berechneten Charakteristiken und generierten Labels finden schließlich Eingang in einen Lernalgorithmus, welcher den Zusammenhang zwischen den Eingangsdaten und Ausgangsdaten erlernt und schließlich als KI-Modell zur Inferenz bzw. zur Klassifizierung oder Regression zukünftiger Beobachtungen verwendet werden kann.

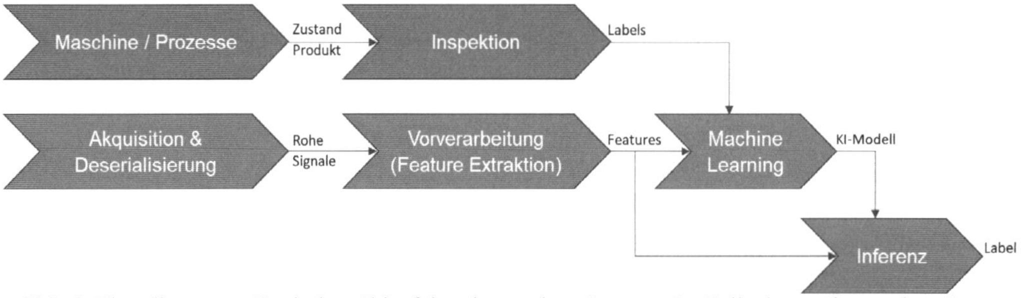

Abb. 1. Flussdiagramm: Typischer Ablauf des überwachten Lernens. Im Falle des unüberwachten Lernens kann auf die Labels durch die Inspektion verzichtet werden.

1.3 Unüberwachtes Lernen

Das unüberwachte Lernen verzichtet im Gegensatz dazu vollständig auf jegliche Labels und verfolgt stattdessen den Ansatz, Strukturen, Muster oder Gruppierungen in den Eingabedaten zu erkennen. Der Labelprozess und die damit verbundene Zeit bleiben somit erspart. Eine Vielzahl der Algorithmen des unüberwachten Lernens finden ihren Einsatz häufig entweder in der Datenkompression [3], Filterung [4], Evaluation von Features, oder Detektion von Anomalien [5]. Im Rahmen dieser Arbeit wird ein unüberwachtes Lernverfahren, ein sogenannter Autoencoder, für die Detektion von Anomalien betrachtet. Abbildung 2 zeigt einen schematischen Aufbau eines Autoencoders basierend auf einem neuronalen Netz.

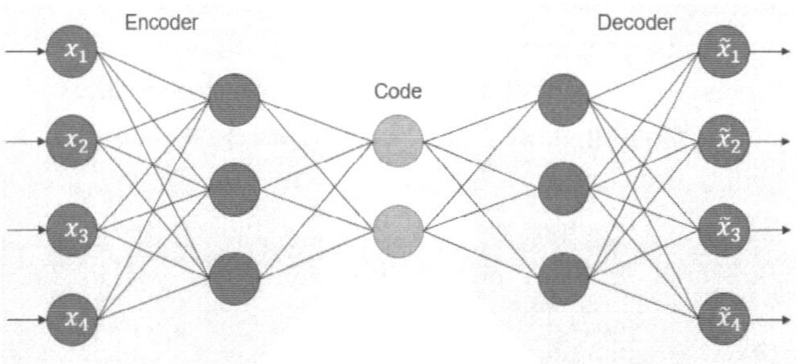

Abb. 2. Struktur eines Autoencoders; Ein neuronales Netz, welches seine Eingabedaten möglichst genau reproduziert und die Daten dazu zwischenzeitlich komprimiert bzw. encodiert. [6]

Es handelt es sich hierbei im Wesentlichen um ein neuronales Netzwerk aus dem Bereich des Deep Learning. Im Gegensatz zu den typischen neuronalen Netzen, wie sie im überwachten Lernen eingesetzt werden, erhält der Autoencoder jedoch keine konkreten Labels, auf welche die Trainingsdaten abgebildet werden. Stattdessen werden die Eingabedaten des Autoencoders auf der Ausgabenseite abgebildet, wobei eine Verengung der Netzstruktur bedingt, dass der Autoencoder aus den gegebenen Trainingsdaten entsprechende Muster erlernen muss, um die Eingabe zunächst auf eine kleinere Datenmenge zu verringern bzw. zu enkodieren. Durch eine anschließende Dekodierung dieser Datenmenge sollen schließlich die Eingabedaten als Ausgabe bestmöglich rekonstruiert werden. Diese Rekonstruktion funktioniert dabei umso besser, je eher die Eingabedaten dem im Autoencoder angelernten Muster entsprechen. Folglich kann abhängig von der absoluten Abweichung, dem Rekonstruktionsfehler der originalen und der rekonstruierten Eingabe, mittels eines einfachen Schwellwertverfahrens zwischen einem normalen und einem anormalen Zustand unterschieden werde.

Entsprechend führen Eingaben, die nicht mit dem im Autoencoder angelernten Muster übereinstimmen, zu einer schlechteren Rekonstruktion und werden folglich als Fehlerfall bzw. Anomalie bewertet.

1.4 Methodik

Die genannten Methoden sollen im Folgenden sowohl zur Detektion von Anomalien und als auch zur Klassifizierung verwendet werden. Als Eingangsdaten dienen hierbei die Charakteristiken (engl. Features) der Ultraschallsignale, die in Form der Signalvorverarbeitung in einem vorherigen Schritt berechnet werden. Dabei werden aus den von den Datenströmen der verwendeten Ultraschallsensoren ausgewählte Features sowohl in der Zeitdomäne (quadratische Mittel, Maximalwerte, Crossrates, Geometriefaktoren) als auch Features in der Frequenzdomäne (Spitzenfrequenzen, Schwerpunktfrequenz, Geometriefaktoren, PartialPowers) berechnet [7]. Essenziell für die Detektion von Anomalien mittels Autoencoder ist hierbei außerdem die Normalisierung der berechneten Charakteristiken, da der Rekonstruktionsfehler direkt von den Beträgen der einzelnen Features abhängt. Dies macht sich schnell anhand von Features wie den Spitzenfrequenzen deutlich, welche in ihrer Größenordnung deutlich über den (normalisierten) PartialPowers liegen. Die gesamte Signalvorverarbeitung ist in Abbildung 3 dargestellt.

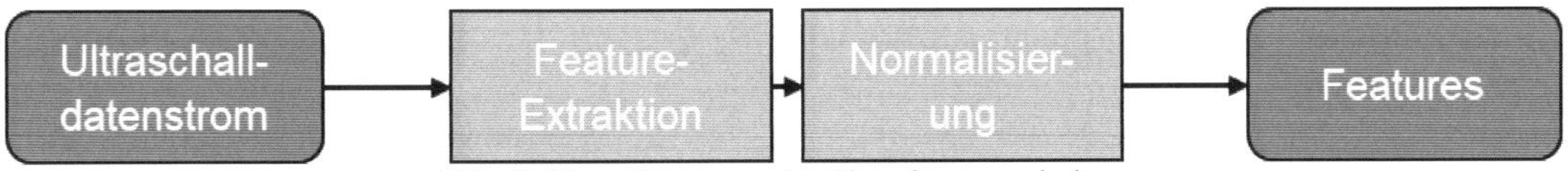

Abb. 3. Flussdiagramm der Signalvorverarbeitung

Nach Berechnung der Features finden diese Eingang in die Algorithmen des maschinellen Lernens. Die Möglichkeiten, diese Algorithmen miteinander zu kombinieren, sind dabei nahezu uneingeschränkt und bieten viel Potenzial. So hat sich beispielsweise die Klasse der Ensemble-Modelle etabliert, bei denen mehrere KI-Modelle vereint werden, um präzisere und robustere Vorhersagen zu treffen. Eine andere einfache Möglichkeit ist eine serielle Schaltung des Autoencoders mit einem klassischen KI-Modell des überwachten Lernens, welche das Assessment in Form der Detektion von Anomalien mit einer nachfolgenden Diagnose zur Identifizierung, Lokalisierung oder Quantifizierung durch Klassifizierung oder Regression verbindet. Dies wird in Abbildung 4 dargestellt und im Rahmen dieser Arbeit eingesetzt.

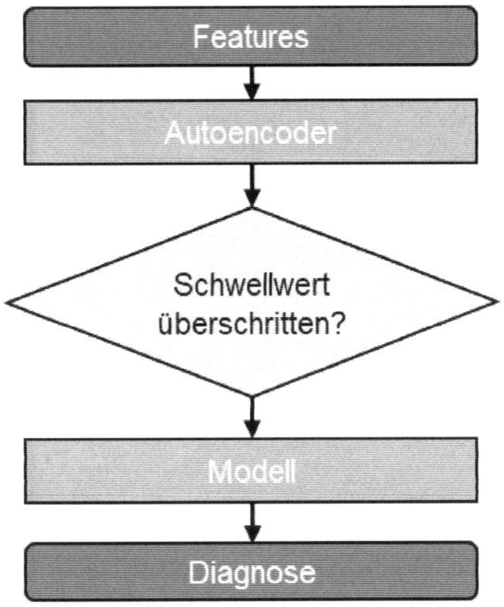

Abb. 4. Flussdiagramm des hybriden Ansatzes zur Signalanalyse. Dieser beinhaltet die Detektion von Anomalien mit anschließender Diagnose

2. Echtzeitüberwachung

2.1 Implementierung

Für die Umsetzung eines echtzeitfähigen ultraschall-basierten Überwachungssystems ist zu berücksichtigen, dass durch die notwendige hochfrequente Datenerfassung bei ultraschallbasierten Verfahren große Datenmenge entstehen. Dies führt zu hohen Anforderungen an die Datenkommunikation zwischen Rechner und Sensorik und die Datenverarbeitung. Zusätzlich müssen die Daten aus den verschiedenen Systemen fusioniert und synchronisiert werden.

Im Falle dieser Arbeit wird ein möglichst einfaches monolithisches System zur Überwachung einer CNC-Fräse und deren Prozesse implementiert. Dieses System basiert dabei auf einem eigens entwickelten generischen Framework [8]. Die Daten der CNC-Fräse werden hierbei über ein MQTT-Protokoll kommuniziert, während die zu verarbeitenden Ultraschalldaten über das „PROfile Ultrasonic" Messsystem der BCMtec GmbH aufgenommen und über eine TCP-Verbindung direkt in das Programm eingelesen werden. Ein vollständig eventgetriebener Ansatz zur Akquisition und Verarbeitung zeigte sich hierbei jedoch nur bedingt vorteilhaft. So wurden die Ultraschalldaten eventgetrieben verarbeitet, die Maschinendaten (Werkzugposition, Drehzahl, etc.) wurden hingegen über ein Polling-Verfahren eingelesen. Das Polling Verfahren wurde gewählt, da die Status- und Positionsangaben der Bearbeitungsmaschine nur in Kombination mit den Ergebnissen der Signalverarbeitung von Interesse sind, jedoch von der verwendeten Fräse eine große Anzahl an Nachrichten bzw. Events in sehr kurzer Zeit ausgesendet werden. Die dadurch entstehende Flut an Informationen kann das Hauptprogramm ohne Vorhandensein eines dedizierten Event-Managementsystems ausbremsen. Durch den Einsatz von Polling wird vermieden, dass das Programm auf jedes einzelne empfangene Event der Maschine reagiert. Dadurch können relevantere Events, welche die Signalverarbeitung der Ultraschalldaten einleiten, priorisiert werden, ohne von den Events der Maschine blockiert zu werden. Der eventgetriebene und der Polling-Ansatz sind in Abbildung 5 gegenübergestellt. Prinzipiell kann das Update der Maschinendaten einmalig nach dem Verarbeiten eines Events der Ultraschallsensorik als nachfolgender Befehl erfolgen. Jedoch erzeugt dies eine stärkere, interne/softwareseitige Kopplung, welche den Einsatz von Nebenläufigkeit erschwert.

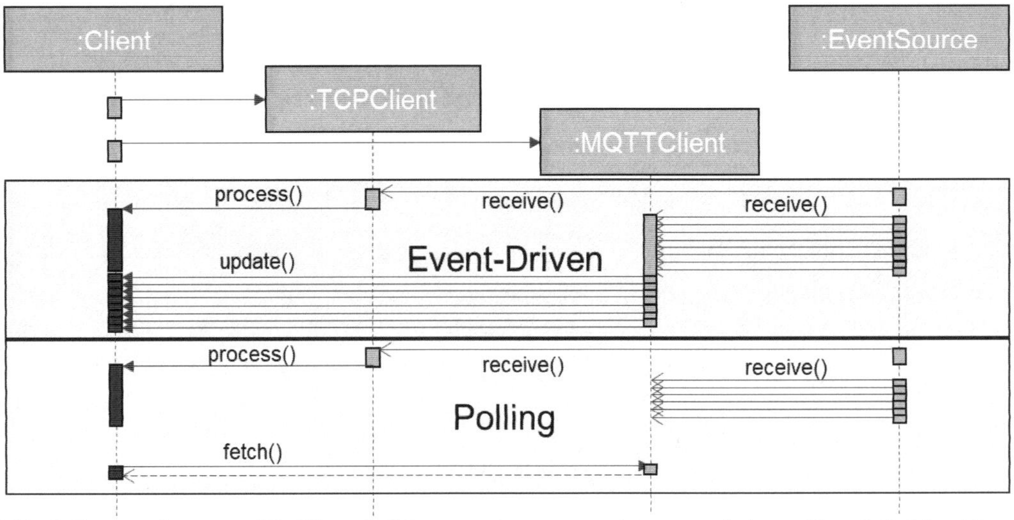

Abb. 5. Sequenzdiagramm: Die Ultraschalldaten werden eventgetrieben verarbeitet, während die Maschinendaten entweder eventgetrieben oder über ein Polling-Verfahren erfasst werden. Der Ablauf ist nicht parallelisiert und führt zu blockierten Zeiträumen (in rot), in denen das Hauptprogramm sonst keine anderen Befehle ausführen bzw. auf keine weiteren Events direkt reagieren kann.

In den praktischen Fällen erweist sich die Nebenläufigkeit häufig als sehr nützlich, da der Durchsatz verarbeiteter Daten drastisch erhöht werden kann [6]. In dieser Arbeit stammen die Daten aus unterschiedlichen Quellen und können ohne Einsatz der Nebenläufigkeit schnell zu Engpässen während der Kommunikation und Verarbeitung der Daten führen, da das Programm in solchen Fällen jede Nachricht bzw. jedes Event nur nacheinander empfangen und abarbeiten kann. Abbildung 6 illustriert anhand eines eventgetriebenen Ansatzes einen Extremfall, bei welchem sich größere Latenzen ergeben und die erfassten/verarbeiteten Daten zeitlich nicht mehr korrekt miteinander verknüpft werden können, da die Verarbeitung des Ultraschalls das Einlesen der Maschinendaten (und umgekehrt) vorrübergehend behindert.

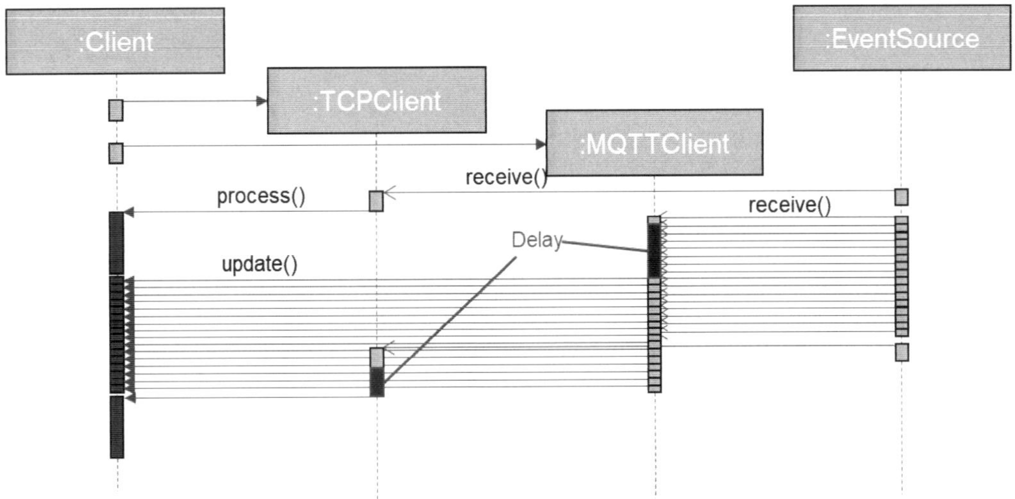

Abb. 6. Sequenzdiagramm: Extremfall, bei welchem ein eventgetriebener Ansatz ohne Nebenläufigkeit zu größeren Verzögerungen führen kann.

Es ist daher von Vorteil, die Datenkommunikation und -verarbeitung zu parallelisieren. Dadurch können die Clients für die Kommunikation der Ultraschalldaten über TCP und der Maschinendaten über MQTT unabhängig voneinander auf eigenen Threads laufen, welche die erfassten Daten verarbeiten und schließlich an das Hauptprogramm weiterleiten.

2.2 Anwendungsbeispiel: CNC-Bearbeitung

Für Demonstrationszwecke wird eine Edelstahlplatte mittels einer CNC-Bearbeitungsmaschine gefräst. Die dabei eingesetzten Werkzeuge sollen parallel zum Prozess online überwacht werden. Dafür werden zwei baugleiche Fräswerkzeuge jedoch mit unterschiedlichem Verschleißgrad (neu/verschlissen) verwendet. Diese sollen durch Einsatz einer künstlichen Intelligenz bezüglich ihres Verschleißzustands unterschieden bzw. klassifiziert werden. Hierzu werden jeweils drei Bahnen mit dem neuen Werkzeug und anschließend mit dem verschlissenen Werkzeug gefräst. Anschließend werden drei weitere Bahnen mit dem neuen Werkzeug gefräst, wobei die Bahnen vorab mit Bohrungen versehen wurden, welche Defekte im Werkstück simulieren und als Anomalien erkannt werden sollen. Dies wurde achtmal auf derselben Platte ausgeführt, bis die gesamte Fläche des Werkstücks bearbeitet wurde, und schließlich an zwei weiteren Platten wiederholt, um Trainings- und Testdaten zu generieren. Zeitgleich zur Fräsbearbeitung wurden die vom Fräsprozess emittierten Ultraschallsignale aufgenommen. Dazu wurde an der Spindel und am Bearbeitungstisch jeweils ein Ultraschallsensor angebracht, welche Signale bei einer Abtastrate von 1 MHz aufnehmen. Das Experiment und die Signale werden in Abbildung 7 abgebildet.

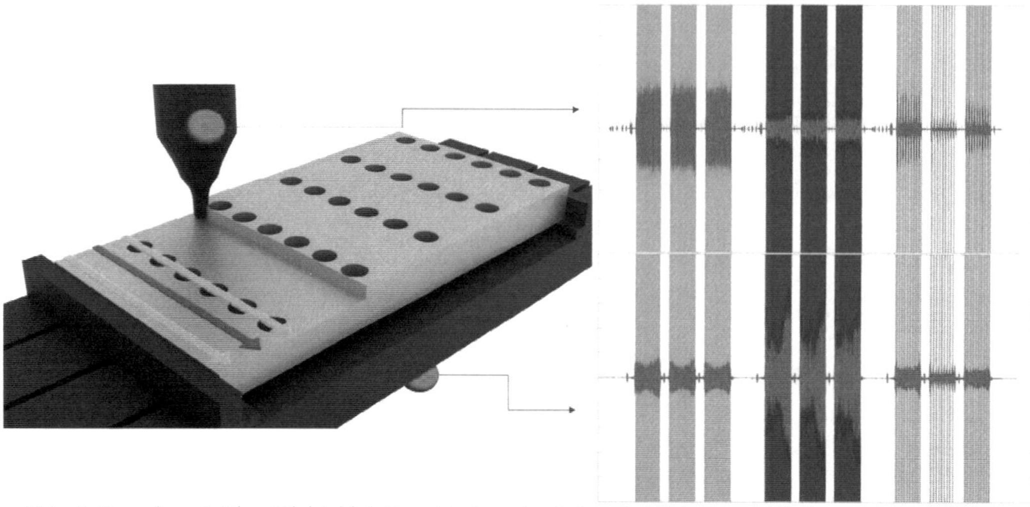

Abb. 7. Experiment: Eine Edelstahlplatte wird abwechselnd nach drei Bahnen mit einem neuen und einem verschlissenen Werkzeug bearbeitet. Im Anschluss werden mit dem neuen Werkzeug drei weitere Bahnen gefräst, die mit Bohrungen versehen sind. Über zwei Sensoren, die jeweils an der Spindel und am Spanntisch montiert sind, werden Ultraschallsignale kontinuierlich erfasst.

Zur Überwachung der CNC-Fräsbearbeitung wird ein Programm erstellt, welches aus dem Datenstrom des Ultraschalls Features in Intervallen von 100 ms extrahiert und anschließend die Detektion von Anomalien im Werkstück ausführt. Sofern keine Anomalie detektiert wird, wird als weiterer Schritt eine Bewertung des verwendeten Werkzeuges eingeleitet. Der Ablauf ist in Abbildung 8 schematisch dargestellt. Auf diese Weise wird mittels des in Abschnitt 1.3 eingeführten Autoencoders eine Unterscheidung zwischen werkstück- und werkzeugseitigen Defekten realisiert. Dabei reicht es aus, den Autoencoder sowie das Klassifizierungsmodell lediglich auf die Bahnen ohne werkstückseitige Anomalien zu trainieren. Die Ergebnisse des kombinierten KI-Modells sind in Abbildung 7 farblich hinter den Ultraschallsignalen zu sehen. Dabei wird das neue Werkzeug grün und das verschlissene Werkzeug rot hinterlegt.

Zusätzlich werden die Positionsdaten des Werkzeugs aus der der CNC-Fräse parallel zu den Ultraschalldaten erfasst. Durch die Verknüpfung der Positionsdaten der Anlage mit den berechneten Ergebnissen, wird so neben der Detektion auch die Lokalisierung von Anomalien ermöglicht.

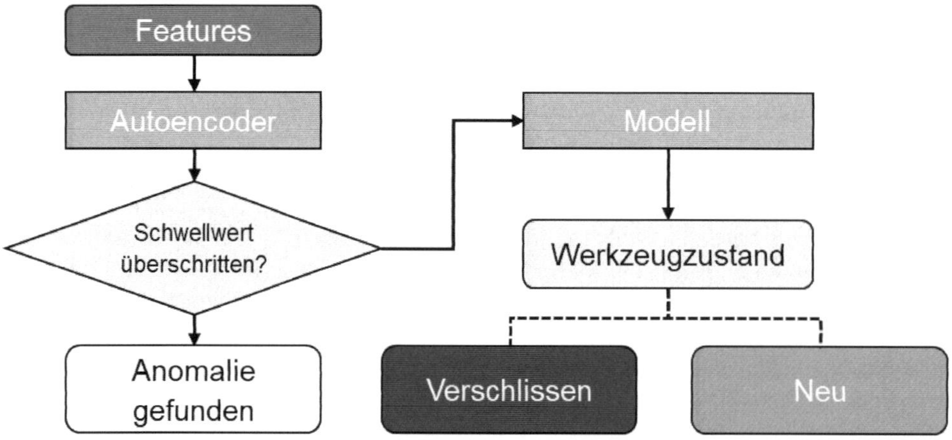

Abb. 8. Flussdiagramm des hybriden Ansatzes zur Kombination der Detektion von Anomalien mittels Autoencoder und Klassifizierung mittels eines Modells aus dem überwachten Lernen am Beispiel der Fräsbearbeitung

3. Zusammenfassung und Ausblick

Im Rahmen dieser Arbeit wurde vorgestellt, wie Methoden aus dem Bereich des unüberwachten und überwachten Lernens in Kombination verwendet werden können, um die Detektion von werkstückseitigen Anomalien und die werkzeugseitige Klassifizierung zu verbinden. Dieser hybride Ansatz erlaubt dabei grundsätzlich einige weitere Verbesserungsmöglichkeiten. So können beispielsweiße werkstückseitige Anomalien durch Identifizierung oder Quantifizierung mittels eines geeigneten Modells weiter konkretisiert werden. Neben der Datenanalyse wurden zudem einige Anforderungen bezüglich der Datenkommunikationen und -verarbeitung berücksichtigt, um das System für die Zustands- und Prozessüberwachung einer CNC-Bearbeitungsmaschine zu implementieren und als Echtzeitapplikation einzusetzen.

Referenzen

[1] Czarnitzki, D., Fernández, G. P., & Rammer, C. (2023). Artificial intelligence and firm-level productivity. Journal of Economic Behavior & Organization, 211, 188-205.

[2] Bowler, A. L., Pound, M. P., & Watson, N. J. (2022). A review of ultrasonic sensing and machine learning methods to monitor industrial processes. Ultrasonics, 124, 106776.

[3] Lee, H., Lim, H. J., Skinner, T., Chattopadhyay, A., & Hall, A. (2022). Automated fatigue damage detection and classification technique for composite structures using Lamb waves and deep autoencoder. Mechanical Systems and Signal Processing, 163, 108148.

[4] Gao, F., Li, B., Chen, L., Wei, X., Shang, Z., & He, C. (2020). Ultrasonic signal denoising based on autoencoder. Review of Scientific Instruments, 91(4).

[5] Cheng, Z., Wang, S., Zhang, P., Wang, S., Liu, X., & Zhu, E. (2021). Improved autoencoder for unsupervised anomaly detection. International Journal of Intelligent Systems, 36(12), 7103-7125.

[6] Luong, Q. R., Schlech, T., Linscheid, F. F., Achzet, M., & Sause, M. G. (2023). Echtzeitfähige Analyse hochfrequenter Ultraschalldaten zur Überwachung von Fertigungsprozessen.

[7] Sause, M. G. (2016). In situ monitoring of fiber-reinforced composites: theory, basic concepts, methods, and applications (Vol. 242). Springer.

[8] Schlech, T., Linscheid, F. F., Achzet, M., Baumeister, C., Luong, Q. R., Brück, B., & Sause, M. G. (2023). Generisches Framework für akustische Methoden zur Überwachung industrieller Fertigungsprozesse.

Zerstörungsfreie Charakterisierung von Kunststoffschweißnähten eines additiven Reibrührschweißprozesses

Julian EHRLER [1], Tim FRITSCHLE[1], Marc KREUTZBRUCK [1]

[1] Institut für Kunststofftechnik, Universität Stuttgart, Stuttgart, Deutschland
julian.ehrler@ikt.uni-stuttgart.de

Kurzfassung. Der Reibrührschweißprozess ist mittlerweile für Metallverbindungen im Leichtbau ein etabliertes Fügeverfahren. Dennoch wird dieses Verfahren bislang trotz hervorragender Verbindungseigenschaften nur in Hightech-Anwendungsgebieten mit sehr hohen Anforderungen an die Verbindungsfestigkeit eingesetzt. Besonders die bislang nicht gelöste Herausforderung einer möglichen Spaltüberbrückung verhindert einen flächendeckenden Einsatz des Verfahrens. Für die Verbindung von Kunststoffbauteilen bietet der Prozess besonders in Kombination mit der additiven Fertigung großes Potential. Hierbei wird während des Schweißvorgangs ein Filament als Zusatzwerkstoff in die Schweißzone eingebracht. Ziel dabei ist es, durch die Zuführung von verstärkten Kunststoffen nicht nur die mechanischen und optischen Eigenschaften der Schweißnaht zu verbessern, sondern gerade auch die industriell geforderte Spaltüberbrückung zu gewährleisten.

Innerhalb des Forschungsprojekts werden Schweißversuche an gängigen Kunststoffen durchgeführt. Die Qualitätsprüfung der Schweißnähte erfolgt mit Luftultraschall in klassischer Transmissionsanordnung und zusätzlich in einseitiger Re-Emission. Der Vergleich beider Verfahren steht dabei im Fokus. Durch den Einsatz dieser berührungslosen Prüftechnologie wird sichergestellt, dass gerade bei empfindlichen Werkstoffen keine schädliche Beeinträchtigung des Bauteils auftritt. Röntgencomputertomographie dient bei der Untersuchung als Referenzverfahren. Hier kann zusätzlich auch die Faserorientierung der verstärkten Schweißnähte genauer betrachtet werden. Die Ergebnisse der zerstörungsfreien Prüfung werden mit Ergebnissen einer zerstörenden Charakterisierung und Schliffbildern verglichen.

In Zukunft soll die Schweißnahtgüte über eine in-situ Luftultraschallmessung kontinuierlich überwacht und der Prozess adaptiv nachgeregelt werden. Die Luftultraschallreemissionsanordnung bietet sich hierbei gerade für die Prozessüberwachung als berührungsloses, integrales Verfahren an.

Keywords: Rührreibschweißen, Kunststoffe, Faserverbund, Luftultraschall, Computertomografie

1. Einleitung

In der Welt des 21. Jahrhunderts sind Kunststoffe als Werkstoff in einer Vielzahl von Anwendungsbereichen nicht mehr wegzudenken. Ob als Verpackungsmaterial für Nahrungsmittel in Form von Folien oder als großflächiges Bauteil in Flugzeugen bieten Kunststoffe mit ihren spezifischen Eigenschaften Vorteile gegenüber anderen Leichtbauwerkstoffen. Gerade die einfache Formgebung in Verbindung mit geringem Energiebedarf, im Vergleich zu beispielsweise Metallen, bewirkte im Laufe der letzten 50 Jahre eine stetige Zunahme des weltweit produzierten Kunststoffvolumens [1]. Das Rührreibschweißen biete nicht nur bei metallischen Werkstoffen, sondern auch für thermoplastische Kunststoffe enormes Leichtbaupotential.

Das Rührreibschweißen ist ein 1991 von Thomas et al. am „The Welding Institute" der Universität Cambridge entwickeltes Schweißverfahren [2] mit dem ursprünglichen Ziel der Herstellung von Aluminiumverbindungen [3]. Gemäß der heute gängigen Annahmen, dass während des Prozesses keine flüssigen Phasen im Material auftreten [3, 4] ordnet sich das Rührreibschweißen den nach DIN 1910-100:2008-02 [5] definierten Pressschweißverfahren zu. Die Einbringung der zum Prozess notwendigen Wärme erfolgt durch Reibung fester Körper aneinander. Beim Rührreibschweißen handelt es sich um ein Reibschweißverfahren. Allerdings unterscheidet sich Rührreibschweißen von anderen Verfahren dadurch, dass die Fügepartner keine Relativbewegung zueinander ausführen. Die notwendige Erwärmung und Umformung des Materials wird hierbei durch ein rotierendes Werkzeug erzeugt, das in die Prozesszone gepresst wird [6].

Ein Schema des Verfahrens ist in Abb. 1 dargestellt. Das aus Pin und Schulter bestehende Werkzeug wird durch eine axiale Kraft in die Fügezone gepresst und rotiert dabei mit einer vorgegebenen Drehzahl. Nach dem vollständigen Eintauchen wird das Werkzeug mit einer definierten Vorschubgeschwindigkeit entlang des Fügespalts bewegt. Die dabei auftretende Reibung und Scherung zwischen Pin bzw. Schulter und Werkstoff führt die Energie in die Prozesszone und erwärmt diese.

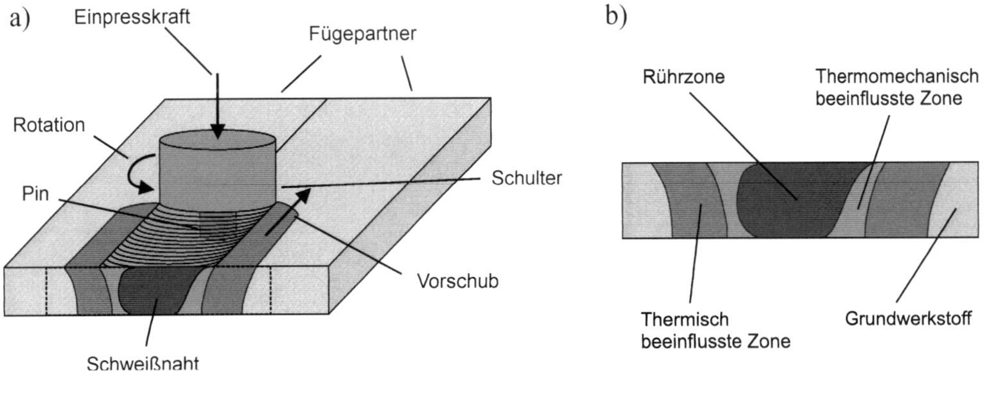

Abb. 1: a) Schema der Rühreibschweißprozesses. Der rotierende Pin wird am Stoß der Fügepartner eingetaucht. Die Schulter wird dabei auf der Oberfläche entlanggeführt. Durch die Rotation entsteht eine asymmetische Schweißnaht. b) Schematischer Querschnitt durch die Schweißnaht.

Bislang lag der Fokus beim Rührreibschweißen auf der Herstellung von Metallverbindungen. Das Verfahren steht für Kunststoffanwendungen noch in den früheren Stadien der Entwicklung. Jedoch bereits in der ursprünglichen Patentschrift von Thomas et al. wurde das Schweißen von Kunststoffen als ein mögliches Anwendungsgebiet des Verfahrens angegeben [2].

Eine Neuheit beim Rührreibschweißen stellt das Schweißen mit Zusatzwerkstoff dar. Basierend auf einem Patent der Materialprüfungsanstalt der Universität Stuttgart (Siehe Abb. 2) und einem Patent des IKT wurde ein neues Werkzeug entworfen, mit dem es möglich ist, in die Schweißzone einen Zusatzwerkstoff einzubringen (siehe Abb. 3). Gerade beim Fügen von Kunststoffen, kann hier ein deutlicher Mehrwert erzeugt werden, da sowohl ausgeschleuderter Werkstoff ersetzt werden kann, aber auch Additive oder Füllstoffe, wie Fasern gezielt eingebracht werden können. Da dieser Fügeprozess in der Anwendung bei Kunststoffen noch nicht weit entwickelt ist, stellt sich auch die Fragen nach Möglichkeiten für die Qualitätssicherung. In diesem Artikel sollen daher die Möglichkeiten der zerstörungsfreien Prüfung für die offline und auch für eine mögliche in-situ Prüfung während des Schweißprozesses beleuchtet werden.

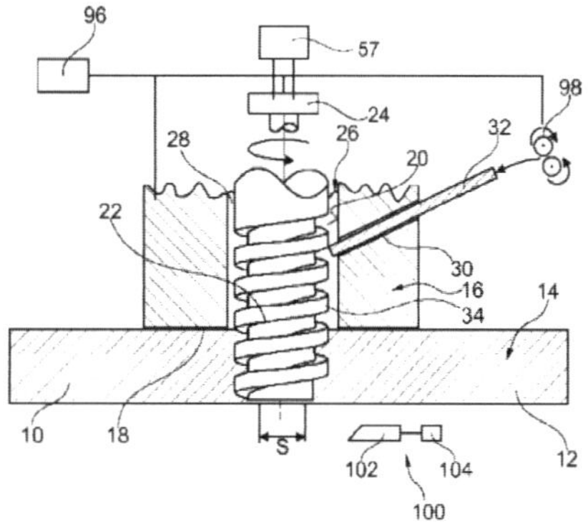

Abb. 2: Schema aus [7], das die Werkzeuggeometrie für das Rührreibschweißen mit Zusatzwerkstoff zeigt

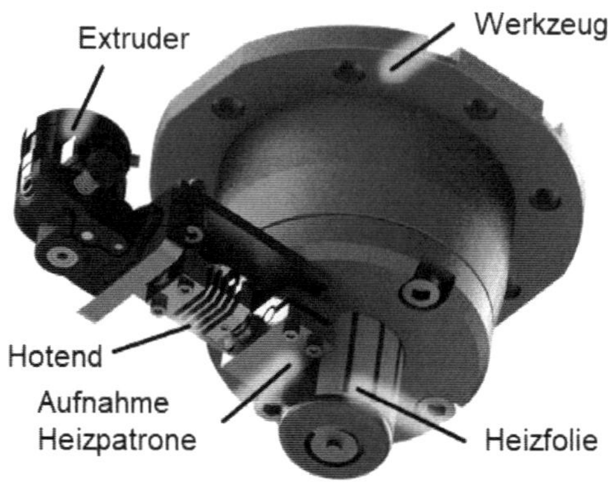

Abb. 3: CAD-Zeichnung des neu entwickelten Werkzeugkopfes für das Rührreibschweißen mit Zusatzwerkstoff von Kunststoffen

2. Methodik

Zunächst wurde in einer Bewertungsmatrix mögliche ZfP-Verfahren beleuchtet. Die Übersicht und die Bewertungen sind in Tabelle 1 zu finden. Es wurden nur Verfahren berücksichtig, bei denen eine Detektion von möglichen Fehlern, wie Lunkern, Poren und Rissen in der Schweißnaht wahrscheinlich ist.

Tabelle 1: Bewertungsmatrix möglicher ZfP-Techniken von schlecht (--) bis gut (++)

Verfahren	Auflösungsvermögen	Offline	In-Situ Prüfung	Faserorientierung und -verteilung	Empfindliche Werkstoffe
Ultraschallkontakttechnik	++	++	--	--	--
Luftultraschall	+	++	+	-	++
Thermografie	O	+	-	-	+
Röntgen / CT	++	O	--	++	++
Wirbelstrom	+	++	+	O	++
Radar / THz	+	++	+	-	++

Auf Basis dieser Bewertung der Einzelverfahren, zeigte sich die Luftultraschallprüfung mit höchstem Potenzial und wurde daher als Zielverfahren definiert. Als Referenzverfahren, wurde die Röntgen CT Messung ausgewählt, da hiermit die Faserorientierung als auch die Faserverteilung erfasst werden kann. Hierbei müssen jedoch kleine Probenwürfel (ca. 5 mm Kantenlänge) aus den Schweißnähten präpariert werden, damit die Einzelfasern aufgelöst werden können. Kontakt- bzw. Wasserbadultraschall scheidet vor allem aufgrund der Unverträglichkeit von Polyamid und Wasser aus. Polyamid zeigt eine deutliche Wasseraufnahme, wodurch sich die Eigenschaften der Prüfkörper deutlich verändern können.

Wirbelstrom wäre nur geeignet, sobald sich Kohlenstofffasern im Bauteil befinden, die für eine ausreichende Leitfähigkeit im Werkstoff sorgen. Diese Werkstoffart wurde bislang noch nicht betrachtet und scheidet somit auch aus. Radar- bzw. auch Terahertztechnik bietet wie Luftultraschall sehr gutes Potenzial auch für die in-situ Prüfung und soll in Zukunft betrachtet werden. Thermografie wurde nicht gewählt, da die Zugänglichkeit bei einer in-situ Messung meist nicht gegeben ist. Die Wärmeleitung bei Kunststoffen ist so gering, dass sich die interessante Prozesszone genau unter dem Werkzeug befindet. Außerdem ist durch geometrische Randbedingungen eine aktive Thermografie nicht implementierbar.

Luftultraschallmessung

Das Prinzip der Ultraschallprüfung basiert auf der Wechselwirkung einer mechanischen Welle mit den Fehlstellen in einem untersuchten Bauteil [10] ähnlich wie Kontaktultraschall. Gemäß der Funktionsskizze in Abb. 4 wird von einem Sender (TX), der meist aus einem piezokeramischen Element besteht, eine pulsförmige Ultraschallwelle ausgesendet. Für die Luftultraschallprüfung gibt es drei mögliche Anordnungen der Prüfköpfe. Die Transmissionsprüfung in Normalausrichtung (Abb. 4 a) ist am häufigsten zu finden. Schrägeinschallung (Abb. 4 b) kann genutzt werden um unter Umständen das Signal-Rausch-Verhältnis des Signals zu verbessern. Allerdings zu Lasten der Ortsauflösung. Mit der Re-Emissionsanordnung (Abb. 4 c) ist auch eine einseitige Zugänglichkeit ausreichend. Hierbei werden durch den schrägstehenden Sender, Plattenwellen im Bauteil induziert, die mit dem Empfangsprüfkopf (RX) hinter einem akustischen Isolator (auch Beamshield) genannt, empfangen werden. [11]

Die Luftultraschallmessungen wird mit einem System der Firma Inoson durchgeführt (Inoson GmbH, St. Ingebert, Deutschland). Der Eingesetzte Low-Noise Amplifier liefert eine Verstärkung von 46 dB. Als Prüfköpfe kommen CF200 der Firma Sonotec GmbH, Halle (Saale), Deutschland, mit 200 kHz zum Einsatz. Es werden sowohl Messungen in normal Transmissionsanordnung als auch in Re-Emission durchgeführt.

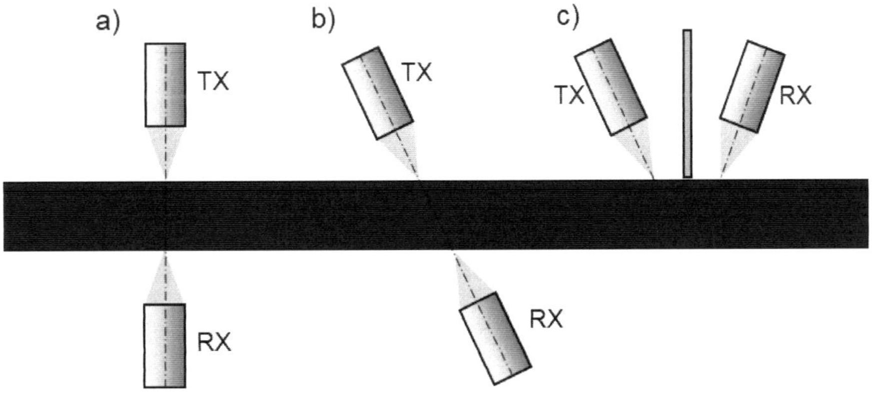

Abb. 4: Prüfkopfanordnung für die Luftultraschallprüfung. In Blau ist der Prüfkörper dargestellt. a) Transmissionsprüfung b) Transmissionsprüfung mit Schrägeinschallung c) Re-Emissionsanordnung mit akustischem Isolator zwischen den Prüfköpfen

Für den C-Scan der Transmissionsmessung wurde das Maximum des Signals ausgewertet. Für die Re-Emissionsanordnung wird ein Scan entlang der Schweißnaht durchgeführt, sodass sich diese mittig zwischen den Prüfköpfen unter dem Beamshield befindet. Für den Vergleich zweier Messdatensätze werden die Ergebnisse aus dem C-Scan der Schweißnaht quer zur Schweißrichtung gemittelt, normiert und auf den Wertebereich 0 bis 1 skaliert. Die Daten der Re-Emission werden normiert und ebenfalls skaliert.

Computertomographie

Für die Computertomografieuntersuchungen wird eine YXLON FF20 µCT Anlage genutzt, die mit einer FXE-Transmissionsstrahl-Röntgenröhre (YXLON International GmbH, Hamburg, Deutschland) und einem Varex 2530HE (Varex Imaging, Salt Lake City, Utah, USA) Detektor mit 16 Bit Bildtiefe und 2146 × 1762 Pixel ausgestattet ist. Dabei wird eine Röhrenspannung von 70 kV und ein Strom von 95 µA verwendet, was einer Gesamtröntgensystemleistung von ~6,7 W entspricht. Als Target kommt ein High-Power Target zum Einsatz. Zur Verringerung des Rauschens, wird eine Empfindlichkeit des Detektors von 2 pF und eine Bildfrequenz von 1 Hz gewählt. Aus insgesamt 1530 Bildern werden im Anschluss die 3D Daten rekonstruiert (CERA Reconstruction Workspace 1.5.5.0, Siemens Healthineers AG, Erlangen, Deutschland). Dies werden mittels VGStudio MAX 3.4 (Volume Graphics GmbH, Heidelberg, Deutschland) visualisiert. Die Voxelgröße entspricht ca. 7 µm.

Lichtbilder

Als weitere Referenz werden Bilder von Schliffen und Dünnschnitten angefertigt. Für die Schliffbilder wird ein Querschnitt aus der Probe präpariert, in Harz eingebettet, geschliffen und poliert. Für die Bilder wird ein Makroskop Wild M240 mit 35-facher Vergrößerung eingesetzt.

Werkstoffe und Schweißparameter

Für die Versuche wurden weiß eingefärbte Kunststoffplatten mit 2 mm Dicke auf ABS (Acrylnitril-Butadien-Styrol) Basis eingesetzt. Der filamentförmige ABS Zusatzwerkstoff (Durchmesser 1,75 mm) ist ebenfalls aus ABS aber mit wasserblauer Einfärbung und 20 vol.-% Glasfaser (CR-3D, Cham, Deutschland). Bei der Schweißung rotiert der Pin mit $n = 2.700\ min^{-1}$. Der Vorschub wird auf 5 mm/min bei einem Werkzeuganstellwinkel von 2° eingesetellt. Das Werkzeug verfügt über eine rotierende Schulter.

3. Ergebnisse

Eine Übersicht einer Schweißnaht mit ca. 100 mm Länge ist in Abb. 5 zu sehen. Deutlich zu sehen ist dabei der Anlaufbereich links und der Bereich an dem der Pin aus dem Werkstoff austritt rechts. Der türkise Zusatzwerkstoff kommt klar zur Geltung. Allerdings zeigen sich auch mehrere Inhomogenitäten, die sich durch Sprünge in der Oberfläche zeigen. Die breite der Schweißnaht an der Oberfläche beträgt ca. 24 mm.

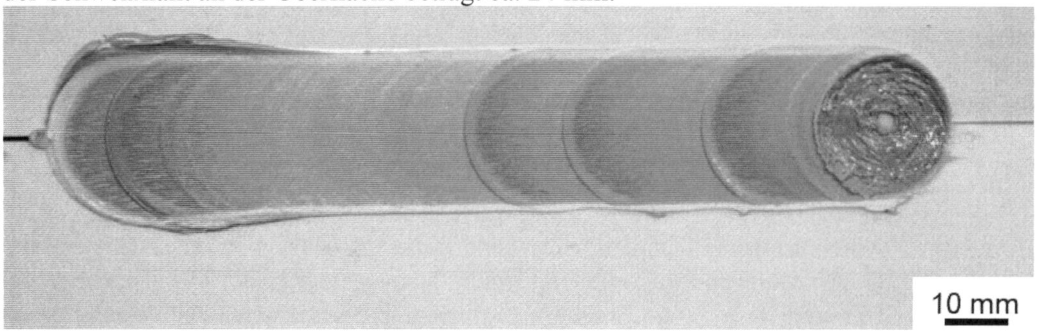

Abb. 5: Übersichtsbild einer ca. 100 mm lange Schweißnaht.

Aus mehreren Bildern eines Schliffes wird eine Übersicht des gesamten Querschnitts zusammengesetzt. Dies ist in Abb. 6 gezeigt. Deutlich wird darin, dass die Schweißnaht stark asymmetrisch ausgebildet ist. Außerdem bildet sich eine raue, konkave Oberfläche (a). An dieser verteilt sich auch unter der gesamten rotierenden Schulter der Zusatzwerkstoff. Darunter ist gerade links ein rein weißer Bereich ohne Zusatzwerkstoff zu sehen (c). Hierunter ist in der Rührzone wiederum Zusatzwerkstoff vorhanden (b). Rechts zeichnet sich der Übergang wesentlich schärfer ab und die Oberfläche wird nicht „unterlaufen" (d).

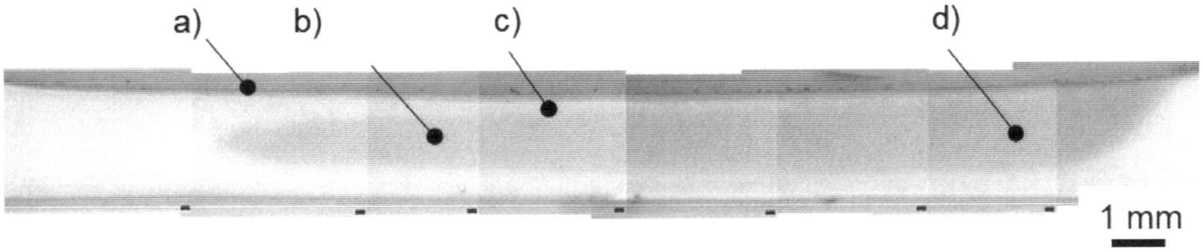

Abb. 6: Zusammengesetzte Übersicht des Querschnitts der Schweißnaht

Ein CT Schnittbild (siehe Abb. 7 aus dem Bereich Abb. 6 c) bestätigt auch diese Verteilung und die heterogene Faserverteilung. Gerade an der Oberfläche befinden sich in den ersten 0,2 mm von oben sehr viele Fasern, die entlang der Pinrotationsrichtung orientiert sind (vgl. Abb. *8*).

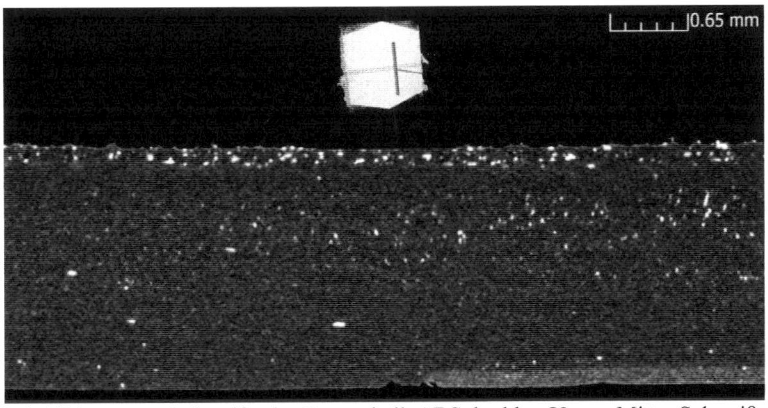

Abb. 7: CT Schnittbild quer zur Schweißnaht. Fasern hell, ABS dunkler. Unten, Mitte: Schweißnaht mit hellem ABS-Grundmaterial des rechten Fügepartners.

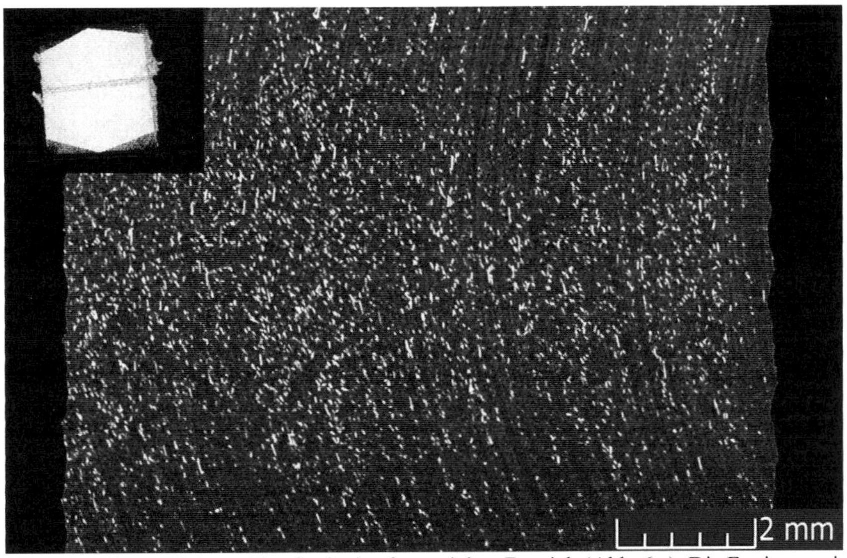

Abb. 8: CT-Schnittbild parallel zur Oberfläche im faserreichen Bereich (Abb. 6 a). Die Fertigungsrichtung von links nach rechts zeichnet sich deutlich ab.

Im C-Scan der Luftultraschallprüfung (Abb. 9, oben) zeigt sich ein ähnliches Bild wie im Übersichtsbild, allerdings ist die Asymmetrie der Schweißnaht sehr gut zu erkennen. Im direkten Vergleich des C-Scanprofils und den Messdaten der Plattenwellen durch Re-Emission ist besonders im rechten Bereich (Länge 0 – 60 mm), eine ausreichende Übereinstimmung festzustellen. Im linken Bereich gibt es eine deutliche Abweichung. Allerdings befindet sich hier bereits der Anlauf, der selbst sehr heterogen aufgebaut ist, und es ist somit mit einer Abweichung zu rechnen.

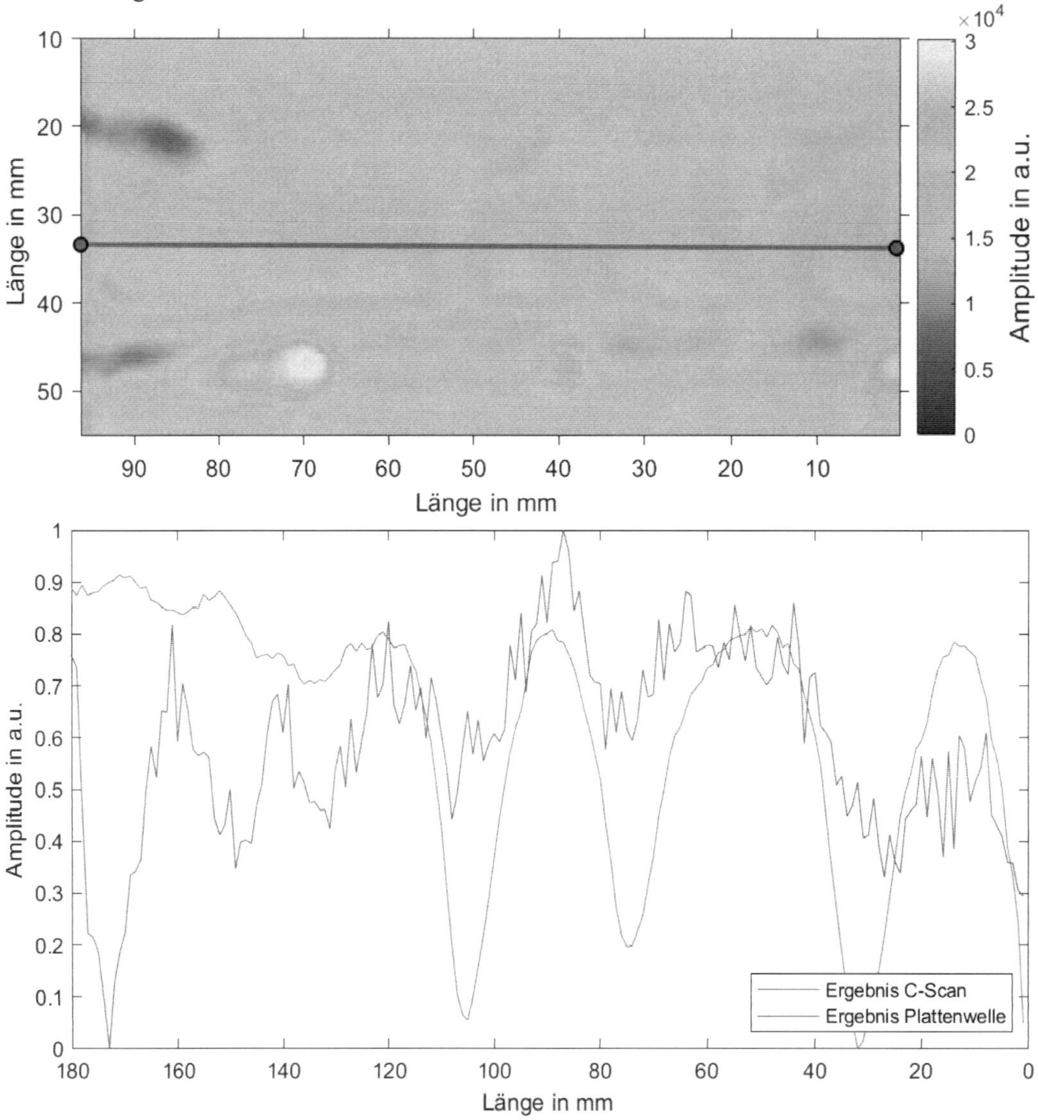

Abb. 9: Oben: Luftultraschall C-Scan der Schweißnaht inkl. Anzeige des ausgewerteten Profils (blau). Unten: Überlagerung des C-Scandaten mit dem Ergebnis der Plattenwelle durch Schrägeinschallung.

4. Fazit und Ausblick

Es wurden unterschiedliche Methoden für die Charakterisierung von Rühreibschweißnähten vorgestellt. Die gezeigten Ergebnisse liefern einen ersten Ansatzpunkt für weitere Untersuchungen, die als nächsten geplant sind. Die durchgeführten Luftultraschallmessungen in Re-Emissionsanordnung zeigen das Potential für eine in-situ Messung der Schweißnahtqualität.

Mit dieser könnte es möglich sein, über eine rückgekoppelte Regelung der Schweißparameter den Prozess nachzuregeln.

5. Danksagung

Dieses Projekt wird von der EU und dem Land Baden-Württemberg im Rahmen des europäischen Fonds für regionale Entwicklung –EFRE– kofinanziert. Dank geht an den Projektpartner, die Materialprüfungsanstalt der Universität Stuttgart sowie an Christian Class für die Versuchsdurchführung.

Kofinanziert von der Europäischen Union

Baden-Württemberg

6. Referenzen

[1] JANSSENS V. Plastics - the Facts 2022. 10/2022 [Zugriff am: 30. Juni 2023]. Verfügbar unter: https://plasticseurope.org/knowledge-hub/plastics-the-facts-2022/

[2] Hot shear butt welding. Erfinder: W. M. THOMAS, E.D. NICHOLAS, J.C. NEEDHAM, M.G. MURCH, P. TEMPLESMITH UND C.G. WAWES. Anmeldung: 06.12. Großbritannien. GB9125978D0.

[3] MISHRA, R.S. Friction Stir Welding and Processing. Science and Engineering. Cham: Springer International Publishing AG, 2014. ISBN 9783319070438.

[4] LOHWASSER, D. UND Z. CHEN. Friction stir welding. From basics to applications. Bo-can Raton, Fla.: CRC Press; WP Woodhead Publ, 2010. Woodhead Publishing in ma-terials. ISBN 9781845694500.

[5] Deutsches Institut für Normung e.V. DIN 1910-100, Schweißen und verwandte Pro-zesse - Begriffe.

[6] WERZ, M. Experimentelle und numerische Untersuchungen des Rührreibschweißens von Aluminium- und Aluminium-Stahl-Verbindungen zur Verbesserung der mechani-schen Eigenschaften. Dissertation, 2020. Technisch-wissenschaftlicher Bericht / Mate-rialprüfungsanstalt (MPA), Universität Stuttgart. Band: 2020, 03. ISBN 9783946789086.

[7] Rührreibschweißwerkzeug sowie Verfahren zum Rührreibschweißen. Erfinder: M. WERZ UND M. SEIDENFUß. Anmeldung: 24.10. Deutschland. DE 10 2014 115 535 B3.

[8] LAMBIASE, F., A. PAOLETTI UND A. DI ILIO. Forces and temperature variation during friction stir welding of aluminum alloy AA6082-T6. The International Journal of Ad-vanced Manufacturing Technology, 2018, 99(1-4), 337-346. ISSN 0268-3768.

[9] LAMBIASE, F., A. PAOLETTI, V. GROSSI UND A. DI ILIO. Analysis of loads, temperatures and welds morphology in FSW of polycarbonate. Journal of Materials Processing Technology, 2019, 266, 639-650. ISSN 09240136.

[10] DÖRING, D. Luftgekoppelter Ultraschall und geführte Wellen für die Anwendung in der zerstörungsfreien Werkstoffprüfung: Universität Stuttgart, 2011.

[11] ADEBAHR, W., Y. BERNHARDT UND M. KREUTZBRUCK. 3D-Robotized Air-Coupled Ultrasound Measurements of Large Components. In: NDT.NET, Hg. 19th World Con-ference on Non-Destructive Testing (WCNDT 2016). Munich: Curran Associates, Inc., 2016. ISBN 9781510829497.

Luftultraschall Polarscan mittels hochgenauer Dual-Roboteranlage

Timo REINDL [1], Linus LITTNER [1], Marc KREUTZBRUCK [1]
[1] Institut für Kunststofftechnik, Universität Stuttgart, Stuttgart

Kontakt E-Mail: timo.reindl@ikt.uni-stuttgart.de

Kurzfassung. Zur zerstörungsfreien Materialprüfung (ZfP) von großflächigen Leichtbauteilen wurde am Institut für Kunststofftechnik der Universität Stuttgart eine flexible Dualroboteranlage konzipiert und aufgebaut. Die Anlage besteht aus zwei Roboterplattformen, die auf Luftkissen gelagert frei positionierbar sind. Verschiedene Prüfverfahren können über ein Werkzeugwechselsystem aufgenommen und eingesetzt werden. Eine besondere Rolle spielt dabei für viele ZfP-Verfahren die erreichbare Genauigkeit am Werkzeugpunkt (TCP) der Roboter. Zur Erreichung einer zuverlässigen Prüfaussage bestehen hohe Anforderungen sowohl an die Bahngenauigkeit der Roboter, welche nur über eine Kalibrierung der Systeme erfüllt werden können.

Im Bereich der luftgekoppelten Ultraschallprüfung (ACUT) erlaubt das System die Erfassung von gekrümmten faserverstärkten Kunststoffbauteilen über mehrere Quadratmeter, sowohl in Transmission als auch in Reflexion. Unter den vielfältigen Untersuchungen im Bereich der Defektdetektion, Zuverlässigkeit der Prüfaussage sowie Materialcharakterisierung besitzt das Polarscan Verfahren zur winkelabhängigen Ermittlung des Transmissionsverhaltens von Volumenwellen eine besondere Rolle. Deren Kenntnis erlaubt die Rekonstruktion der Steifigkeitsmatrix eines untersuchten Prüfkörpers und kann so zur Bauteilcharakterisierung eingesetzt werden. Bisherige Anwendungen beschränken sich allerdings auf den Einsatz in der Tauchtechnik. Bei der Übertragung auf eine kontaktlose luftgekoppelte Anwendung sind aufgrund der hohen Impedanzunterschiede hohe Positions- und Winkelgenauigkeiten der fokussierten Prüfköpfe auf den sphärischen Bahnen erforderlich, die sich nun durch das Robotersystem realisieren lassen.

Keywords: Luftultraschall, Polarscan, Roboter, zerstörungsfreie Prüfung

Einführung

Die luftgekoppelte Ultraschallprüfung eignet sich aufgrund ihrer verfahrensspezifischen Eigenschaften besonders für dünnwandige, faserverstärkte Kunststoffe. Bei der Prüfung von mehrachsig gekrümmten Bauteilen gewinnt die roboterbasierte luftgekoppelte Ultraschallprüfung stetig an Bedeutung. Hier ergeben sich aus den hohen Impedanzunterschieden bei der Einkopplung unter anderem hohe Genauigkeitsanforderungen an die eingesetzten Robotersysteme, um eine ausreichende Signalstärke garantieren zu können. Zur

Charakterisierung der Systeme wird in der Praxis oftmals die Wiederholgenauigkeit und Absolutgenauigkeit nach ISO 9283 [1] herangezogen. Während moderne Systeme mit geringer Reichweite und geringen Traglasten bereits serienmäßig über hohe Widerholgenauigkeiten verfügen, liegen die Absolutgenauigkeiten stets deutlich darüber. Diese erreicht bei großen Robotern oftmals Größenordnungen von mehreren Millimetern, was sie für den Einsatz in zerstörungsfreien Prüfanwendungen ungeeignet macht. Ein Weg zur Lösung derartiger Probleme ist die Absolutvermessung und lastabhängige Kalibrierung der Systeme. So lassen sich auch bei hohen Reichweiten und hohen Traglasten Wiederholgenauigkeiten von 50 µm und Absolutgenauigkeiten von 200 µm erreichen. Eine derartige Dual-Roboteranlage der Fa. Fill, Gurten, Österreich, am Institut für Kunststofftechnik ist in Abb. 1 dargestellt. Diese verfügt über zwei Roboter des Typs TX200L der Fa. Stäubli, Pfäffikon, Schweiz, auf frei positioniert Plattformen.

Abb. 1. Dual-Roboteranlage während der Prüfung mit luftgekoppeltem Ultraschall

1. Genauigkeitsanforderungen in der roboterbasierten Luftultraschallprüfung

In vielen Fällen ist nicht bekannt, welche Genauigkeitsanforderungen für eine spezifische Prüfaufgabe heranzuziehen sind. Laterale Abweichungen und Winkelfehler können sich allerdings negativ auf das Messsignal auswirken und damit die Qualität der Prüfaussage mindern. Im Folgenden wird daher der Einfluss von kinematischen Abweichungen auf die Signalstärke in der luftgekoppelten Ultraschallprüfung experimentell untersucht.

1.1 Einfluss von lateralen Abweichungen auf die Signalstärke

Zur Betrachtung der Einflüsse wird eine 10 mm dicke Prüfplatte aus Polyethylen (PE) genutzt. Die Untersuchung der Prüfplatte erfolgt mit 400 kHz Luftultraschallprüfköpfen des Typs CF400 der Fa. Sonotec, Halle. Die Anregung erfolgt mit einer Spannung von 200 V und Bursts mit 7 Pulsen. Dabei wird der Sendeprüfkopf auf einer festen Position gehalten, während der Empfangsprüfkopf die Prüfplatte mit einer Geschwindigkeit von 100 mm/s in einem mäanderförmigen Raster von 0,5 x 0,5 mm unter senkrechter Einschallung scannt. Abb. 2 zeigt nachfolgend einen C-Scan der jeweils erreichten maximalen Amplitude und einen dazugehörigen Linienscan durch die Position des Sendeprüfkopfes bei Y = 0 mm.

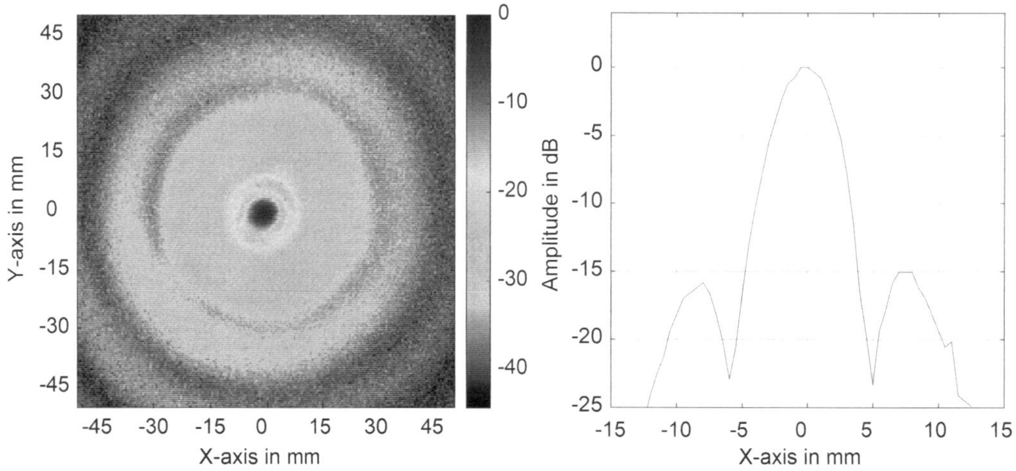

Abb. 2. Signalamplitude bei lateraler Abweichung an einer 10 mm dicken PE-Platte. C-Scan der maximalen Amplitude (links) und dazugehöriger Linienscan bei Y = 0 mm (rechts)

Der C-Scan (Abb. 2, links) zeigt erwartungsgemäß ein deutliches Maximum der Amplitude an der Position des Sendeprüfkopfes und eine symmetrische Abnahme mit steigender Abweichung. Hervorzuheben sind koaxiale Schwingungsknoten, die hier im Abstand von ca. 5 mm, 15 mm und 30 mm zum Sendeprüfkopf für lokale Minima sorgen. Der Linienscan durch die Position des Sendeprüfkopfes (Abb. 2, rechts) zeigt die charakteristische Form im Kernbereich des Scans mit einem starken Signalabfall im Bereich von ca. 2–5 mm und Nebenmaxima im Bereich von ca. 7–9 mm, welche mit über 15 dB deutlich unter der maximalen Amplitude liegen. Anhand des schmalen Hauptmaximas lässt sich erkennen, dass auch bereits Schwankungen in der lateralen Ausrichtung von wenigen Millimetern zu Signalabweichungen von mehreren dB führen können, was in der praktischen Anwendung des Verfahrens eine wesentliche Erhöhung des Rauschens zur Folge haben kann.

In weiterführenden Untersuchungen des Einflusses von Abweichungen im Prüfkopfabstand können ebenso wesentliche Auswirkungen auf die Signalstärke festgestellt werden. Im Falle der CF400 und einer 5 mm dicken PMMA-Platte ist bei einer Halbierung des Fokusabstandes von optimalen 40 mm auf 20 mm jedoch nur eine mittlere Signalerhöhung von ca. 2 dB feststellbar. Bei einer Vergrößerung des Fokusabstandes auf 60 mm ergibt sich eine mittlere Abschwächung um ca. -1,4 dB. Bei realistischen, praxisnahen Abweichungen im Bereich bis 2 mm, wie sie z.B. durch eine leichte Fehlorientierungen des Prüfkörpers entlang des Scanpfades auftreten können, sind die Auswirkungen auf die erreichte Signalstärke in homogenem Kunststoff somit als vergleichsweise gering einzustufen. Werden faserverstärkte Kunststoffe betrachtet, ist der Einfluss deutlich signifikanter. Hier zeigen sich an vergleichbaren glasfaserverstärkten Platten mittlere Signalerhöhungen von ca. 11,5 dB bei einem Fokusabstand von 20 mm und mittlere Abschwächungen von ca. -5,8 dB bei einem Fokusabstand von 60 mm. Dennoch zeigt sich die Signalstärke in den Untersuchungen gegenüber Abweichungen in andere Raumrichtungen als deutlich robuster.

1.2 Einfluss von Winkelabweichungen auf die Signalstärke

Zur Untersuchung des Einflusses von Winkelabweichungen auf die Signalstärke werden mit denselben Prüfköpfen und Einstellungen einseitige Polarscans durchgeführt. Dabei wird der Sendeprüfkopf erneut auf einer festen Position gehalten, während der Empfangsprüfkopf den entsprechenden Punkt der Prüfplatte auf einer sphärischen Bahn erfasst. Die Schrittweite des

Polarwinkels φ beträgt 1°, die Schrittweite des vertikalen Einschallwinkels θ ca. 0,03°. Abb. 3 zeigt nachfolgend den entstehenden Polarscan sowie einen Winkelscan entlang des Einschallwinkels θ.

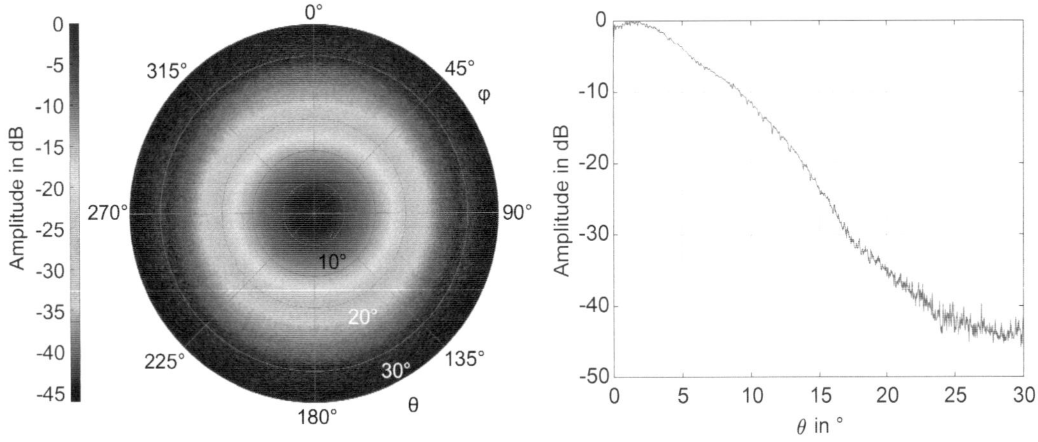

Abb. 3. Signalamplitude bei Winkelabweichung an einer 10 mm dicken PE-Platte. Polarscan der maximalen Amplitude (links) und dazugehöriger Winkelscan bei φ = 0 mm (rechts)

Die erreichte Signalamplitude zeigt in den Untersuchungen im Bereich geringer Winkelabweichungen geringere Einflüsse als bei den lateralen Abweichungen. Nach dem Anstieg des Signals auf ein lokales Maximum bei einer Winkelabweichung von ca. 2° fällt die Signalstärke erst ab einem Winkel von ca. 3° stark ab. Eine Halbierung der Signalamplitude gegenüber dem Maximum wird im Bereich von 6° Winkelfehler erreicht. Da die untersuchte Prüfplatte homogen und insbesondere nicht faserverstärkt ist, zeigt sich keine Abhängigkeit der Signalstärke von dem Polarwinkel φ.

1.3 Einfluss der Robotergenauigkeit auf die zeitliche Messdatenauswertung

Neben Einflüssen auf die Signalstärke kommt der kinematischen Genauigkeit auch im Bereich der Laufzeitanalyse eine hohe Bedeutung zu. Die im Luftultraschallbereich verwendeten niedrigen Frequenzen zwischen 50 kHz und 1 MHz erlauben im Vergleich zu typischen Frequenzen im Wasserbad bereits eine reduzierte Auflösbarkeit der Signallaufzeit. Durch die geringe Schallgeschwindigkeit in Luft entstehen dazu bereits bei geringen Positionsabweichungen signifikante Laufzeitabweichungen im Ultraschallsignal. Nur mit sehr geringen messbedingten Laufzeitabweichungen lassen sich feine Laufzeitunterschiede verschiedener Wellenmoden feststellen und auswerten. Tabelle 1 zeigt nachfolgend den Einfluss von Positionsfehlern anhand des hier eingesetzten Robotersystems. Die erreichten Absolutgenauigkeiten sind dabei auch von der jeweiligen Orientierung im Arbeitsraum des Roboters abhängig. Daher ist es für eine hohe Laufzeitauflösung wichtig, entsprechende Untersuchungen in einem optimalen Kernbereich des Arbeitsraumes durchzuführen.

Tabelle 1. Erreichbare zeitliche Auflösung bei verschiedenen Absolutgenauigkeiten

	Vor Kalibrierung		Nach Kalibrierung	
	Position	Laufzeit	Position	Laufzeit
Mittlerer Fehler	1,88 mm	5,48 µs	0,21 mm	0,61 µs
Standardabweichung	0,89 mm	2,59 µs	0,12 mm	0,35 µs
Maximalfehler	4,09 mm	11,92 µs	0,66 mm	1,92 µs

2. Luftultraschall Polarscan

Gegenüber konventionellen Ultraschallverfahren steht beim Polarscan Verfahren nicht die Defektdetektion im Bauteil, sondern die Charakterisierung der Werkstoffeigenschaften im Vordergrund. So ermöglicht das Verfahren, Kennwerte wie den materialspezifischen Steifigkeitstensor C abzuleiten [2, 3], welcher insbesondere für die Auslegung von faserverstärkten Werkstoffen eine wichtige Rolle einnimmt. Bisherige Untersuchungen des Polarscan Verfahrens beziehen sich aufgrund der geringeren Impedanzunterschiede bei der Einkopplung und den Einsatz deutlich höherer Prüffrequenzen in erster Linie auf Messungen in der Tauchtechnik [4, 5]. Dahingegen wird im vorliegenden Fall der Polarscan mittels Luftultraschall betrachtet. Im Folgenden wird auf einige Grundlagen des Verfahrens und erste experimentelle Messergebnisse eingegangen.

2.1 Grundlagen

Bei der Schrägeinschallung trifft eine Ultraschallwelle mit einem Einschallwinkel θ auf das zu prüfende Objekt. Hierdurch erfolgt an der Grenzfläche eine Modenkonversion der sich in Luft ausbreitenden Longitudinalwelle in eine geführte Welle. Die Modenkonversion ist in Abb. 4 schematisch dargestellt. Bei Variation des Einschallwinkels tritt jedoch ein kritischer Winkel auf, ab dem aufgrund von Totalreflexion keine Modenkonversion mehr auftritt.

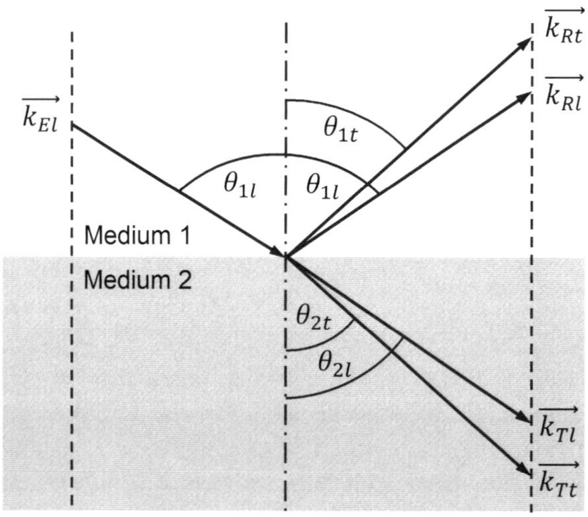

Abb. 4. Wellenvektoren und deren Winkel an der Grenzfläche zwischen einem Medium 1 und Medium 2

Trifft die einfallende Longitudinalwelle $\overrightarrow{k_{El}}$ auf die Grenzfläche, werden die Longitudinalwelle $\overrightarrow{k_{Rl}}$ und die Transversalwelle $\overrightarrow{k_{Rt}}$ reflektiert sowie die Longitudinalwelle $\overrightarrow{k_{Tl}}$ und die Transversalwelle $\overrightarrow{k_{Tt}}$ transmittiert. Gemäß dem Huygen'schen Prinzip haben die Wellenvektoren $\vec{k}$ auf der Grenzfläche die gleiche Periodizität. Die Austrittswinkel θ der reflektierten und transmittierten Wellen können durch das Snell'sche Brechungsgesetz über die Kreisfrequenz ω und die Phasengeschwindigkeit v_p beschrieben werden:

$$v_p = \frac{\omega}{k} \tag{1}$$

$$k \cdot \sin(\theta) = konst. \tag{2}$$

Mit der Nomenklatur aus Abb. 4 ergibt sich für die einzelnen Wellenmoden:

$$\frac{\sin(\theta_{1l})}{v_{p1l}} = \frac{\sin(\theta_{1t})}{v_{p1t}} = \frac{\sin(\theta_{2l})}{v_{p2l}} = \frac{\sin(\theta_{2t})}{v_{p2t}} \tag{3}$$

Wird vereinfacht nur der transmittierte Teil betrachtet, ergibt sich aus Formel 3 für reelle Ergebnisse von θ_2 der nachfolgende Zusammenhang für den kritischen Einfallswinkel θ_1 in Abhängigkeit vom Verhältnis der Phasengeschwindigkeiten in den beiden Medien.

$$\theta_2 = \sin^{-1}\left(\frac{v_{p2}}{v_{p1}} \cdot \sin(\theta_1)\right) \tag{4}$$

$$\sin(\theta_1) \leq \frac{v_{p1}}{v_{p2}} \tag{5}$$

Der Ultraschall Polarscan zielt gegenüber der konventionellen Ultraschallprüfung darauf ab, den durch den Scan gewonnenen Informationsgehalt an einem einzelnen Punkt zu maximieren. Bei der Durchführung bewegt sich der Ultraschallprüfkopf auf den Bahnen einer imaginären Sphäre. Die variierenden Winkel entsprechen den jeweiligen Polarkoordinaten. Der Polarwinkel φ der Drehachse, die senkrecht zur Platte verläuft, und der vertikale Einschallwinkel θ zwischen der Drehachse und der Horizontalen werden inkrementell variiert. Für jeden Winkelschritt wird ein Ultraschallsignal aufgezeichnet, wobei zwischen Messung in Transmission und Reflexion sowie zwischen harmonischem periodischem Signal und gepulstem Signal variiert werden kann. Der schematische Versuchsaufbau eines Ultraschall Polarscans ist in Abb. 5 dargestellt.

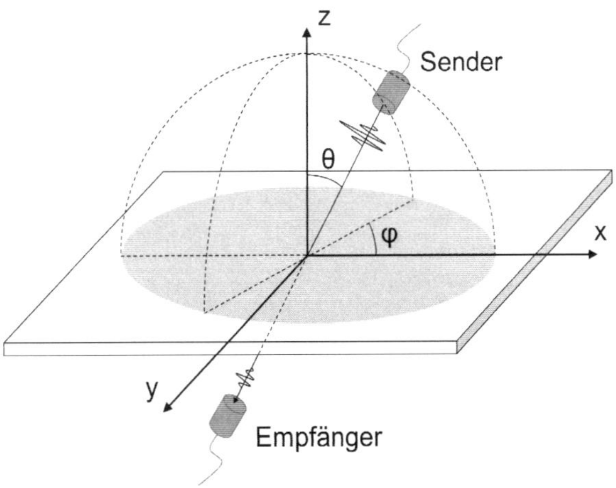

Abb. 5. Schematischer Versuchsaufbau eines Ultraschall Polarscans (nach [6])

Zur Auswertung der gemessenen Daten lässt sich die maximale Amplitude des transmittierten bzw. reflektierten Signals sowie dessen Laufzeit heranziehen. Im Polardiagramm wird der Polarwinkel φ entlang des Umfangs aufgetragen, während der vertikale Einschallwinkel θ auf der radialen Achse dargestellt wird. Analog zum C-Scan stellt jedes Pixel einen farblich kodierten Messwert der Amplitude oder Laufzeit dar, der maßgeblich von der Steifigkeit des Prüfkörpers abhängt. Der Messwert im Mittelpunkt des Diagramms stellt eine Messung in Senkrechteinschallung dar, da die Prüfköpfe entlang der Plattennormalen ausgerichtet sind.

2.2 Erste Messergebnisse

Zur Erprobung des luftgekoppelten Polarscan Verfahrens wird eine 10 mm dicke GFK-Platte als Prüfkörper herangezogen. Der unidirektionale Lagenaufbau besteht aus 21 Glasfaserschichten und einer Polyurethanharz Matrix. Für die Prüfung werden erneut Luftultraschallprüfköpfe des Typs CF400 der Fa. Sonotec, Halle, mit einer Frequenz von 400 kHz verwendet. Auch die Anregung erfolgt analog zu den Versuchen aus Abschnitt 1. Der Polarscan in Abb. 6 gibt die maximale Amplitude der einzelnen A-Scans für jede Position $\psi(\varphi, \theta)$ wieder. Die Auflösung des Polarwinkels φ beträgt dabei 0,5° und die des radial aufgetragenen vertikalen Einschallwinkels θ beträgt ca. 0,03°. Der Bereich des dargestellten Einschallwinkels beträgt hier lediglich 15°, was aus dem Einfluss der Impedanz des Koppelmediums Luft und der daraus resultierenden, geringen kritischen Winkel herrührt. Oberhalb dieses Bereiches sind mit Luftultraschall nur noch sehr geringe Amplituden detektierbar. Ab einem Einschallwinkel von ca. 25° geht das Signal in Rauschen über.

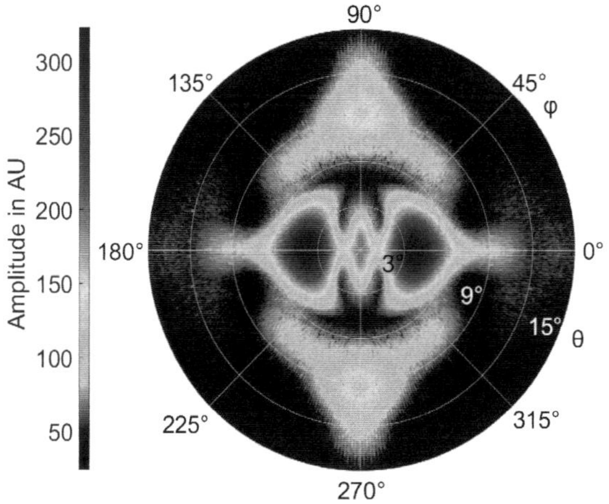

Abb. 6. Luftultraschall Polarscan an einer 10 mm dicken $[0]_{21}$ GFK-Platte

In den Messergebnissen lässt sich die Ausrichtung der Fasern anhand des ausgeprägten Amplitudenmaximums entlang der 0/180° Richtung erkennen. Dies lässt sich dadurch erklären, dass entlang der Faserausrichtung eine hohe Steifigkeit vorherrscht. Der kritische Winkel verhält sich umgekehrt proportional zur Phasengeschwindigkeit v_p und somit zur mechanischen Steifigkeit des Lagenaufbaus. Senkrecht zur Faserorientierung hingegen ist die Steifigkeit gering, was dazu führt, dass der farbliche Verlauf in der 90/270° Richtung bis in den Randbereich des Polardiagramms reicht.

Der Polarscan bildet die Einflüsse dreier verschiedener Wellenmoden ab: die Longitudinalwelle und, gerade in anisotropen Medien relevant, die horizontale und vertikale Transversalwelle. Wie bereits erwähnt werden bei der Inversion der Messdaten hin zur Steifigkeit die kritischen Winkel der transmittierten Volumenwellen herangezogen, zu erkennen in Abb. 6 als blau eingefärbte Minima. Der kritische Winkel der Longitudinalwelle liegt im Bereich von θ = 1,5–4,5°. Bei θ = 6° wird der Übergang zur horizontalen Transversalwelle deutlich. Die vertikale Transversalwelle zeigt den größten Bereich der kritischen Winkel, der entlang der horizontalen Achse zwischen θ = 7–9° liegt und sich in Richtung der vertikalen Achse bis zu einem Wert von ca. 15° spitzt zuläuft.

3. Fazit und Ausblick

Für Luftultraschalluntersuchungen sind zur Signaloptimierung hohe Genauigkeiten der eingesetzten Kinematik notwendig. Roboter erreichen diese nur durch entsprechende Kalibrierung der Systeme. Die experimentellen Untersuchungen zeigen einen hohen Einfluss von kinematischen Abweichungen auf die Signalstärke, die sich im Falle von lateralen Fehlern ab einer Abweichung von 1 mm deutlich auswirken. Dagegen zeigt sich bei einer Winkelabweichung von bis zu 3° und Abweichungen im Fokusabstand von mehreren Millimetern nur geringe Auswirkungen auf die erreichte Signalstärke. Den größten Stellenwert hat die kinematische Genauigkeit bei der Laufzeitanalyse. Hier schränken bereits die mit kalibrierten Robotersystemen erreichbaren Absolutgenauigkeiten von 200 µm die Messdatenauswertung merklich ein.

Die experimentelle Bestimmung des Polarscans mit Luftultraschall kann grundlegend als erfolgreich bewertet werden. Die Messdaten erlauben eine winkelgetreue Auswertung der Amplitudenwerte. Die lokalen Minima erlauben eine Visualisierung der kritischen Winkel der verschiedenen auftretenden Wellenmoden. Die große Herausforderung liegt noch in der Optimierung des SNR, wodurch die lokalen Minima genauer bestimmt und die Inversion der Messdaten deutlich genauer werden können. Zudem stellt die Erreichung der für die Laufzeitauswertung erforderlichen kinematischen Genauigkeiten unter Verwendung von Robotersystemen eine weitere, wesentliche Herausforderung dar. Hier sind zukünftige Untersuchungen absehbar und weitere messtechnische Optimierungen in der Versuchsdurchführung notwendig. Zudem soll ein Berechnungsmodell aufgebaut werden, mit dessen Hilfe nicht nur der kritische Winkel, sondern auch die winkelabhängige Amplitude eines transmittierenden Signals für jeden einzelnen Punkt $\psi(\varphi, \theta)$ des Polarscans hergeleitet werden kann. Dies erlaubt einen umfangreichen Abgleich zwischen experimentellen Daten und analytisch ermittelten Vorhersagen. Eine Übertragung des Luftultraschall Polarscan Verfahrens auf die praktische Anwendung verspricht zukünftig eine berührungslose, zerstörungsfreie Material- und Bauteilcharakterisierung, insbesondere von anisotropen Medien wie faserverstärkten Kunststoffen.

4. Danksagung

Die gezeigten Ergebnisse entstammen einem durch die Deutsche Forschungsgemeinschaft (DFG) geförderten Vorhaben – Projektnummer 445127768. Wir danken der DFG hierfür recht herzlich.

Referenzen

[1] ISO 9283:1998-04. *Manipulating industrial robots - Performance criteria and related test methods.* Beuth, Berlin, 1998.

[2] NAYFEH, A. H. *Wave Propagation in Layered Anisotropic Media with Application to Composites.* Amsterdam: Elsevier, 1995. ISBN: 978-0-080-54373-4

[3] ROKHLIN, S. et al. *Physical Ultrasonics of Composites.* Oxford: Oxford Univ. Press, 2011. ISBN: 978-0-195-07960-9

[4] KERSEMANS, M. *Combined experimental-numerical study to the ultrasonic polar scan for inspection and characterization of (damaged) anisotropic materials.* Dissertation. Ghent: Faculty of Engineering and Architecture, 2014. ISBN 978-9-085-78739-6

[5] MARTENS, A. *Visco-elastic material characterisation by means of the Ultrasonic Polar Scan.* Dissertation. Leuven: Arenberg Doctoral School Faculty of Science, 2020.

[6] KERSEMANS, M. et al. The Ultrasonic Polar Scan: Past Present and Future. In: *Emerging Technologies in Non-Destructive Testing 6* (ETNDT6), Brussels, Belgium, 2015. DOI: 10.1201/b19381-21

Durchgeschallt und tief geblickt – Bestimmung der Tiefenlage mit Luftultraschall

Christoph PIENTSCHKE [1], Oliver SCHMIDTKE[1], Stefan SCHEUNEMANN [1], Yury GOLITSYN [1], Jana KLAMMER [1]
[1] Forschungszentrum Ultraschall, Halle (Saale), Deutschland, christoph.pientschke@fz-u.de

Kurzfassung Die luftgekoppelte Ultraschallprüfung wird häufig in Transmission durchgeführt. In der Transmissionsanordnung befindet sich die Probe zwischen einem Wandlerpaar aus Ultraschallsender und -empfänger. Diese schallen senkrecht in die Probe ein und werden simultan scannend über die Probe bewegt. Das erlaubt eine berührungslose Prüfung, jedoch sind Tiefenlagen von Objekten innerhalb des Prüflings bisher nicht ermittelbar. Im vorliegenden Beitrag stellen wir zwei Ansätze vor, diesen Nachteil zu überwinden.

Zum einen haben wir einen in vier unabhängige Bereiche aufgeteilten Empfänger entwickelt. Dabei werten wir den lateralen Versatz der separaten C-Bilder aus. Zum anderen haben wir die einkanalig ermittelten A-Bilder direkt verwendet und mit Hilfe des überwachten Maschinellen Lernens Korrelationen zwischen Tiefenlage und den A-Bildern herzustellen. Beispiele für die Anwendung beider Verfahren belegen deren Funktionsweise.

Keywords: Ultraschallprüfung, Luftgekoppelter Ultraschall, Maschinelles Lernen

1. Einführung

Die Luftultraschallprüfung erlaubt die zerstörungsfreie und berührungslose Prüfung von Materialien. Sie erlangt zunehmende praktische Bedeutung und die technologische Weiterentwicklung ist in vollem Gang [1]. Für die Prüfung von Leichtbaumaterialien und in jüngster Zeit auch von technischen Keramiken finden sich zahlreiche Einsatzgebiete.

Die Ankopplung über die Luft hat zur Folge, dass der dominierende Schallanteil an den Grenzflächen zur Probe reflektiert wird. Eine herkömmliche Impuls-Echo-Technik ist nicht möglich. Tiefenlagen von Objekten können somit nicht aus Laufzeiten berechnet werden. Die Luftultraschallprüfung wird häufig in Transmissionsanordnung durchgeführt: die Probe befindet sich zwischen Ultraschallsender und -empfänger, die senkrecht zur Probenoberfläche angeordnet sind. Das Sender-Empfänger-Paar wird simultan scannend lateral über die Probe geführt. Aus dem aufgenommenen Ultraschallsignal (A-Bild) wird häufig die Maximalamplitude ermittelt und farblich codiert gegen die Scanposition dargestellt (C-Bild). Eine Tiefeninformation ist damit nicht verbunden.

In der vorliegenden Publikation beschreiben wir zwei Ansätze, um mittels einer scannenden Transmissionsmessung auf die Tiefenlage von Objekten in Prüflingen zurückzuschließen. In Abschnitt 2 beschreiben wir dafür eine Methode, welche einen strukturierten Empfänger benutzt. Aus dem lateralen Versatz der einzelnen C-Bilder kann eine Kenngröße ermittelt werden, welche proportional zur Tiefenlage des Objektes ist. Das Vorgehen wird an der Messung einer Lochblende illustriert. In Abschnitt 3 erläutern wir, wie mit Methoden des Maschinellen Lernens aus den einzelnen A-Bildern mit Regressionsmodellen Relationen zwischen A-Bildern und angelernten Tiefenlagen hergestellt werden können. Dieses Verfahren haben wir an einer CFK-Platte mit in verschiedenen Tiefenlagen eingebrachten Metallscheiben verifiziert.

2. Ermittlung der Tiefenlage durch verteilten Empfang

2.1 Viersegment-Empfänger und Tests an einer Platte mit Lochblende

Beim ersten untersuchten Ansatz wurde ein herkömmlicher Luftultraschallsender eingesetzt. Als Empfänger wurde ein in vier Sektoren unterteilter Empfänger eingesetzt. Die Idee dahinter war es, die zur Positionsbestimmung von Laserstrahlen genutzten Quadranten-Photodioden zu adaptieren [2]. Für die Untersuchungen wurde das vierkanalige Luftultraschallprüfsystem SONOAIR (SONOTEC, Halle) eingesetzt [3]. Der für den verteilten Empfang entwickelte Prototyp ist in Abb. 1 dargestellt. Statt vollflächiger Quadranten wurden hier 4 verteilte Einzelwandler eingesetzt. Sie wurden mechanisch voneinander entkoppelt.

Abb. 1. Segmentierter Empfänger

Für erste Tests wurden herkömmliche Luftultraschallscans vorgenommen. Als Testobjekt wurde dabei eine Platte mit einer Lochblende von 3 mm Durchmesser genutzt. Sie wurde senkrecht zur Schallrichtung zwischen Sender und Empfänger angebracht, die bei allen Messungen einen festen Abstand zueinander hatten. Die Position der Platte zwischen den Wandlern wurde hingegen verändert. Ausgehend von einem Empfängerabstand von ca. 5 cm wurde eine Verschiebung in Richtung Sender vorgenommen. Mit dem Prüfsystem wurden scanpunktweise für alle 4 Kanäle die A-Bilder aufgenommen, der sogenannte Volumendatensatz. Dieser wurde für die weiteren Analysen herangezogen.

2.2 Auswerteansatz

Die im jeweiligen Lochblenden-Abstand aufgenommenen vierkanaligen Daten wurden mit Hilfe von Igor 8 (Wavemetrics, Lake Oswego, OR, USA) offline analysiert. In Abb. 2 ist ein Beispiel für die resultierenden Einzelbilder gezeigt. Um sie untereinander vergleichbar zu gestalten, wurden diese auf den gleichen Amplitudenbereich gespreizt.

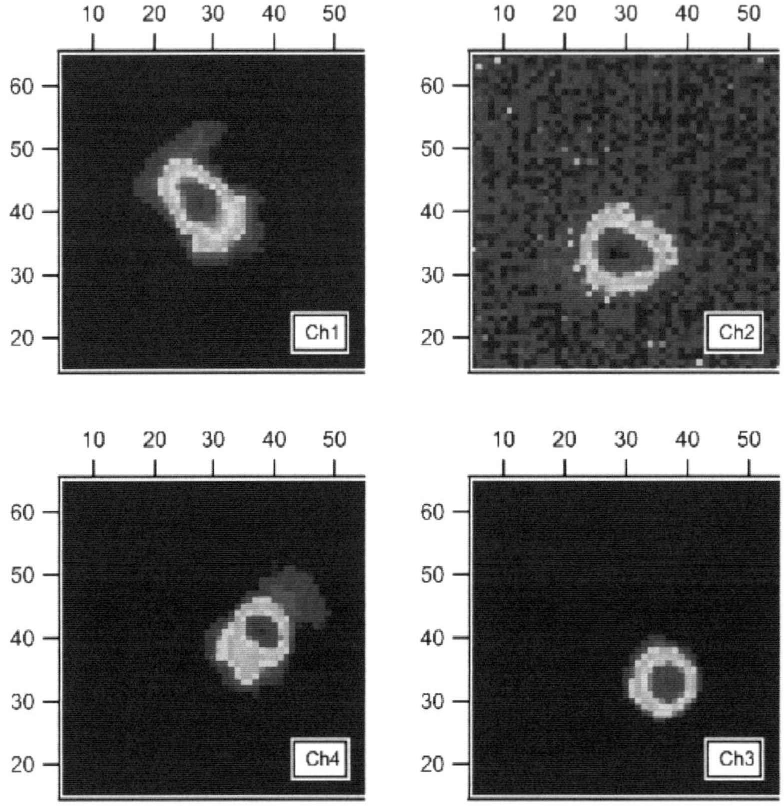

Abb. 2. C-Bilder für die vier einzelnen Kanäle.

Man erkennt, dass Kanal 2 verrauschter als die anderen ist und die Bildgebung noch nicht optimal ist. Dennoch lassen sich mit den vierkanaligen Daten bereits weitergehende Analysen durchführen. So lassen sich die Kanäle beispielsweise miteinander rechnerisch kombinieren. Bei den Quadrantenphotodioden kann die Position des Laserstrahls aus der Verrechnung der einzelnen Signale der Quadranten gewonnen werden, die jeweils proportional zur Signalintensität sind (vgl. [2]). Mittels der gewonnenen C-Bilder wurde dieser Ansatz adaptiert. Dabei zeigten sich (vgl. Abb. 3) deutliche Anzeichen für die Verschiebung der Bilder gegeneinander.

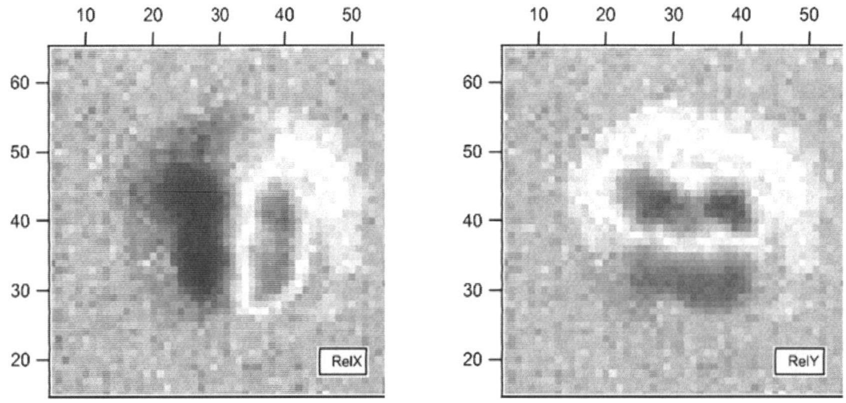

Abb. 3. Verrechnete Einzelkanäle. Als Kennzahl wurde die relative Position des Schallfleckes zwischen -1 (blau), 0 (weiß) und +1 (rot) verwendet.

Die Verschiebung der Einzelkanäle führt zu charakteristischen Farbsäumen, welche Hinweise auf die Verschiebung der Bilder gegeneinander geben. Anders als bei der Photodiode ist die Lokalisierung des Schallbündels auf den Wandlersektoren mit der Verrechnung in der untersuchten Anordnung nicht gut bestimmbar. Mit den Untersuchungen wurde deutlich, dass zur Verrechnung der Kanäle die sektorweisen Wandler möglichst ähnliche Empfangseigenschaften (Amplituden und Bildgebung) aufweisen müssen, um zu optimalen Ergebnissen zu gelangen. Zudem scheint das Schallfeld zu ausgedehnt zu sein, um wie bei einer Photodiode auf dem Weg der Verrechnung zu einer Positionsangabe zu gelangen.

Die einzelnen im Amplitudenbereich gleichartig gespreizten C-Bilder wurden deswegen mit einer komplexeren Analysemethode analysiert. Die relative Verschiebung der C-Bilder gegeneinander lässt sich mittels einer zweidimensionalen Korrelation ermitteln. Damit kann ein Verschiebungsviereck konstruiert werden, was die jeweiligen Verschiebungen in x- und in y-Richtung visualisiert. Dafür gibt es verschiedene Möglichkeiten, weil bei einer vorgegebenen Ecke drei Punkte (und damit 6 Koordinatenpaare) für die Definition eines Viereckes ausreichen. In Abb. 4 werden Beispiele gezeigt. Die Vierecke weichen aufgrund der Messunsicherheiten in Form und Größe voneinander ab. Robuster sind flächengleiche Quadrate (vgl. Abb. 4, Quadrate in dunklerer Farbgebung). Die Seitenlänge dieser Quadrate bildet ein relativ robustes Maß für die Verschiebung und ist zudem unabhängig von der Orientierung des Wandlers. Aus dem Umfang des Verschiebungsviereckes lässt sich zudem schlussfolgern, wie gut es dem ideal erwartetem Quadrat ähnelt.

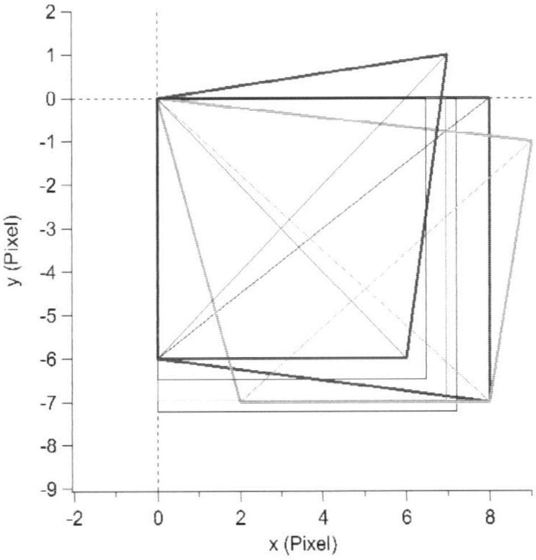

Abb. 4. Verschiedene Varianten für Verschiebungsvierecke und flächengleiche Quadrate (dunkle Farben).

Mit Hilfe des beschriebenen Versuchsaufbaus konnte ein linearer Zusammenhang zwischen der Größe des Verschiebungsquadrates und dem Abstand gefunden werden (siehe Abb. 5, großes Bild). Damit eignet sich die Seitenlänge des Verschiebungsquadrates als Maßzahl, um die Tiefenlage von Objekten zu quantifizieren. Je kleiner das Verschiebungsquadrat ist, um so verzerrter wird das Verschiebungsviereck, was die Güte der Korrelation zur Tiefenlage aber nicht beeinträchtigt.

Die beschriebene Auswertemethode der zweidimensionalen Korrelation kann genutzt werden, um die Tiefenlage für jede Scanposition zu berechnen. Dafür wird das C-Bild in x- und in y-Richtung gefenstert analysiert. Dabei muss das Analysefenster groß genug gewählt werden, um die Verschiebung der Einzelkanäle ermitteln zu können. Die Ergebnisse der lokalen Analyse sind in Abb. 5(a)–(e) dargestellt. Man erkennt, dass die Seitenlängen der lokal ausgewerteten Verschiebungsquadrate für den Bereich der Blende gut mit den global ermittelten Werten übereinstimmen. Außerdem wird die Kreisform der Blende gut wiedergegeben und die Kennzahl darin ist weitgehend homogen. Das gezeigte Vorgehen zur Bestimmung der Tiefenlage funktioniert für die Blendenplatte sehr gut und die erreichbare Tiefenauflösung sollte im Bereich weniger mm liegen.

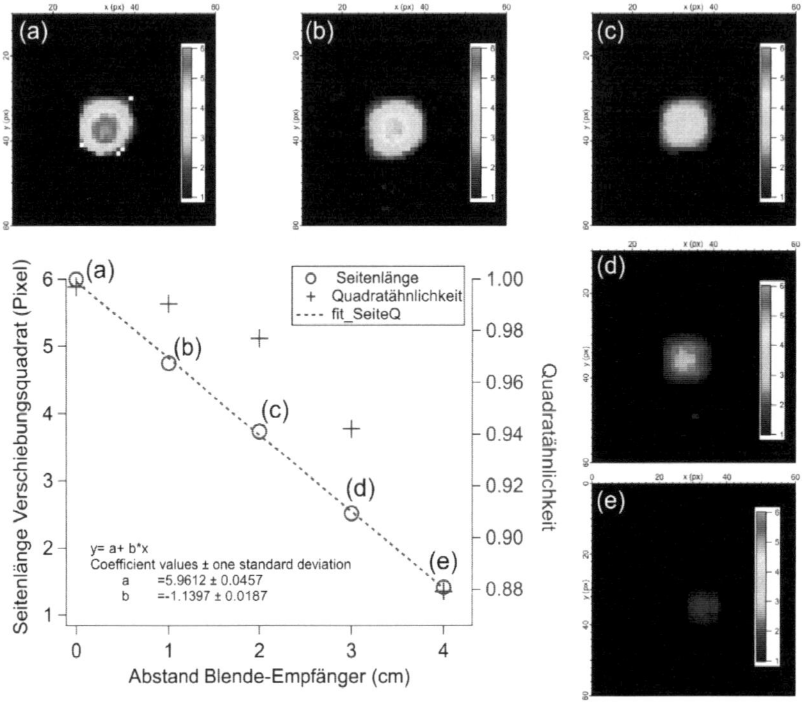

Abb. 5. Seitenlänge des Verschiebungsquadrates in Abhängigkeit des Abstands zwischen Blende und Empfänger (großes Bild). Mit einer lokalen zweidimensionalen Korrelation lassen sich ortsaufgelöste Prüfbilder mit dieser Größe berechnen (kleine Abbildungen (a)–(e)).

3. Tiefenlage mit Maschinellem Lernen

3.1 Probekörper und Ansatz der Tiefenbestimmung

Die Messungen wurden an einem Probekörper aus Kohlefaserverbund (CFK) durchgeführt, in den Metallscheiben unterschiedlicher Durchmesser in verschiedenen Tiefen eingearbeitet wurden (Herstellung: SKZ Halle). Dazu wurden 6 Preprag-Schichten genutzt, zwischen denen fünf nutzbare Tiefenlagen mit Stahlscheiben (vier Durchmesser: 5 mm, 10 mm, 20 mm, 40 mm) eingebracht wurden. Eine rechteckige Platte mit den Abmessungen ca. 380 mm × 560 mm, die insgesamt ca. 2,5 mm dick war, entstand so (Abb. 6). Im fertigen Bauteil gibt es fertigungsbedingt eine unebene Seite (Abb. 6a) sowie eine ebene Seite (Abb. 6b).

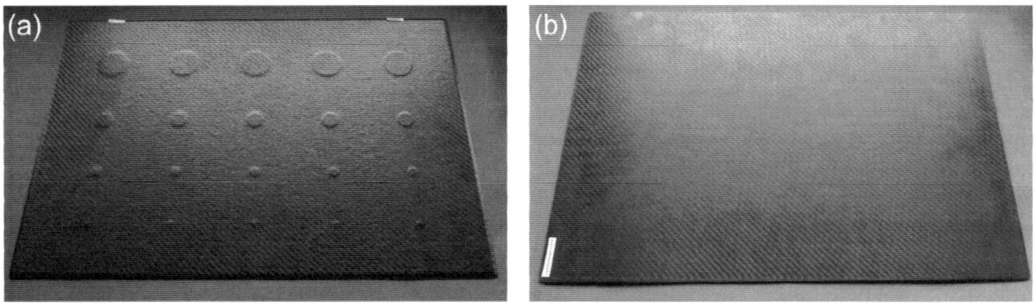

Abb. 6. Probekörper aus in CFK eingebetteten Stahlscheiben (a) unebene Seite, (b) ebene Seite.

In Transmissionsanordnung wurde der Prüfkörper bei 230 kHz gescannt. Entgegen dem in Abschnitt 2 diskutierten Ansatz wurden hier *einkanalige* Messungen durchgeführt. Für die Auswertung wurden die resultierenden A-Bilder herangezogen. Beispielhaft wird in Abb. 7 ein Datensatz für die Scheiben von 40 mm Durchmesser (C-Bild und ein A-Bild) dargestellt. Zwei Scans wurden aufgenommen: einer mit Sender gegenüber der ebenen Seite und ein Scan mit Sender gegenüber der unebenen Seite.

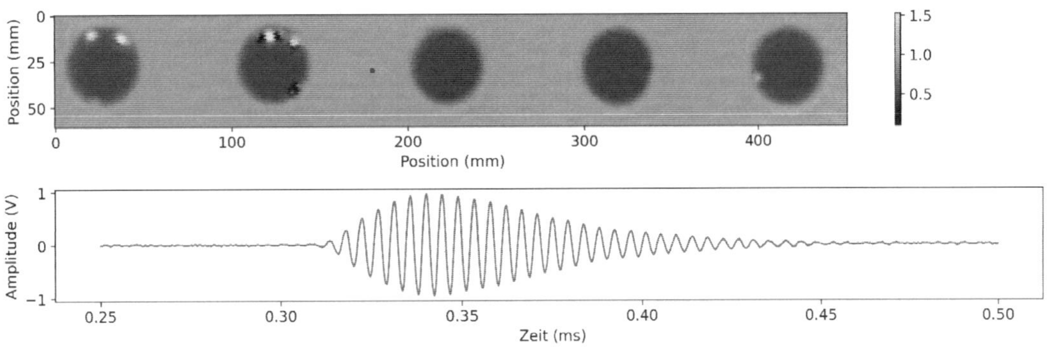

Abb. 7. Ausschnitt eines C-Bildes der Probe (oben) und einzelnes A-Bild (Position im C-Bild rot markiert).

3.2 Ansatz zum überwachten Lernen

Die Besonderheit des hier verfolgten Ansatzes besteht darin, dass zur Analyse die einzelnen A-Bilder verwendet wurden. Der räumliche Zusammenhang zwischen ihnen wurde dabei *nicht* in das Datenmodell integriert.

Die A-Bilder werden vor der Analyse aufbereitet. Mithilfe eines Autoencoders – ein Neuronales Netz, das einen hochdimensionalen Datenpunkt auf wenige Dimensionen abbildet [4]– werden die ursprünglichen A-Bilder auf 64 Parameter reduziert. Auf diesen neuen Parametern wurden 2 Regressionsmodelle trainiert. Es wurden die Lineare Regression [5], die einen linearen Zusammenhang zwischen den Parametern und der Tiefenlage bestimmt, und die Support Vector Regression [6], die eine Hyperebene berechnet, auf der möglichst viele Datenpunkte liegen, als Modelle ausgewählt. Die Tiefenlagen sind als diskrete Stufen von 0 bis 5 vorgegeben, wobei die Bereiche ohne Metallscheiben mit 0 gelabelt wurden.

Weil nur eine Probe zur Verfügung stand, wurden nur die tiefste und die höchste Tiefenlage zum Training vorgegeben. Die Bereiche wurden auf der ebenen Seite ausgewählt. Zusätzlich wurden die Bereiche, in denen keine Metallscheibe eingearbeitet wurden, dem Trainingsdatensatz hinzugefügt. Daraus ergeben sich insgesamt ca. 33.000 A-Bilder, von denen je 1300 einer Tiefenlage entsprechen. Ausgewertet wurde eine Messung, die alle Tiefenlagen enthält. Dadurch kann abgeschätzt werden, wie die Modelle auf unbekannte Tiefenlagen reagieren. Zusätzlich wurde die unebene Seite analysiert, um den Einfluss der verschiedenen Oberflächen abzuschätzen.

Zur Evaluation wurde der Gesamtdatensatz in Trainings- und Testdaten aufgeteilt. Mit 10-facher Kreuzvalidierung ([7], Seite 31) wurde die Qualität der Vorhersagen evaluiert. Bei der Aufteilung wurde berücksichtigt, dass der Anteil der A-Bilder, die in Bereichen mit Metallscheiben aufgezeichnet wurden, konstant bleibt, um eine Verzerrung durch eine ungünstige Datenverteilung zu vermeiden.

3.3 Ergebnisse

Beide Modelle sind in der Lage, anhand der aus den A-Bildern extrahierten Parametern die Tiefenlage vorherzusagen. Die *Lineare Regression* erreicht (Sender auf der ebenen Seite) einen Mittleren Absoluten Fehler von *0,186 ± 0,055* Einheiten der Tiefenlagen, während die *Support Vector Regression* mit *0,081 ± 0,035* nochmal genauer ist. Zur Einschätzung der Genauigkeit für die unbekannten Zwischenstufen sind die Ergebnisse für die Senderposition auf ebener Plattenseite in Abb. 8 dargestellt. Die Tiefenlage der Scheiben nimmt von links nach rechts zu. Dies spiegelt sich in den Vorhersagen der Modelle wider. Nach Anlernen der extremen Tiefenlagen konnten für bisher nicht analysierte A-Bilder die Tiefenlagen auch in den Zwischenstufen klassifiziert werden, was Tiefenlagenunterschieden kleiner als 1 mm entspricht.

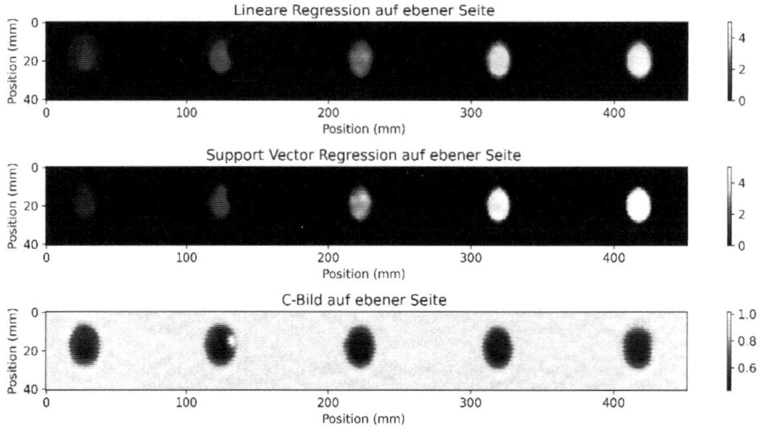

Abb. 8. Bestimmung der Tiefenlage bei Sender gegenüber ebener Plattenseite.

Betrachtet man die Messung mit Sender auf der unebenen Seite (Abb. 9), so fällt auf, dass die Support Vector Regression sehr ähnliche Ergebnisse liefert, während die Lineare Regression deutlich schlechter abschneidet. Zu beachten ist, dass diese Messdaten *nicht* zum Anlernen der Modelle verwendet wurden. Die signifikanten Unterschiede zwischen den Einschallseiten bei der Linearen Regression könnten darauf hindeuten, dass hier das Anlernen (mit der ebenen Seite) zu einem Overfitting geführt hat und das Modell nicht allgemein genug war, um die andere Einschallseite adäquat zu klassifizieren. Da die Support Vector Regression auch nichtlineare Zusammenhänge berücksichtigen kann, könnte hier das Anlernen verallgemeinerungsfähiger erfolgt sein.

Die Unterschiede bezüglich der Einschallseiten deuten an, dass die Oberflächenstruktur bei den Modellen als Entscheidungsgrundlage dient. In Abb. 6a ist zu erkennen, dass der Scheibenrand von links nach rechts schärfer wird, weil die Scheiben immer oberflächennaher einlaminiert sind. Es ist nicht auszuschließen, dass dies die für die Klassifikation relevanten Änderungen der A-Bilder verursacht. Die Untersuchung der Entscheidungsgrundlage der Modelle des Maschinellen Lernens ist deswegen noch Gegenstand weiterer Untersuchungen.

4. Zusammenfassung und Ausblick

Die vorgestellten Ansätze zeigen das Potential, auch in der luftgekoppelten Transmissionsmessung auf die Tiefenlage von Objekten schließen zu können. Sowohl die Analyse der Verschiebungen mit lateral verteilten Empfängern als auch das überwachte Maschinelle Lernen anhand von gelabelten A-Bildern erscheint aussichtsreich. Die Tiefenlage lässt sich dabei

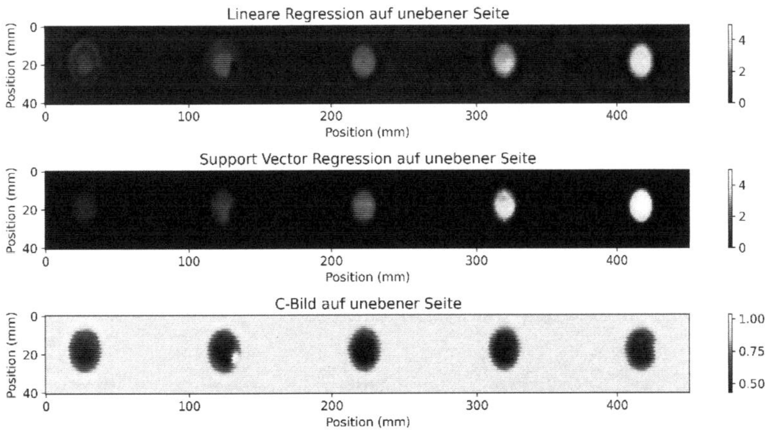

Abb. 9. Bestimmung der Tiefenlage bei Sender gegenüber unebener Plattenseite.

bisher nur für lateral nicht überlappende Objekte ermitteln. Die Versuche zur Machbarkeit sind an einfachen Objekten durchgeführt worden. In weiteren Versuchen muss geklärt werden, ob auch in realistischeren Körpern mit variableren C- bzw. A-Bildern die Tiefenlage hinreichend eindeutig ermittelt werden kann.

Die A-Bilder mit Hilfe von Maschinellem Lernen zu analysieren, erscheint lohnenswert, weil sich darin die gesamte Wechselwirkung der Ultraschallwelle mit dem Prüfling niederschlägt. Für weitere Untersuchungen bleibt zu klären, wie der laterale Zusammenhang der A-Bilder in die Modelle integriert werden kann und ob das die Klassifizierungsqualität verbessert.

5. Dank

Wichtige Teile der Arbeiten wurden im Rahmen des INNO-KOM-Projektes LuPAS durchgeführt. Es wurde aufgrund eines Beschlusses des Deutschen Bundestages vom Bundesministerium für Wirtschaft und Klimaschutz (Förderkennzeichen 49MF200082) gefördert. Wir danken herzlich für die Unterstützung.

Unserem ehemaligen Kollegen Mario Kiel danken wir für die Idee des Sektorwandlers und die ersten Untersuchungen zum Thema.

Referenzen

[1] Essig, W. et al., *Air-coupled Ultrasound – Emerging NDT Method*, ZfP-Zeitung 173: 32–43, https://www.ndt.net/search/docs.php3?id=25761, 2021.

[2] Vera-Marquina, A. et al., *Quadrant photodiode for electronic processing*, Proc. SPIE 7419, Infrared Systems and Photoelectronic Technology IV, 74190Z , https://doi.org/10.1117/12.825520, 2009.

[3] Steinhausen, R et al., *New approaches to air-coupled ultrasound testing of composite lightweight materials*, (WCNDT 2016), Munich, Germany, e-Journal of Nondestructive Testing Vol. 21(7). https://www.ndt.net/?id=19211, 2016.

[4] Kramer, M.A. (1991), *Nonlinear principal component analysis using autoassociative neural networks*. AIChE J., 37(2): 233–243. https://doi.org/10.1002/aic.690370209, 1991.

[5] Project Leader: David M. Lane, Rice University. *Online Statistics Education: A Multimedia Course of Study* (https://onlinestatbook.com/2/regression/intro.html, aufgerufen 4. April 2024).

[6] Cortes, C., Vapnik, V., *Support-vector network,*. Mach Learn 2:, 273–297, https://doi.org/10.1007/BF00994018 , 1995.

[7] Géron, A., *Praxiseinstieg Machine Learning mit Scikit-Learn & Tensorflow. Konzepte, Tools und Techniken für intelligente Systeme*. 1. Aufl. Heidelberg: dpunkt.verlag GmbH, 2018.

Untersuchungen an geschweißten Vliesnähten mittels luftgekoppeltem Ultraschall

T. HERZOG[1]; S. MOHTASHAMIPOOR[2]; M. REINHOLD[1]
1 Fraunhofer-Institut für Keramische Technologien und Systeme IKTS, Dresden, Deutschland, thomas.herzog@ikts.fraunhofer.de;
2 Dresden International University, Dresden, Deutschland

Kurzfassung. Diese Arbeit untersucht die akustischen Eigenschaften von medizinischen Maskenmaterialien und deren Schweißnähte mittels Durchschallungstechniken und C-Scan-Verfahren bei unterschiedlichen Frequenzen. Messungen der Dämpfung und Phasenverschiebung geben Aufschluss darüber, wie Ultraschallwellen mit verschiedenen Maskenkomponenten interagieren. Das beobachtete Wellenverhalten stimmt mit den langsamen Longitudinalwellen in der Luft überein und gibt Aufschluss über die Materialeigenschaften.
Es werden verschiedene Messtechniken für die Schweißnahtprüfung verglichen, wobei sich der normale Durchschallungstechnik als beste Methode erweist. Experimente zur Fehlererkennung anhand der Signalverarbeitung unterstreichen die innovative Technik der zweiten Ableitung und zeigen die Herausforderungen bei der Erkennung bestimmter Fehlertypen auf.

Keywords: luftgekoppelter Ultraschall, Vliesnähte, Signalauswertung

Einführung

Im Kontext globaler Gesundheitskrisen ist die Bedeutung von persönlicher Schutzausrüstung (PSA), insbesondere von medizinischen Masken, für den Schutz der öffentlichen Gesundheit von größter Bedeutung [2]. Der Herstellungsprozess der FFP2-Masken umfasst sorgfältige Schritte, darunter die Auswahl des Polypropylenvlieses, das Stapeln der Schichten, das Schneiden und das sichere Verbinden durch Ultraschallschweißen oder alternative Klebeverfahren, um eine sichere und dichte Naht zu gewährleisten. Strenge Qualitätskontrollen sind nach der endgültigen Formgebung der medizinischen Masken unerlässlich, insbesondere um ihre Unversehrtheit und Effizienz vor der Verteilung an Gesundheitseinrichtungen und die Öffentlichkeit zu gewährleisten [3]. Die Prüfung der Schweißnähte erweist sich dabei als wichtige Maßnahme zur Qualitätsbewertung.

Die Spinnvlies-Polypropylenfasern, die in medizinischen Masken verwendet werden, weisen poröse Eigenschaften auf, so dass die Anwendung der Biot-Theorie in Erwägung gezogen wurde, um die Maske als poröses, mit „Flüssigkeit" gesättigtes Material einzustufen. Diese Annahme beruht darauf, dass die Porengröße kleiner als die betrachtete

Ultraschallwellenlänge ist. Die Biot-Theorie sagt zwei Hauptwellenarten in Längsrichtung voraus: die schnelle P1-Welle (feststoffgetragen) und die Langsamfahrt P2-Welle (flüssigkeitsgetragen), wobei die Scherwelle für diese Studie irrelevant ist. Diese Wellen werden durch ihre Phasengeschwindigkeiten und Dämpfungskoeffizienten charakterisiert. Bei der schnellen Welle kommt es zu Wechselwirkungen zwischen der festen und der flüssigen Phase, während sich die langsame vorwiegend durch flüssigkeitsgefüllte Poren ausbreitet [4]. Pionierstudien zur luftgekoppelten Ultraschallprüfung von Textilien von Forschern wie Shuh-Haw Sheen, E. Blomme und T. E. Gomez Alvarez-Arenas haben wertvolle Erkenntnisse geliefert.

Diese Studien befassten sich mit berührungslosen bildgebenden Ultraschallsystemen für die Echtzeit-Erkennung von Gewebedefekten [5], untersuchten die Erkennung von Fehlern in gewebten und nicht gewebten Materialien [6] und wendeten die Biot-Theorie auf poröse Materialien an [7,8], wodurch die Grundlage für die nicht-invasive Charakterisierung und Überprüfung der Integrität von Masken geschaffen wurde. Während diese Studien das allgemeine Verständnis der luftgekoppelten Ultraschallprüfung verbessern, konzentriert sich unsere Arbeit auf die Fehlererkennung in den Schweißnähten medizinischer FFP2-Masken.

1. Beschreibung von Material und Methoden

1.1. Medizinische Masken und Probenbeschreibung

Für diese Studie wurden FFP2-Proben der Fa. RGENAU MEDICAL GmbH verwendet, darunter medizinische Maskenvliese, geschweißte Vliese und defekte Schweißnähte. Typische FFP-Masken bestehen aus wasserabweisenden Außenschichten, einer Mittelschicht, die als Filter dient, und einer Innenschicht, die die ausgeatmete Feuchtigkeit absorbiert (Abb. 1). Die äußeren Schichten, in erster Linie spinngebundenes Polypropylen (PP), und die Filterschicht, die in der Regel aus schmelzgeblasenem PP besteht, weisen inhärente Ungleichmäßigkeiten auf, die auf die Art der Fasern und den Produktionsprozess zurückzuführen sind [8]. Zur Bewertung der akustischen Eigenschaften wurden eine 50×90 mm große Maskenprobe und eine 5×120 mm große Schweißprobe entnommen. Vier Vliese aus der Maskenprobe wurden einer detaillierten Analyse unterzogen.

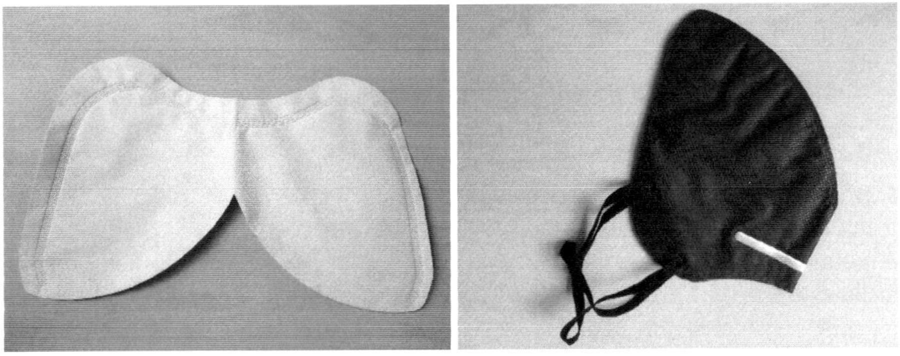

Abb. 1: 4 Lagen-Vlies, (li.: verschweißter Rohling, re.: FFP2-Maske)

1.2. Schweißnahtdefekte

In dieser Studie werden fünf häufige Schweißnahtfehler bei medizinischen Masken untersucht, die vom Maskenhersteller künstlich erzeugt wurden und wie folgt abgekürzt werden: Verunreinigungen in der Schweißnaht (IM), die durch Verunreinigungen wie Maskenschnittreste verursacht werden; Überschweißung (OW), die aus einer Langsamfahrt und potenziellem Schmelzen des Materials resultiert; Stapelfehler (SF), der aus einer falschen Vliesanordnung resultiert und zu überschüssigem Material in einem begrenzten Schweißbereich führt; Lagenfehler (LF), ähnlich wie SF, aber mit einer zusätzlichen Vlieslage, die sich auf einen größeren Schweißbereich auswirkt; und Schweißunterbrechung (WI), die auftritt, wenn der Schweißprozess pausiert, was zu einer unzureichend lokalisierten Verschmelzung entlang der Naht führt. In **Abb. 2** sind fünf verschiedene Arten von Schweißfehlern schematisch dargestellt.

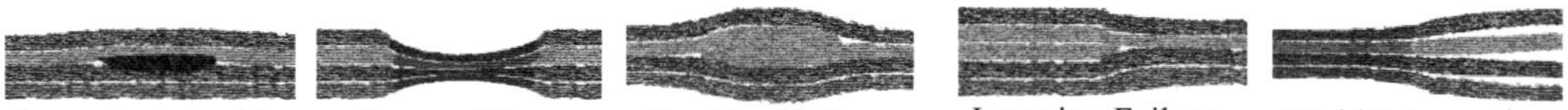

Abb. 2: Schematischer Querschnitt verschiedener Schweißnaht-Fehler

1.3. Luftgekoppelte Ultraschallmessgeräte

Alle Messungen wurden mit dem vom Fraunhofer IKTS entwickelten PCUS pro LF-Gerät (siehe **Abb. 3**) bei vier verschiedenen Prüffrequenzen von 125 kHz, 200 kHz, 300 kHz und 400 kHz durchgeführt. Zur gleichmäßigen Anregung aller Prüfköpfe wurden rechteckige bipolare Impulse mit sechs Zyklen bei 150 V angelegt, und die C-Scans wurden mit einer von der JAT - Jenaer Antriebstechnik GmbH (siehe **Abb. 4**) hergestellten Scaneinheit durchgeführt.

Abb. 3: PCUS® pro LF [1] IKTS eigene Hardware-Entwicklung

1.4. Messaufbau

Zur Prüfung der Schweißnähte medizinischer Masken wurden vier Ultraschall-Prüfaufbauten - Impuls-Echo, Pitch-Catch, Normal-Durchschallung und Winkel-Durchschallung - erprobt, um die Wirksamkeit der einzelnen Konfigurationen zu bewerten. In der abschließenden Studie wurde nur die normale Durchschallung zur Untersuchung der akustischen Eigenschaften und zur Erkennung von Fehlern verwendet, da diese die besten Messergebnisse lieferte (siehe auch **Abb. 6**). Bei den Impuls-Echo-Konfigurationen werden die vertikalen Abstände zwischen der Sonde und der Probe auf etwa 110 mm, 70 mm, 60 mm und 45 mm festgelegt. Bei der Pitch-Catch-Konfiguration wird ein konstanter vertikaler Abstand von ca. 60 mm bei 30 Grad eingehalten. Darüber hinaus ist der Abstand der Prüfköpfe bei allen Durchschallaufbauten einheitlich auf 70 mm festgelegt.

Abb. 4: ACUT-Messplatz mit Vlies-Probe in normaler Durchschallung

1.5. Geschwindigkeits- und Gesamtdämpfungsmessung

Die Lichtlaufzeitmessung (TOF) ist eine weit verbreitete Technik zur Bewertung der Materialgeschwindigkeit, wenn die Dicke bekannt ist. Bei sehr dünnen Materialien ist sie jedoch unpraktisch, insbesondere wenn die Dicke kleiner als die Wellenlänge ist. In solchen Fällen wird die Geschwindigkeit durch die Messung von Phasendifferenzen zwischen Signalen mit und ohne die dünne Schicht im Durchschallverfahren ermittelt. In diesem Modus führt das Vorhandensein eines dünnen Materials zwischen den Prüfköpfen zu Änderungen der Signalintensität und -phase im Vergleich zum Zustand mit Luft zwischen den Prüfköpfen. Amplitudenänderungen entstehen durch Dämpfung und Reflexion, während Phasenänderungen auf die Wellengeschwindigkeit (v_s) im Material hinweisen [8]:

$$v_s = t/(\Delta\varphi/\omega + t/v_a) \qquad (1)$$

Dabei ist t die Schichtdicke, v_a die longitudinale Wellengeschwindigkeit in Luft, ω die Winkelfrequenz und $\Delta\varphi$ die Phasenverschiebung:

$$\text{Total Attenuation (dB)} = 20 \text{ Log } (A_m/A_a) \qquad (2)$$

Dabei sind A_m und A_a die Signalamplitude in Anwesenheit bzw. in Abwesenheit des Vlieses.

1.6. Methoden zur Fehlererkennung

1.6.1. Amplituden-Intensitäts-Methode

Zunächst wird ein Satz unverfälschter Schweißnähte (900 mm) einer Durchschallungsprüfung unterzogen, um als Referenz für die nachfolgenden Bewertungen zu dienen. Die Amplituden-C-Scan-Daten dieser unbearbeiteten Schweißnähte werden in MATLAB importiert und die Schweißnahtgeometrie wird mit einem speziellen MATLAB-Code definiert. Da die X-Achse entlang der Schweißnaht und die Y-Achse quer dazu verläuft, wird die Y-Achse über die gesamte Schweißnahtbreite gemittelt, um den Rauschanteil zu reduzieren. Dies gewährleistet einheitliche Amplitudenwerte entlang der Y-Achse für die entsprechenden X-Koordinaten. Durch diese sequenzielle Zusammenstellung von Original-Probendaten wird ein Referenz-Amplitudenvektor entlang der Schweißnaht erstellt, der das Ausmaß der Dämpfung bei einer intakten Schweißnaht im Durchschallungsmodus veranschaulicht. Anschließend werden der Mittelwert und die Standardabweichung des Referenzamplitudenvektors berechnet und Amplitudenschwellenwerte unter Berücksichtigung der Normalverteilung festgelegt:

$$\text{Amplitude Threshold} = \mu \pm 3\delta \quad (3)$$

Dabei ist μ der Mittelwert und δ die Standardabweichung.

1.6.2. Methode der zweiten Ableitung

Das Vorhandensein von Inhomogenität in Vliesen führt zu Schwankungen bei der Messung der Signalintensität, was zu gestreuten Amplitudenwerten führt. Darüber hinaus können geringfügige Schwankungen des lokalen Drucks und der Temperatur während des Schweißens aufgrund der Anfälligkeit des Vlieses für diese Faktoren zu einem unterschiedlich starken Verlust der Signalamplitude bei verschiedenen Schweißnähten führen. In Anbetracht dieser Überlegungen ist eine Untersuchung der Veränderungen innerhalb des Amplitudenvektors von Vorteil. Dazu wird die zweite Ableitung eines Referenz-Amplitudenvektors entlang der X-Richtung berechnet und eine glättende Gauß-Funktion angewendet, um Rauscheffekte abzuschwächen. Die Analyse der 2. Ableitung hilft bei der Identifizierung von abrupten Amplitudenänderungen innerhalb einer Standardschweißung. Die Maximal- und Minimalpunkte in der 2. Ableitung des berechneten Referenzvektors legen Schwellenwerte für signifikante Abweichungen der Signalamplitude fest, unabhängig davon, ob diese zunehmen oder abnehmen (siehe **Abb. 7** im nächsten Kapitel).

2. Ergebnisse der Probencharakterisierung

2.1. Dicken- und Gewichtsmessung

Für das Profilometer, das einen Nullpunkt für die Dickenberechnung verwendet, ist die Präzision der Probenplatzierung entscheidend. Da die Proben sehr leicht sind, wird ein Saugbett verwendet, um sie sicher zu befestigen und mögliche Lücken zu vermeiden. In Tabelle 1 sind die Ergebnisse der Dicken- und Gewichtsmessungen sowie der Dichte- und Porositätsberechnungen aufgeführt.

Tabelle 1. Ergebnisse der Dicke, Dichte und Porosität

Proben Name	**Dicke [µm]**	**Gewicht [g]**	**Dichte [kg/m3]**	**Porosität**
Fleece N.1 (dark blue)	204	0.177	192.81	0.79
Fleece N.2 (white)	153	0.088	127.81	0.86
Fleece N.3 (white)	196	0.090	102.04	0.89
Fleece N.4 (blue)	143	0.197	306.14	0.66
Weld Seam	330	0.075	324.68	0.64
Whole Mask (4 layers)	696	0.552	176.25	0.80

Die **Abb. 5** veranschaulicht die Dickenschwankungen im Maskenvlies und in der Schweißnaht, die auf Faktoren wie thermische Bindung, zufällige Fasergröße und -verteilung sowie den Schweißprozess zurückzuführen sind.

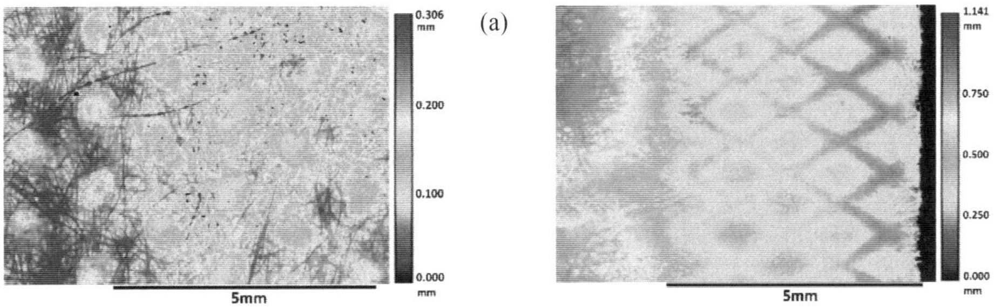

Abb. 5: Dickenmessungen von a) Fleece No.4 und b) Schweißnaht

2.2. Geschwindigkeits- und Dämpfungsmessung

Die Ergebnisse der Wellengeschwindigkeits- und Dämpfungsmessung für verschiedene Vliese, die gesamte Maske und die Schweißnaht bei vier verschiedenen Frequenzen sind in **Tabelle** *2* dargestellt. Die gemessenen Daten wurden durch C-Scan einer 20×40 mm großen Fläche gewonnen, die aus der gleichen Fläche von Luft und Probe besteht. Die Amplituden- und Phasendaten des C-Scans werden für die Berechnung der Gesamtdämpfung bzw. der Wellengeschwindigkeit verwendet.

Tabelle 2. Ergebnisse der Totalen Dämpfung und Schallgeschwindigkeiten der einzelnen Vliese

Proben Name	**Total Attenuation [dB]**				**Schallgeschwindigkeit [m/s]**			
	at 125 kHz	at 200 kHz	at 300 kHz	at 400 kHz	at 125 kHz	at 200 kHz	at 300 kHz	at 400 kHz
Fleece N.1 (dark blue)	1.48	2.4	4.33	3.02	242	224	292	283
Fleece N.2 (white)	1.03	1.49	2.74	1.97	244	287	302	301
Fleece N.3 (white)	5.17	5.57	5.9	4.4	249	272	276	331
Fleece N.4 (blue)	1.86	3.19	5.29	3.92	177	186	287	292
Weld Seam	8.02	11.52	16.92	18.18	204	252	253	271
Whole Mask (4 layers)	13.2	19.46	23.34	23.29	121	133	172	214

2.3. Prüfergebnisse der unterschiedlichen Methoden

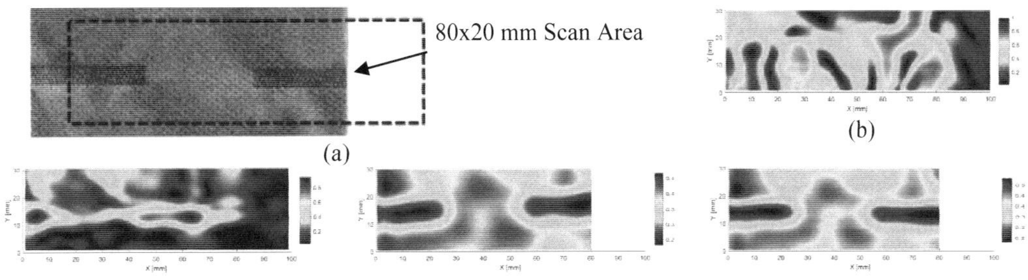

Abb. 6: a) 4-Lagen-Vlies mit Schweißnaht, b) Impuls-Echo Ergebnis, c) Pitch-Catch (30 Grad), d) Angle Through Transmission (30 Grad) and e) Normal Through Transmission

Die **Abb. 6** zeigt die Ergebnisse eines intermittierenden C-Scans einer Schweißnahtprobe in vier verschiedenen Konfigurationen. In jeder Konfiguration deckt der Scanbereich etwa 80 mm der medizinischen Maske und 20 mm des Referenzbereichs (Luft) ab. Um eine Sättigung zu vermeiden und den Kontrast für C-Scans durch Transmission (Normal- und Winkelaufnahmen) zu optimieren, wird die rechte Seite des Scanbereichs, die 20 mm umfasst, ausgeschlossen.

2.4. Ergebnisse der Schweißnahtprüfung

Die Schweißnahtinspektion fehlerhafter Proben wurde mit einem C-Scan mit Durchschallung durchgeführt, wobei die Ergebnisse mit Referenzschwellenwerten verglichen wurden. Die Abbildung 7 veranschaulicht die Fähigkeit der vorgeschlagenen Methoden zur Erkennung von Defekten innerhalb einer Probe und zeigt, wie sie solche Defekte aufdeckt. Die Standard-Signalverläufe der Ultraschallamplituden sind in 7a und c zu erkenne, die jeweiligen Verläufe der zweiten Ableitung sind in 7b und d dargestellt.

1.Amplitude method, 2. Second Derivative method

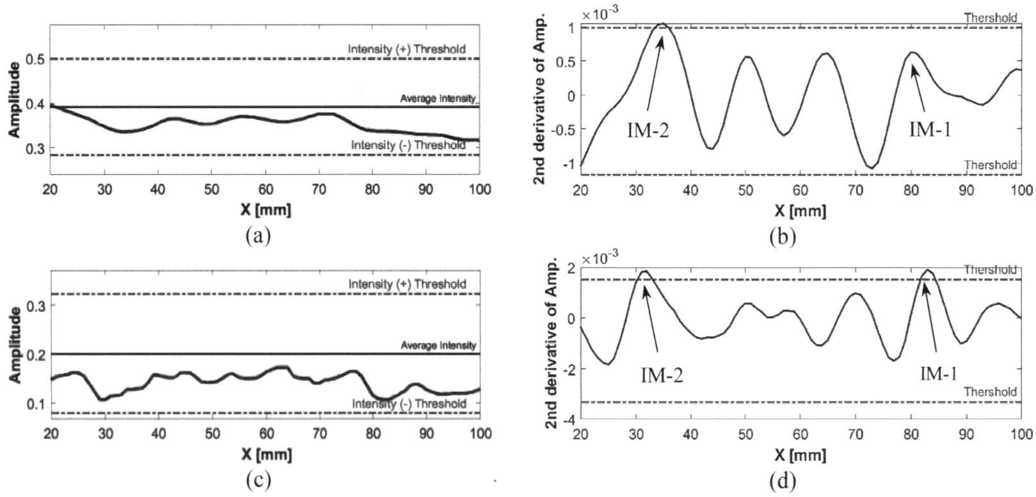

Abb. 7: Prüfergebnisse von der Schweißnaht (Fehlertyp Verunreinigungen IM), dargestellt durch die blaue Linie für das Schweißnahtsignal und die rote gestrichelte Linie für die Schwellenwerte in jedem Fall, unter Verwendung von: a) Amplitudenmethode bei 125 kHz, b)2. Ableitung, c) Amplituden-Methode bei 300 kHz, d) 2. Ableitungsmethode bei 300 kHz

3. Zusammenfassung

Die akustischen Eigenschaften der Vliese und Schweißnähte wurden mit Hilfe von C-Scan-Verfahren und Transmissionstechniken über eine Reihe von Frequenzen untersucht. Die Untersuchung der Dämpfung und der Phasenverschiebung hat ergeben, dass das beobachtete Wellenverhalten eher den langsamen in der Luft als den schnellen Wellen entspricht, was das Potenzial der Methodik unterstreicht, Einblicke in die Materialeigenschaften zu geben.

Darüber hinaus wurden in der Studie verschiedene Aufbauten für die Schweißnahtprüfung verglichen und die normale Transmission als praktischer und effizienter Ansatz identifiziert, der über alle Frequenzen hinweg konsistente Fehlererkennungs-fähigkeiten zeigt. Diese Ergebnisse deuten darauf hin, dass dieser Aufbau in

Produktionslinien zur Echtzeitprüfung eingesetzt werden könnte, um die Integrität medizinischer Masken zu gewährleisten.

Defekterkennungsexperimente mit verschiedenen Defekttypen und -größen unterstrichen die Wirksamkeit der Methode der 2. Ableitung. Die Studie zeigte die Grenzen und die Komplexität bestimmter Defekttypen auf und unterstrich, wie wichtig es ist, die Prüfverfahren zu verfeinern und sich auf Defekte zu konzentrieren, die eine signifikante und konsistente Nachweisbarkeit aufweisen.

Danksagung

Dieses Paper basiert in weiten Teilen auf der Masterarbeit von Seyed Mohammad Mohtashamipoor mit dem Titel " Investigation of textile welding seams of personal protective masks with air-coupled ultrasound", die im August 2023 an der Dresden International University eingereicht wurde. Dank seiner umfangreichen Untersuchungen konnte dieses Paper realisiert werden.

Referenzen

[1.] Fraunhofer-Institut für Keramische Technologien und Systeme IKTS, Webseite: Deutsch, Industrielösungen, Ultraschall, Elektronik; https://www.ikts.fraunhofer.de/de/industrieloesungen/ultraschall/elektronik.html, Link vom 04.04.2024

[2.] Dallas, Mark P., Rory Horner, and Lantian Li. "The mutual constraints of states and global value chains during COVID-19: The case of personal protective equipment.", World Development 139, 2021: 105324.

[3.] Chua, Ming Hui, et al. "Face masks in the new COVID-19 normal: materials, testing, and perspectives." Research, 2020.

[4.] Biot, Maurice A. "Theory of Propagation of Elastic Waves in a Fluid-Saturated Porous Solid. I. Low-Frequency Range.", *The Journal of the Acoustical Society of America* 28 (2), pp. 168–178, 1956.

[5.] Sheen, Shuh-Haw, et al. "Ultrasonic imaging system for in-process fabric defect detection." U.S. Patent No. 5,665,907. 9 Sep. 1997.

[6.] Blomme, E., Bulcaen, D., Declercq, F., & Lust, P., "Air-coupled ultrasonic detection of errors in textile products", In World Congress on Ultrasonics, pp. 1395-1398, 2003

[7.] Gómez Alvarez-Arenas, T. E.; Elvira Segura, L.; Riera Franco de Sarabia, E., "Generation of the slow wave to characterize air filled porous fabrics", *Journal of Applied Physics* 78 (4), pp. 2843–2845, 1995.

[8.] Álvarez-Arenas, Tomás E. Gómez, María D. Fariñas, and Alba Ginel. "Fast and non-destructive ultrasonic test for face masks." Ultrasonics 117, 2021.

[9.] Asnafi Sepehr, "Examination and evaluation of the quality of textile weld seams by Air-Coupled Ultrasound". Master Thesis. Dresden International University, Dresden. Fraunhofer IKTS-MD, 2020.

[10.] Doran, David, and Bob Cather, eds. Construction materials reference book. Routledge, pp. 243, 2013.

Untersuchungen zur Verbesserung der Prüfperformance mit luftgekoppeltem Ultraschall durch den Einsatz von Phased Array Technologie

Andreas Bodi[1], Martin Fuchs[2], Dr. rer. nat. Ralf Steinhausen[3], Dr. rer. nat. Yury Golitsyn[4]
[1]SONOTEC GmbH, Halle (Saale), Deutschland, andreas.bodi@sonotec.de
[2]SONOTEC GmbH, Halle (Saale), Deutschland, martin.fuchs@sonotec.de
[3]Forschungszentrum Ultraschall gGmbH, Halle (Saale), Deutschland, ralf.steinhausen@fz-u.de
[4]Forschungszentrum Ultraschall gGmbH, Halle (Saale), Deutschland, yury.golitsyn@fz-u.de

Kurzfassung

Die Technik der Prüfung mit luftgekoppeltem Ultraschall (ACUT) wird insbesondere bei stark dämpfenden Materialien eingesetzt. Da hierfür niedrige Frequenzen notwendig sind, ist mit einer reduzierten axialen und lateralen Auflösung zu rechnen. Mit einer gezielten Optimierung des Senders kann die Qualität der Prüfergebnisse dennoch verbessert werden. Zu diesem Zweck wurden ein Multielement-Luftschallprüfkopf mit einer Frequenz von 400 kHz sowie eine passende mehrkanalige Sendeelektronik aufgebaut.

Im Vortrag werden die Ergebnisse einer systematischen Untersuchung des Zusammenhangs zwischen Phasenversatz der Einzelelementanregung und den sich damit ergebenden Schallfeldern am Beispiel vorgestellt. Weiterhin wird eine Gegenüberstellung der Schallfelder der Einzelelemente mit der kombinierten Anregung präsentiert. In einer realen Prüfaufgabe werden diese Erkenntnisse angewandt. Durch den Vergleich von Ergebnissen einer Prüfung mit konventionellen und Multielement-Prüfköpfen können deren Vorteile in der praktischen Anwendung herausgearbeitet werden.

Keywords: Ultraschallprüfung, Luftgekoppelter Ultraschall, Multielement-Prüfköpfe, luftgekoppelter Ultraschall

Materialidentifikation von schwarzen Kunststoffen mittels aktiver Thermographie

Kevin SCHMITZ[1], Nina SHPAKOVA[1], Andreas KELLER[1], Udo NETZELMANN[1]
[1] Fraunhofer Institut für zerstörungsfreie Prüfverfahren IZFP, Saarbrücken, Deutschland,
kevin.schmitz@izfp.fraunhofer.de

Kurzfassung. Nachhaltigkeit ist eines der wichtigsten Ziele der heutigen Gesellschaft, mit erheblichem Einfluss auf wirtschaftliche und politische Entscheidungen. Eine wichtige Initiative in dem europäischen Green Deal, der eine Strategie für Nachhaltigkeit darbietet, ist der Aktionsplan für die Kreislaufwirtschaft (CEAP). Ziel ist es, den ökologischen Fußabdruck der EU zu reduzieren und die Verwendung von Recyclingmaterialien in den nächsten zehn Jahren zu verdoppeln. Konkrete Maßnahmen wurden in verschiedenen Bereichen wie Elektronik, Verpackungen, Kunststoffe und Textilien eingeleitet.
Ein wichtiges Segment einer Kreislaufwirtschaft ist die Sortierung und das Recycling von Materialien. Um die Qualität des Recyclings zu steigern, sind Verbesserungen in der Abfallsammlung und –sortierung erforderlich. Die derzeit auf dem Markt erhältlichen Sensorsysteme für die Sortierung von Kunststoffen in der Abfallwirtschaft basieren hauptsächlich auf Nah-Infrarot (NIR) und Kurzwellen-Infrarot (SWIR). Die Sortierung schwarzer Kunststoffe, einschließlich solcher aus dem Automobilsektor, bleibt für diese Systeme jedoch eine Herausforderung.
Im vorliegenden Beitrag werden die Ergebnisse des Fraunhofer-Leitprojektes Waste4Future vorgestellt, in dem ein aktives Thermographie-System entwickelt wurde, um verschiedene Kunststoffmaterialien zu unterscheiden. Dieses System wurde erfolgreich verwendet, um schwarze Kunststoffe auf einem Förderband zu klassifizieren. Die Analyse der Abkühlungskurven der Proben ermöglichte aufgrund unterschiedlicher Erwärmungs- und Abkühleigenschaften die Unterscheidung der Materialien. Mit der Verwendung maschineller Lernalgorithmen konnte ein pixelweiser f1-Score von über 98,2 % unter Verwendung von drei ganzen Proben je Material als Testdaten erzielt werden.
Die Erkenntnisse aus der aktiven Thermographie eröffnen vielversprechende Möglichkeiten für die Integration in die aktuelle Sensorik zur Sortierung schwarzer Kunststoffe, ein wichtiger Schritt in Richtung einer nachhaltigeren Kreislaufwirtschaft.

Keywords: Maschinelles Lernen, Recycling, Sortierung schwarze Kunststoffe, Thermographie, Kreislaufwirtschaft

1. Einleitung

In der heutigen Zeit spielen die Abschwächung des Klimawandels, die Schonung natürlicher Ressourcen sowie die Thematik der Nachhaltigkeit eine immer größere Rolle in allen Bereichen des Lebens und der Technik. Im Rahmen dieser Herausforderungen hat die EU den sog. „European Green Deal" auf den Weg gebracht, in dessen Rahmen ein Aktionsplan für die Kreislaufwirtschaft (CEAP) [1] aufgestellt wurde. Durch dieses Strukturprogramm soll die Nutzung von Rezyklaten innerhalb von 10 Jahren verdoppelt werden, mit dem Ziel der Reduktion des ökologischen Fußabdrucks der gesamten EU. Dabei ist die Materialgruppe der Polymere aufgrund ihrer Allgegenwärtigkeit von hohem Interesse.
Zur Erreichung der Ziele des European Green Deal müssen im Rahmen der Kreislaufwirtschaft die in den Bereichen Sortierung und Recycling von Materialien vorhandenen Potentiale ausgeschöpft werden. Hierzu zählen Verbesserungen in der Abfallsammlung und –sortierung, welche eine Qualitätssteigerung des Rezyklats ermöglichen. Nach derzeitigem Stand der Technik stellen Nahinfrarot (NIR) und Kurzwelleninfrarot (SWIR) den Standard in der Polymersortierung dar [2]. Mittels dieser Technologien ist eine schnelle und präzise Bestimmung der meisten geläufigen Polymere möglich. Die Sortierung schwarzer Kunststoffe, unter anderem aus dem Automobilsektor, stellt jedoch weiterhin eine große Herausforderung dar [3, 4].
Um eine Unterscheidung verschiedener Kunststoffmaterialien mit mehr als nur dem Stand der Technik zu ermöglichen, wurde im Rahmen des Fraunhofer Leitprojekts »Waste4Future« [5] ein aktives thermographisches System entwickelt.
Teile dieser Arbeit wurden bereits in der „Sensorbased Sorting and Control 2024" veröffentlicht [6] und für diese Konferenz angepasst und erweitert, um unterschiedliche Aspekte hervorzuheben.

2. Thermographie

Die Infrarotthermographie misst im Spektralbereich von etwa 2 - 15 µm Wellenlänge die thermischen Emissionen infraroter Strahlung. Diese sind abhängig vom Planckschen Strahlungsgesetz. Dabei ist neben der Temperatur der betrachteten Objekte vor allem die Emissivität wichtig. Die Reflektivität hingegen spielt im Gegensatz zur NIR-Spektroskopie nur eine untergeordnete Rolle. Schwarze Polymere absorbieren sichtbares und nahinfrarotes Licht sehr gut und wandeln es energieeffizient in Wärme und somit thermische Strahlung um. Diese Eigenschaft macht man sich mit der aktiven Thermographie zunutze, bei der ein kurzzeitiger Aufheizimpuls eine Probe über ihre anfängliche Temperatur hinaus erwärmt. Dies kann beispielsweise durch eine starke Lichtquelle oder einen IR-Heizstrahler erfolgen. Der Wärmeeintrag findet dabei an der Oberfläche des Materials statt und steigert die Emission infraroter Strahlung von der Oberfläche weg, zudem resultiert daraus ein Wärmefluss ins Volumen. Dieser Wärmefluss ist materialspezifisch abhängig von thermischer Leitfähigkeit, Dichte und spezifischer Wärmekapazität. Weiterhin ist zu beachten, dass die meisten Polymere im Infraroten semitransparent sind, d.h. die emittierte Wärmestrahlung stammt sowohl von der Oberfläche als auch aus dem Volumen. Die meisten Informationen können jedoch bei einer nur oberflächlichen Erwärmung der Probenkörper gewonnen werden [7], weshalb die Aufnahme der Messdaten kurz nach dem optischen Aufheizen erfolgt, bevor sich die Probenkörper im Volumen erwärmen. Daher muss die Zeitabhängigkeit der thermischen Infrarotstrahlung immer mit beachtet werden.
Indem die Effekte der thermischen Diffusion, optischen Absorption sowie die Emission thermischer Strahlung kombiniert betrachtet werden, sollte eine Unterscheidung verschiedener Polymere möglich sein.

3. Versuchsaufbau

Ein durchdachter Versuchsaufbau ist von entscheidender Bedeutung für neue Messverfahren. Er ermöglicht präzise und stabile Messungen, indem er die systematische Kontrolle von Variablen und die Minimierung von Störfaktoren erlaubt. Ein solcher Ansatz fördert die Reproduzierbarkeit und ermöglicht die Identifizierung der tatsächlichen kausalen Abhängigkeiten der zu messenden Effekte auf die Messdaten. Durch die Aufrechterhaltung fester Positionen und Bandgeschwindigkeiten werden einheitliche Rahmenbedingungen für die Messungen sichergestellt. Um die materialabhängigen Effekte unterschiedlicher Kunststoffe erfassen zu können, wurde die Infrarot-Kamera FLIR A35 gewählt, da ihre Spezifikationen für den gewählten Versuchsaufbau passend waren. Ein Überblick der technischen Daten der FLIR A35 Kamera ist in Tabelle 1 dargestellt.

Kameratyp	Focal Plane Array, ungekühltes VOX-Mikrobolometer
Bildfrequenz	60 fps
Auflösung	320 x 256 px
Spektrale Auflösung	7.5-13 µm
Abstand Kamera - Probe	62 cm
Thermische Empfindlichkeit (NEDT)	50 mK
Sichtfeld	48 ° x 39 °

Tabelle 1: Kamera Spezifikationen

Ein Förderband transportiert die Proben mit konstanter Geschwindigkeit zur Infrarot-Heizung, um sie aktiv zu erwärmen. Anschließend werden die Proben durch den Aufnahmebereich der Kamera bewegt, wobei aus der aufgenommenen Videosequenz Kühlkurven für die einzelnen Pixel erstellt werden. Eine schematische Darstellung der Messanordnung ist in Abbildung 1 zu sehen.

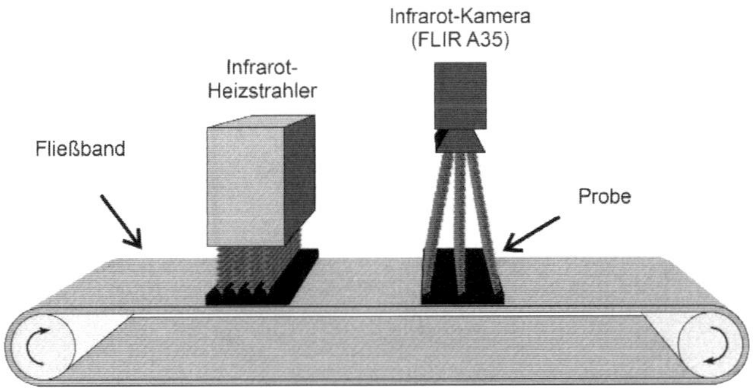

Abbildung 1: Schematischer Messaufbau [6]

Nachdem das Setup definiert wurde, ist es entscheidend, die dominanten Einflüsse zu identifizieren und klassifizieren, die den gesamten Messvorgang beeinflussen. Eine Liste von Einflüssen einschließlich ihrer Kategorisierung ist in Abbildung 2 dargestellt. Die Einflussfaktoren sind in drei verschiedenen Farben dargestellt. Grün kennzeichnet die relevanten Informationen, die als gewünschte Einflüsse kategorisiert sind, welche das Ziel der Messung sind. Blau gekennzeichnet sind Einflüsse, die als Parameter klassifiziert wurden. Das bedeutet, dass sie aktiv durch den Messaufbau kontrolliert werden können. In Rot sind Störeinflüsse gekennzeichnet, die entweder nicht vorhersehbar, nicht messbar oder veränderlich sind. In realen Anwendungen spielen Faktoren wie die Probengeometrie, Umgebungstemperaturen und Verschmutzungen eine bedeutende Rolle, können jedoch nicht aktiv kontrolliert werden. Bei der Analyse der Daten kann es immer wieder vorkommen, dass unbekannte Einflüsse existieren, die eine zeitliche Korrelation aufweisen können. Um diese Einflüsse zu minimieren, sollten Proben nicht in einer bestimmten, sondern in einer randomisierten Reihenfolge gemessen werden. Ansonsten können Faktoren wie die Eigenerwärmung von Sensoren oder Änderungen in den Randbedingungen im Laufe der Zeit die Daten beeinflussen. Zusätzlich wirken inhärenten Ungenauigkeiten in Sensoren, was gemeinhin als Sensorstreuung bekannt ist, ebenfalls auf die Datenqualität ein.

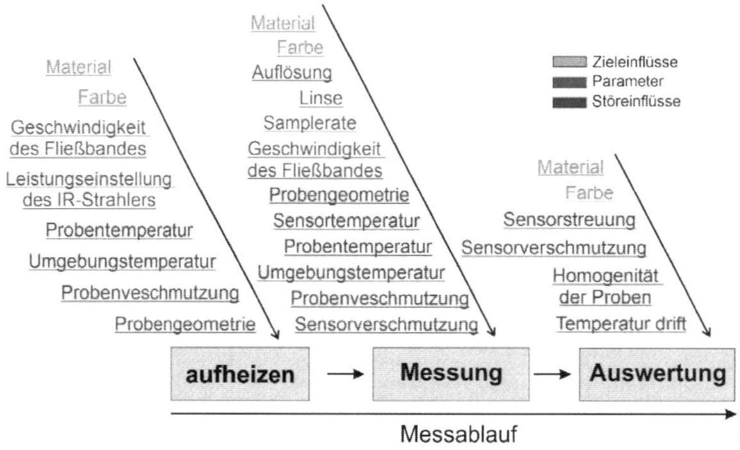

Abbildung 2: Kategorisierte Einflüsse auf die verschiedenen Prozessschritte

In der Anfangsphase sollten die Parameter optimiert und für den restlichen Versuchsablauf konstant gehalten werden. Dadurch werden alle blau markierten Einflüsse auf den weiteren Versuchsablauf eliminiert. Um die gewünschten Einflüsse (Materialien) zu verstärken und gleichzeitig mögliche Einflüsse durch beispielsweise Probengeometrien zu verringern, muss die Auswahl der Proben überlegt getroffen werden, um eine umfassende Darstellung der gewünschten Einflüsse zu gewährleisten. Die drei in dieser Arbeit untersuchten Polymere sind aufgrund der Zugabe von Ruß schwarz und zu 30 % mit Glasfaser gefüllt. Die Proben bestehen aus einem Polyamid 66 (PA66-GF) (TECHNYL A216 V30 Black 21N von DOMO Chemicals, Leuna, Deutschland), einem Polyamid 6 (PA6-GF) (DOMAMID 6G30 BK, ebenfalls von DOMO Chemicals) und einem Polypropylen (PP-GF) (Scolefin 53 G13-9 von der Ravago Group, Arendonk, Belgien). Alle Polymere wurden im Fraunhofer-Institut für Betriebsfestigkeit und Systemzuverlässigkeit LBF spritzgegossen. Die thermische Leitfähigkeit λ der drei in diesem Projekt verwendeten Plastikmaterialien ist in Tabelle 2: Thermische Leitfähigkeiten der drei untersuchten Materialien abgebildet (entnommen von der Webseite matweb.de) [8].

Material	Thermische Leitfähigkeit λ[W/mK]
PA66-GF	0.24-0.25
PA6-GF	0.25
PP-GF	0.27-0.33

Tabelle 2: Thermische Leitfähigkeiten der drei untersuchten Materialien

Ein weiterer Einfluss ist die Umgebungstemperatur auf die Kamera. Um diesen Einfluss zu bestimmen wurde die Kamera in einem Klimaschrank betrieben und auf einen schwarzen Strahler gerichtet, der eine konstante Temperatur von 20°C gehalten hat. Die Temperatur des Klimaschrankes wurde schrittweise um 2,5°C von 17.5°C auf 27.5°C erhöht. In diesem Versuch konnte eine lineare Abhängigkeit der Intensitätswerte von der Umgebungstemperatur nachgewiesen werden. Um besagte Temperaturabhängigkeit zu kompensieren, erfolgt die zyklische Messung der Umgebungstemperatur mit Hilfe eines Temperaturssensors (DHT22). Die gemessenen Intensitätswerte können durch die Anwendung folgender Korrekturformel

$$I_{korr} = I_{mess} - \left(\theta - \theta_{ref}\right) * 10.9286 \frac{1}{K}$$

mit:

I_{korr} = korrigierter Intensitätswert
I_{mess} = gemessener Intensitätswert
θ_{ref} = Referenztemperatur (hier 20°C)
θ = gemessene Temperatur

unter Berücksichtigung der vom DHT22 gemessenen Temperatur korrigiert werden. Auf diese Weise wurde der Einfluss der Umgebungstemperatur auf die Kamera kompensiert. Um potenzielle zeitliche Abhängigkeiten zu minimieren, wird eine zufällige Probenreihenfolge gewählt. Dieser Ansatz zielt darauf ab, Abhängigkeiten in den Daten zu eliminieren und trägt somit zu einer robusten und unbeeinflussten Analyse bei. Durch diese Vorgehensweise konnten unerwünschte Einflüsse in erheblichem Maße reduziert werden.

4. Datenauswertung

Die Datenauswertung ist entscheidend, um die Beziehung zwischen Messdaten und Materialeigenschaften zu verstehen. Sie beginnt mit der Vorverarbeitung, die das Ziel hat, den gewünschten Effekt zu verstärken und Störfaktoren zu reduzieren. Nach dieser Phase kommen verschiedene Methoden des maschinellen Lernens zum Einsatz, um Muster zu erkennen und Daten den entsprechenden Materialien zuzuordnen.
Der erste Schritt der Vorverarbeitung ist die präzise Erfassung der Probenbewegung. Das Förderband transportiert die Proben gleichmäßig, während die Kamera Bilder mit konstanter Rate aufnimmt, was die exakte Bestimmung der Pixelverschiebung – die Distanz, die eine Probe zwischen zwei Aufnahmen zurücklegt – erlaubt. Sobald Proben aus dem Sichtfeld rücken, wird für jeden Probenpixel eine Kühlkurve erstellt. Die zeitliche Auflösung der Abkühlkurven ist abhängig von der Bandgeschwindigkeit und der Bildrate. Da Pixelverschiebungen oft keine ganzen Zahlen sind, kommt lineare Interpolation zum Einsatz, um die Genauigkeit beim Erstellen der Kühlkurven zu verbessern.
Die gesamte Abkühlkurve wird durch ein Polynom approximiert, wobei synthetische Daten entstehen, die das thermische Verhalten wiedergeben und Störungen reduzieren, wie von Shepard et al. [9] vorgeschlagen. Diese Datenverarbeitung erhöht die Effizienz und verringert den Speicherbedarf, was besonders für die schnelle Sortierung von Kunststoffen wichtig ist. Auch Artefakte wie Kamerareflexionen, die die Messergebnisse verfälschen können, werden so reduziert. Die schnelle Fourier-Transformation (FFT) wird auf die Kühlkurven angewandt, um Materialien anhand ihrer thermischen Reaktion zu differenzieren, wie von Maldague & Marinetti [10] vorgeschlagen.
Verschiedene Merkmale wurden im Hinblick auf ihre Relevanz für das maschinelle Lernmodell bewertet. Zusätzlich zu den FFT-bezogenen Merkmalen hat sich die Berechnung der relativen Temperaturabfälle als nützlich erwiesen. Hierbei wurden verschiedene Zielbilder in Bezug auf das Anfangsbild gesetzt. Ein Beispiel für verschiedene Materialien in Abbildung 3 dargestellt. Die folgenden Merkmale wurden als am bedeutendsten identifiziert und als Eingabe für das maschinelle Lernmodell ausgewählt:

- FFT-Amplitude (erste 10 Frequenzbins nach DC)
- FFT-Phase (erste 10 Frequenzbins nach DC)
- relativer Temperaturabfall für Zielbilder 10, 20, 50, 80 und 90
- zwei Polynomkoeffizienten (Polynom erster Ordnung im logarithmischen Bereich)

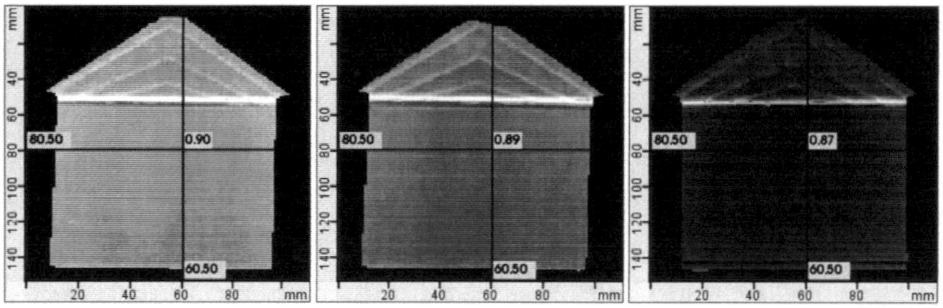

Abbildung 3: Relativer Temperaturabfall für PA66-GF, PA6-GF und PP-GF Proben, Zielbild 80 [6]

Um ein maschinelles Lernmodell zu erstellen, welches in der Lage ist, zwischen den drei zu untersuchenden schwarzen Materialien zu unterscheiden, wird der Datensatz in Trainings- und Validierungsdaten aufgeteilt. Der Validierungsdatensatz beinhaltet drei vollständige Proben, die für jedes Material ausgewählt wurden. Als Klassifikationsmodell wurde mit der Python Bibliothek Scikit-learn (Version 1.2.2) [11] eine Pipeline erstellt, die eine Standardskalierung und anschließend eine lineare Diskriminanzanalyse (LDA) [12] enthält. Diese überwachte Methode der multivariaten Statistik hat gegenüber „Blackbox" Ansätzen wie eines neuronalen Netzes den großen Vorteil, dass jede Klassifikationsentscheidung nachvollziehbar und vollständig erklärbar ist. Insbesondere wenn bisher keine eindeutigen Beweise dafür vorliegen, dass ein neues Verfahren die Aufgabe erfolgreich bewältigen kann, ist es ratsam, erklärbare Methoden zu verwenden.

5. Ergebnis

Bei Anwendung der Pipeline auf den Datensatz wird eine Projektion der 27 Merkmale auf zwei neue kanonische Variablen erstellt, wodurch die Trennung zwischen den Klassen maximiert wird. Durch die Darstellung in einer Konfusionsmatrix aus den Vorhersageergebnissen des Modells kann erkannt werden, welche und wie viele Klassifizierungen fehlerhaft waren. Wie in Abbildung 4 links zu sehen ist, führte die pixelweise Klassifizierung bereits zu einem guten Ergebnis, da keine Fehlklassifikationen für Polypropylen vorlagen und nur wenige zwischen beiden Polyamid Materialien auftraten. Da eine pixelweise Sortierung nicht praktikabel ist, wird im nächsten Schritt eine Objekterkennung für einzelne Proben durchgeführt und eine Mehrheitsentscheidung für jede Probe getroffen. Die Abbildung 4 zeigt rechts, dass mit diesem Ansatz eine fehlerfreie Klassifikation der drei Materialien durchgeführt werden konnte.

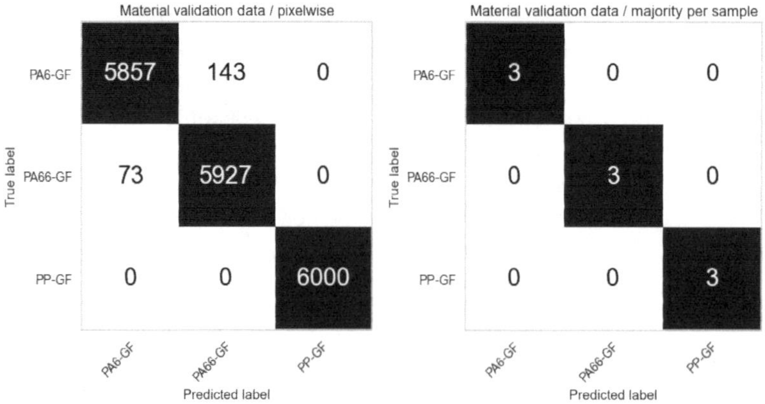

Abbildung 4: Konfusionsmatritzen: links: pixelweise, rechts Mehrheitsentscheid pro Objekt

Für die Klassifizierung ist es immer noch wichtig, die pixelweisen Vorhersagen als Grundlage zur Verbesserung des Modells und zur Bewertung der Ergebnisse zu betrachten. Um die Genauigkeit der vorhergesagten Ergebnisse zu messen, wird häufig der F1-Score verwendet, der „precision“ und „recall“ kombiniert [13] und somit eine umfassende Aussage über das Klassifikationsergebnis darstellt. In der Abbildung 5 wird die Darstellung der pixelweisen Ergebnisse in diesen drei häufig verwendeten Bewertungskriterien gezeigt. Es konnte ein F1-Score von mindestens 0,982 erreicht werden. Herausforderungen in Bezug auf die Vorhersagegenauigkeit sind nur zwischen den Materialien PA6-GF und PA66-GF zu beobachten, die sehr ähnliche physikalische und chemische Eigenschaften aufweisen. Die Unterscheidung zwischen PA6-GF/PA66-GF und PP-GF kann jedoch fehlerfrei mit einem F1-Score von 100% durchgeführt werden.

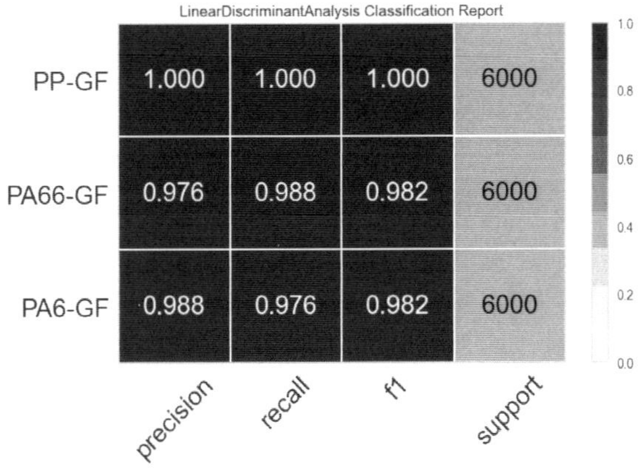

Abbildung 5: Pixelweiser F1-Score der Ergebnisse der Validierungsdaten

6. Zusammenfassung und Ausblick

In dieser Arbeit wurden schwarze Kunststoffmaterialien (PA6-GF, PA66-GF, PP-GF) mittels aktiver Thermographie klassifizieren. Es wurde ein Setup entwickelt, das stabile und präzise Messungen ermöglicht. Alle Einflussfaktoren wurden identifiziert, klassifiziert und teilweise kompensiert mit dem Ziel, unbekannte und unerwünschte Einflüsse zu reduzieren. Durch iterative Verbesserungen wurden Vorverarbeitungstechniken und Merkmalsextraktionen entwickelt, die die wichtigsten Informationen konzentrieren. Ein maschineller Lernalgorithmus wurde trainiert, welcher alle Validierungsproben korrekt klassifizieren konnte. Dadurch konnte gezeigt werden, dass die Nutzung dieser Technologie eine Verbesserung gegenüber dem aktuellen Stand der Technik ermöglicht.

Die nächsten Schritte umfassen die Verwendung dieser Laboreinrichtung und des gewonnenen Wissens, um sukzessive weitere reale Einflussfaktoren hinzuzufügen, die zuvor ausgeschlossen wurden (z.B.: unterschiedliche Probengeometrien). Die Kamera kann durch ein Exemplar mit schnellerer Bildrate ersetzt werden, um die Bandgeschwindigkeit zu erhöhen. Eine Kamera mit höherer Auflösung kann auch die Qualität und Präzision der Analyse verbessern. Um Selbstrelexionseffekte der Kamera zu reduzieren, kann die Kamera unter einem Winkel statt vertikal angebracht werden. Hierbei müssen die Daten anschließend mit einer Transformationsmatrix entzerrt werden. Ebenso findet die Fusion der aktiven Thermographie im Projekt »Waste4Future« [5] in einen Demonstrator einschließlich anderer Modalitäten statt, um einen multimodalen Sortierer für Kunststoffmaterialien zu schaffen. Wie in dieser Arbeit gezeigt wurde, ist der Ansatz der aktiven Thermographie in der Lage, die Genauigkeit der Klassifizierung von schwarzen Kunststoffen zu erhöhen.

Referenzen

[1] EC: *Circular Economy action plan*. URL https://environment.ec.europa.eu/strategy/circular-economy-action-plan_en – Überprüfungsdatum 2023-11-23

[2] CHEN, Xiaozheng ; KROELL, Nils ; FEIL, Alexander ; PRETZ, Thomas: *Determination of the composition of multilayer plastic packaging with NIR spectroscopy*. In: *Detritus* 13 (2020), S. 62–66

[3] ROZENSTEIN, Offer ; PUCKRIN, Eldon ; ADAMOWSKI, Jan: *Development of a new approach based on midwave infrared spectroscopy for post-consumer black plastic waste sorting in the recycling industry*. In: *Waste management* 68 (2017), S. 38–44. URL https://www.sciencedirect.com/science/article/pii/S0956053X17305160

[4] MASOUMI, Hamed ; SAFAVI, Seyed Mohsen ; KHANI, Zahra: *Identification and classification of plastic resins using near infrared reflectance*. In: *International Journal of Mechanical Sciences* 6 (2012), S. 213–220

[5] W4F: *Waste 4 Future*. URL https://www.waste4future.fraunhofer.de

[6] SCHMITZ, Kevin ; SHPAKOVA, Nina ; KELLER, Andreas ; NETZELMANN, Udo: Classification of black plastic using active thermography, Bd. 10. In: Lehrstuhl für Anthropogene Stoffkreisläufe und Lehr- und Forschungsgebiet Aufbereitung mineralischer Rohstoffe (Hrsg.): *Sensor-Based Sorting & Control* : Shaker, 2024, S. 195–215

[7] JONES ROGER W. ; MCCLELLAND JOHN F.: *Transient infrared emission spectroscopy*. In: *Analytical chemistry* 61 (1989), Nr. 7, S. 650–656

[8] MATWEB. URL https://www.matweb.com/index.aspx – Überprüfungsdatum 2023-11-23

[9] SHEPARD, S. M. ; AHMED, T. ; RUBADEUX, B. A. ; WANG, D. ; LHOTA, J. R.: *Synthetic processing of pulsed thermographic data for inspection of turbine components*. In: *Insight: Non-Destructive Testing and Condition Monitoring* 43 (2001), S. 587–589

[10] MALDAGUE, Xavier. ; MARINETTI, Sergio: *Pulse phase infrared thermography*. In: *Journal of Applied Physics* (1996), Nr. 79, S. 2694–2698

[11] PEDREGOSA, F. ; VAROQUAUX, G. ; GRAMFORT, A. ; MICHEL, V. ; THIRION, B. ; GRISEL, O. ; BLONDEL, M. ; PRETTENHOFER, P. ; WEISS, R. ; DUBOURG, V. ; VANDERPLAS, J. ; PASSOS, A. ; COURNAPEAU, D. ; BRUCHER, M. ; PERROT, M. ; DUCHESNAY, E.: *Scikit-learn: Machine Learning in Python*. In: *Journal of Machine Learning Research* 12 (2011), S. 2825–2830

[12] FISHER, R. A.: *The use of multiple measurements in taxonomic problems*. In: *Annals of Eugenics* 7 (1936), Nr. 2, S. 179–188

[13] FAWCETT, Tom: *An introduction to ROC analysis*. In: *Pattern Recognition Letters* 27 (2006), Nr. 8, S. 861–874. URL https://www.sciencedirect.com/science/article/pii/S016786550500303X – Überprüfungsdatum 2023-11-23

Analyse des Abschwächungsverhaltens verschiedener Verstärkungsfasern gegenüber Röntgenstrahlung

Mike KORNELY [1], Marc KREUTZBRUCK [1]
[1] Institut für Kunststofftechnik, Universität Stuttgart, Stuttgart, Deutschland,
mike.kornely@ikt.uni-stuttgart.de

Kurzfassung. Kurzfaserverstärkte Kunststoffe werden aufgrund ihrer guten gewichtsspezifischen Eigenschaften und der kostengünstigen Herstellung großer Stückzahlen immer häufiger als Substitutionswerkstoff für metallische Werkstoffe eingesetzt. Die Orientierung dieser Verstärkungsfasern ist hierbei ausschlaggebend für die späteren mechanischen Eigenschaften des Bauteils. Der Herstellungsprozess und die Geometrie des Bauteils haben dabei einen maßgeblichen Einfluss auf die Faserorientierung. Die messtechnische Bestimmung der Faserorientierung in Kunststoffbauteilen kann, neben der Analyse von Schliffbildern im zweidimensionalen Raum, auch dreidimensional mittels Computertomografie stattfinden. Die Detektion der wenigen Mikrometer dicken Verstärkungsfasern erfordert allerdings eine Probengröße, die in der Regel deutlich unter der Bauteilgröße liegt, da mehrere Voxel entlang der Faserdicke für eine Bildgebung notwendig sind. Dies führt dazu, dass mit herkömmlichen CT-Systemen die Faserorientierung nur zerstörend, an lokalen Stellen im Bauteil bestimmt werden kann.
Am Institut für Kunststofftechnik wird ein Ansatz verfolgt, mit dem das Volumen von zu prüfenden Bauteilen zukünftig deutlich vergrößert werden kann. Dieser Ansatz nutz einen geringen Anteil von stark abschwächenden, sogenannten Tracerfasern, um auf die Orientierung der umliegenden Verstärkungsfasern zu schließen. Die Tracerfasern ermöglichen durch den Partialvolumeneffekt eine Faserdetektion mit Voxelgrößen deutlich über dem Faserdurchmesser, wodurch das Prüfvolumen erheblich vergrößert werden kann. In dieser Arbeit, werden unterschiedliche, geeignete Tracerfasern auf ihr Abschwächungsverhalten untersucht. Neben einer hohen Abschwächung müssen die Tracerfasern ein mechanisch ähnliches Verhalten zu konventionellen Verstärkungsfasern aufweisen, damit nach dem Herstellprozess von der Orientierung der Tracerfaser auf die Orientierung der Verstärkungsfaser geschlossen werden kann. Die Quantifizierung der Abschwächung der Tracerfasern erfolgt über das Kontrast-Rausch-Verhältnis.

Keywords: Faserverstärkte Kunststoffe, Röntgen, Computertomografie, Abschwächung, Faserorientierung

Einführung

Aufgrund des geringen Gewichts bei gleichzeitig ausreichend hoher Steifigkeit und Festigkeit finden kurzfaserverstärkte Kunststoffe verstärkt Anwendung in mechanisch hoch belasteten Bauteilen. Die Fasermorphologie (Orientierung, Länge und Anteil) der Fasern ist ausschlaggebend für die Festigkeit und Steifigkeit, insbesondere an kritischen Bauteilstellen, wie Bindenähten oder Querschnittsveränderungen. Auch eine Kombination der drei Aspekte

(Orientierung, Länge und Anteil) kann lokal zu verminderter mechanischer Belastbarkeit führen. Für die Bauteilvorhersage, Berechnung und Qualitätssicherung ist es unabdingbar, diese Kennwerte zu bestimmen. In der Realität wird dies oftmals empirisch bewerkstelligt, wodurch es zum Versagen von Bauteilen an Bindenähten, geometrischen Übergängen (Verjüngungen, Verrippungen etc.) oder Bereichen mit Krafteinleitung kommen kann. Dieser Sachverhalt zieht sich durch sämtliche Industriezweige in denen faserverstärkte Kunststoffe mittels des Spritzgießprozesses verarbeitet werden (Automotiv, Transport, Medizin, Luft- und Raumfahrt).

Ausschlaggebend für die Fasermorphologie von insbesondere Spritzgießbauteilen ist die Prozessführung und hier vor allem die Auslegung von Werkzeugen hinsichtlich der Fließwege der Kunststoffschmelze, der Bindenähte, der Dickenübergänge sowie generell die Bauteildicke. Zusätzlich kann die Fasermorphologie durch eine Variation der Prozessparameter beeinflusst werden und somit letztendlich auch die Eigenschaften des Bauteils. Das Füllverhalten von Werkzeugen und die Faserorientierung können durch Simulationsprogramme berechnet werden. Zur Validierung dieser Simulationen und zur generellen Bestimmung der Faserorientierung können zwei unterschiedliche Methoden, die Schliffbildanalyse und die Analyse mittels Computertomografie (CT), genutzt werden [1]. Hierbei weisen beide Verfahren Vor- und Nachteile auf. Auch wenn die CT schnellere und gegenüber dem Schliffbild präzisere Analysen erlaubt, liegt ihr wesentlicher Nachteil im möglichen Prüfvolumen. Aufgrund der beschränkten Detektorauflösung, des geringen Faserdurchmessers von 5 µm bis wenige 10 µm und dem geringen Kontrast zwischen Kunststoff und Glas- oder Kohlenstofffaser ist der Durchmesser der Probe für Standard-CTs auf einige wenige Millimeter beschränkt. Hier soll ein Ansatz vorgestellt werden, mit dem größere Proben bzw. gesamte Bauteile mittels Computertomografie untersucht werden können.

1. Grundlagen und Stand der Technik

1.1 Faserverstärkte Kunststoffe

Die Verwendung von faserverstärkten Kunststoffen bringt eine erhebliche Steigerung der Festigkeits- und Steifigkeitseigenschaften von Spritzgießbauteilen mit sich. Zum Einsatz kommen vor allem Glas- oder Kohlenstofffasern, die als Endlosfasern hergestellt, zugeschnitten und über einen Compoundierprozess dem Kunststoff als Verstärkungskomponente zugegeben werden. Der so hergestellte Kunststoff kann anschließend über Spritzgießprozesse zu hochbelastbaren Bauteilen weiterverarbeitet werden. Der Anteil an Verstärkungsfasern im Bauteil liegt hier in der Regel bei 10 – 50 Volumenprozent. Auch wenn die Faserverteilung im fertigen Bauteil homogen erscheint, liegen über das gesamte Bauteil anisotrope Werkstoffeigenschafen vor. Diese sind durch die lokal unterschiedliche Fasermorphologie (Orientierung, Länge und Anteil) gegeben. Fasern übertragen Zugkräfte entlang ihrer Längsrichtung und die übertragbaren Kräfte steigen mit der Faserlänge an. Durch Verarbeitungsprozesse brechen bspw. Glasfasern, was zu einer sinkenden Längenverteilung führt. Die Faserorientierung im Bauteil entsteht durch die Fließwege im Bauteil und ist außerdem von Prozessparametern wie Druck, Temperatur und Einspritzgeschwindigkeit abhängig. Zu sehen ist dies in Abb. 1. Am Werkzeugrand bildet sich eine Faserorientierung in Strömungsrichtung aus, während in der Bauteilmitte eine Faserorientierung senkrecht zur Strömungsrichtung vorliegt. Treffen zwei Fließfronten aufeinander oder das Bauteil hat große Dickensprünge, entstehen nicht lastpfadgerechte Faserorientierungen. Durch eine gute Werkzeugauslegung können diese

Stellen in Bauteilbereiche gelegt werden, die unkritisch bzgl. der mechanischen Belastung sind.

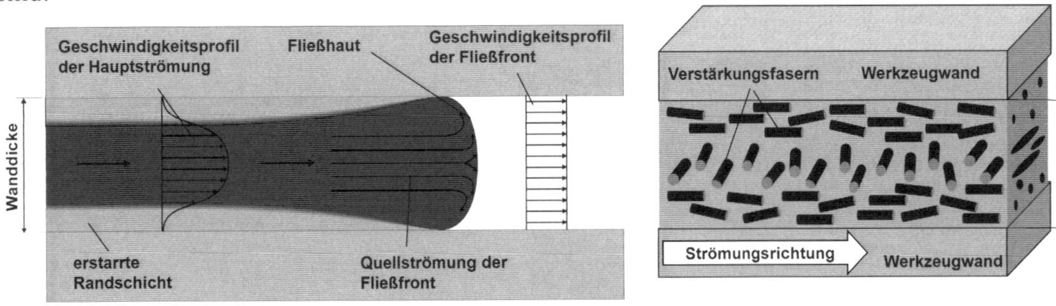

Abb. 1: Fließfront in einem Spritzgießprozess (links) [2] und Faserorientierung im Bauteil nach dem Erstarren der Schmelze (rechts)

1.2 Computertomografie und Faserorientierung

Eine Faserorientierungsbestimmung mittels Computertomografie ist an glasfaserverstärkten Bauteilen keine Neuheit und kann mit handelsüblichen Micro-CT Systemen durchgeführt werden. Die Dicke der Glasfaser liegt bei 10 - 20 µm und durch die chemische Zusammensetzung von Glas (SiO_2, CaO, Al_2O_3 etc.) entsteht im Röntgenbild ein Kontrast zur Kunststoffmatrix (C, H, N, O etc.) der mit gängigen Systemen eine Segmentierung der Glasfaser bei Voxelgrößen im Bereich von 3 - 5 µm ermöglicht. Diese erforderliche Voxelgröße begrenzt den Durchmesser der zu untersuchenden Bauteile auf einstellige bis maximal wenige zweistellige Millimeterbereiche. Technische Möglichkeiten um die Faserorientierung auch in großvolumigen Bauteilen zu detektieren existieren z.B. mit der Region of Interest Computertomografie (ROI-CT) [3, 4], der Laminografie [5–7] oder mit zweistufigen Systemen [8, 9], bei denen hinter dem Szintillator eine weitere Vergrößerungsoptik verbaut ist. Nachteil bei diesen Verfahren ist, dass im Bauteil nur lokal Stellen mit einer hohen Vergrößerung untersucht werden können und keine globale Aussage möglich ist. Außerdem werden sehr lange Belichtungszeiten benötigt (ROI-CT), es können nur großflächige Bauteile und keine großvolumigen Bauteile untersucht werden können (Laminografie) oder die Systeme sind, aufgrund der Komplexität, sehr teuer.

Am Institut für Kunststofftechnik (IKT) wird eine weitere Möglichkeit untersucht, um im gesamten, kurzfaserverstärkten Bauteil eine Faserorientierung mittels konventioneller Kegelstrahl CT zu bestimmen. Dafür werden dem Bauteil im Herstellungsprozess wenige, stark abschwächende Tracerfasern hinzugefügt. Diese erhöhen den Kontrast zwischen Faser und Matrix und führen dazu, dass Fasern auch mit größerer Voxelgröße detektiert werden können. Werden sehr stark abschwächende Tracerfasern genutzt, kann aufgrund des Partialvolumeneffekte sogar eine Detektion der Faser bei Voxelgrößen größer als der Faserdurchmesser geschehen. Das Prinzip ist in Abb. 2 dargestellt. Bei der Glasfaser kann kein Kontrastunterschied zwischen den Pixeln mit der projizierten Glasfaser (Pixel 7, 8 und 9) und den umliegenden Pixeln festgestellt werden, während dies bei der Tracerfaser möglich ist. Nagura et al. [10] haben in Ihrer Arbeit eine Nickelbeschichtung als Tracer auf Kohlenstofffasern aufgebracht, um das Kontrast-Rausch-Verhältnis (CNR) zwischen Kohlenstofffaser und Kunststoffmatrix zu erhöhen, wodurch eine bessere Detektierung ermöglicht wurde. Hier konnte auch gezeigt werden, dass die beschichteten Kohlenstofffasern mit niedriger Auflösung, also mit größerer Voxelgröße, noch detektiert werden können. Ein Problem stellt hierbei allerdings der allgemein relativ hohe Anteil an Verstärkungsfasern im Kunststoff dar (10-50 Vol.-%). Werden alle Verstärkungsfasern durch stark abschwächende Tracerfasern ersetzt, ist der Abstand zwischen den Tracerfasern so gering, dass keine Segmentierung gegenüber der Matrix möglich ist (vgl. Abb. 2 rechts).

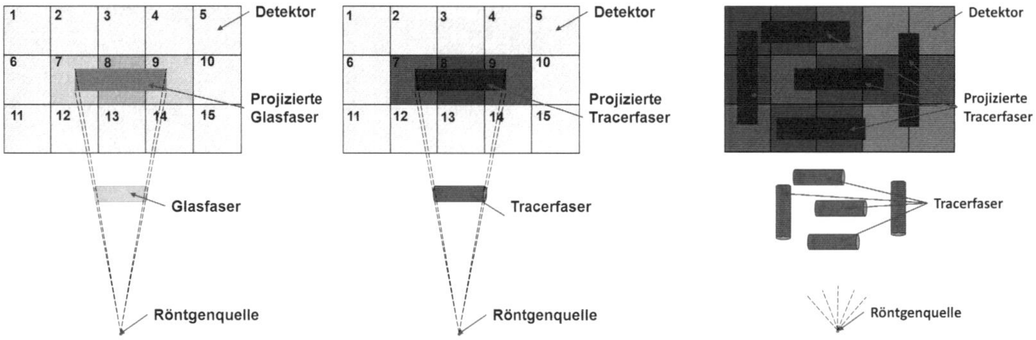

Abb. 2: Partialvolumeneffekt bei einer normalen Glasfaser (links), einer stark abschwächenden Tracerfaser (Mitte) und mehreren stark abschwächenden Tracerfasern.

Für den Ansatz der am IKT verfolgt wird, wird deswegen nur ein geringer Anteil an Tracerfasern zu den bestehenden Verstärkungsfasern hinzugegeben. Im CT werden diese einzelnen Tracerfasern dann detektiert und segmentiert, um anschließend von der Orientierung der Tracerfaser auf die umliegenden Verstärkungsfasern zu schließen.

2. Versuchsaufbau und Durchführung

2.1 Tracerfasern

Im ersten Schritt müssen geeignete Tracerfasern gefunden werden, welche die Ansprüche an die Aufgabe erfüllen. Die Eigenschaft, welche die Faser für eine geeignete Tracerfaser erfüllen muss, sind folgend kurz erläutert:

1. Hohe Abschwächung gegenüber Röntgenstrahlung: Eine hohe Abschwächung sorgt für eine Verbesserung des CNR zwischen Tracerfaser und Matrix
2. Ähnliches Längen- zu Durchmesserverhältnis (L/d-Verhältnis) wie konventionelle Verstärkungsfasern: Das L/d-Verhältnis ist neben der Viskosität und der Bauteilgeometrie der maßgebliche Einflussfaktor auf die Orientierung der Fasern. Wenn Tracerfaser und konventionelle Verstärkungsfaser die gleiche Orientierung haben sollen, muss das L/d-Verhältnis möglichst identisch sein.
3. Ähnliche Steifigkeit wie konventionelle Verstärkungsfasern: Im Verarbeitungsprozess entstehen hohe Drücke. Verstärkungsfasern können durch ihre hohe Steifigkeit dem Druck im Prozess widerstehen und bleiben sehr gerade. Hat die Faser keine ausreichende Steifigkeit liegt sie nach dem Verarbeitungsprozess ungerade bzw. wellig im Bauteil.
4. Verarbeitbarkeit mit Kunststoffmaschinen möglich (Spritzgießen und Compoundieren): Die Kunststoffverarbeitung arbeitet im Temperaturbereich von 200-300 °C, wobei im Prozess sehr hohe Scherkräfte wirken. Die Scherkräfte führen zu einem Brechen der Fasern, wodurch sich die Längenverteilung der Fasern reduziert. Brechen die Tracerfasern im Prozess zu stark, können Sie nicht für eine Orientierungsbestimmung genutzt werden.
5. Verfügbarkeit: Die Fasern müssen in ausreichender Menge und Form zur Verfügung stehen.

Nachfolgende Tabelle 1 zeigt vier mögliche Tracerfaser, die diese Anforderungen erfüllen sowie eine konventionell eingesetzte Glasfaser als Vergleich. Alle Fasern mit Ausnahme der Bleiglasfaser sind kommerziell erhältlich. Die Bleiglasfaser wurde auf Anfrage in kleiner Menge vom Institut für Glastechnik (IGT) der TU Bergakademie Freiberg zur Verfügung gestellt. Die chemische Zusammensetzung der Fasern basiert auf Literaturwerten [11, 12] oder Herstellerangaben [13] und kann je nach Hersteller abweichen, weshalb auf genaue Masseanteile verzichtet wird. Die aufgeführten Verbindungen nehmen in ihrem Anteil in Aufzählungsreihenfolge ab.

Tabelle 1: Übersicht und Eigenschaft der untersuchten Tracerfaser

Bezeichnung Tracerfaser	**Dichte in g/cm³**	**Chemische Zusammensetzung**	**Dicke in µm**	**Faserlänge in mm**	**Anbieter/Type**
Glasfaser	2,6	SiO_2, Al_2O_3, CaO, MgO, B_2O_3,	16	Endlos	John Mansville/ StarRov
Basaltfaser	2,66	SiO_2, Al_2O_3, Fe_2O_3, MgO, CaO, Na_2O, TiO_2, K_2O	17	6 mm	Basaltex/ BCS17-6.35-KV18
Kohlenstofffaser mit Nickelbeschichtung	2,64	C, Ni	7,2	6 mm	ConductiveComposites/ CC1CH-6S3
AR-Glasfaser	2,68	SiO_2, ZrO_2, Na_2O, CaO, MgO	20	6 mm	DuraPact/ Ar-Force D-6
Bleiglasfaser	2,68	SiO_2, ZrO_2, PbO, Na_2O, K_2O, Li_2O	21	Endlos	Hergestellt vom IGT Freiberg

2.2 Prüfkörperherstellung und Röntgenparameter Durchstrahlung

Um die Tracerfasern auf ihre Abschwächungseigenschaften untersuchen zu können, wird ein Prüfkörper hergestellt, der von jeder Tracerfaser genau eine Faser enthält. Hierfür wird mit Stereolithografie ein Kunststoffrahmen gedruckt, auf den die Fasern mit Hilfe eines Makroskops und Pinzetten aufgeklebt werden (vgl. Abb. 3). Zur Fixierung und um einen Kontrast zu einem Matrixmaterial zu erhalten, wird der Prüfkörper anschließend mit Epoxidharz unter Vakuum ausgegossen. Anschließend wird der Prüfkörper auf eine Dicke von 7 mm planparallel geschliffen und mit einer Yxlon FF20 CT, mit 190 kV Transmissionsröhre und Varex 2530 HE Detektor analysiert. Vorab werden die Röntgenparameter variiert, um das beste CNR bei akzeptabler Belichtungszeit zu erzielen. Den größten Einfluss hat hierbei die Spannung. Diese sollte möglichst klein gewählt werden, um den maximalen Kontrast zwischen Matrix und Faser zu erzielen. Das bei niedriger Spannung höhere Rauschen fällt hierbei weniger stark ins Gewicht. Um den Einfluss der Integrationszeit auf das CNR zu bestimmen, wurden Röntgenbilder mit 1, 3, 6 und 10 Bildintegrationen durchgeführt.

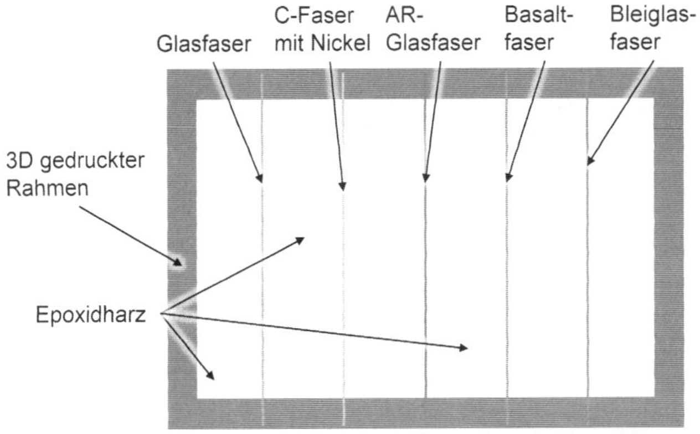

Röntgenparameter	
Spannung	50 kV
Stromstärke	115 µA
FOD	25 mm
FDD	600 mm
Detektormodus	0,5 pF VG1
Belichtungszeit	1 s
Integrationen	1, 3, 6, 10
Pixelgröße	5,8 µm

Abb. 3: Prüfkörper mit einzelnen Tracerfaser in Epoxidharz und Parameter der Röntgenprüfung

Die erzeugten 16-bit .tif-Bilder werden anschließend mit MatLab ausgewertet und das CNR zwischen jeder Faser zur umgebenden Matrix berechnet. Das CNR berechnet sich hierbei mit nachfolgender Formel:

M_{Matrix}: *Mittelwert Grauwert Matrix*
M_{Faser}: *Mittelwert Grauwert Faser*
σ_{Noise}: *Standardabweichung Matrix*

$$CNR = \frac{M_{Matrix} - M_{Faser}}{\sigma_{Noise}}$$

Dafür werden der Mittelwert (M_{Matrix}) und die Standardabweichung (σ_{Noise}) in einem 9 x 9 Pixel großem Bereich neben den Fasern bestimmt. Da die Faser nur ein bis drei Pixel im Durchmesser ist, kann hier nicht einfach ein Bereich für die Mittelwertbestimmung M_{Faser} festgelegt werden. Aus diesem Grund werden Bereiche im Röntgenbild festgelegt durch den die Tracerfaser verläuft. In diesem Bereich werden zeilenweise die minimalen Grauwerte bestimmt und anschließend für den Bereich gemittelt, um einen Wert für das Fasersignal zu erhalten.

3. Ergebnisse

In Abb. 4 ist ein Röntgenbild (6 Bildintegrationen) des Prüfkörper mit den Tracerfasern zu sehen. Während die Tracerfasern im Röntgenbild gut zu erkennen sind, ist die Glasfaser nicht zu erkennen. Somit ist auch ohne eine Betrachtung des CNR schon sicher, dass die Tracerfasern in der Matrix nach einem CT Scan besser zu detektieren sind. In den rot eingezeichneten Bereiche wurde M_{Matrix} und σ_{Noise} bestimmt. In den grünen Bereichen wurde M_{Faser} bestimmt.

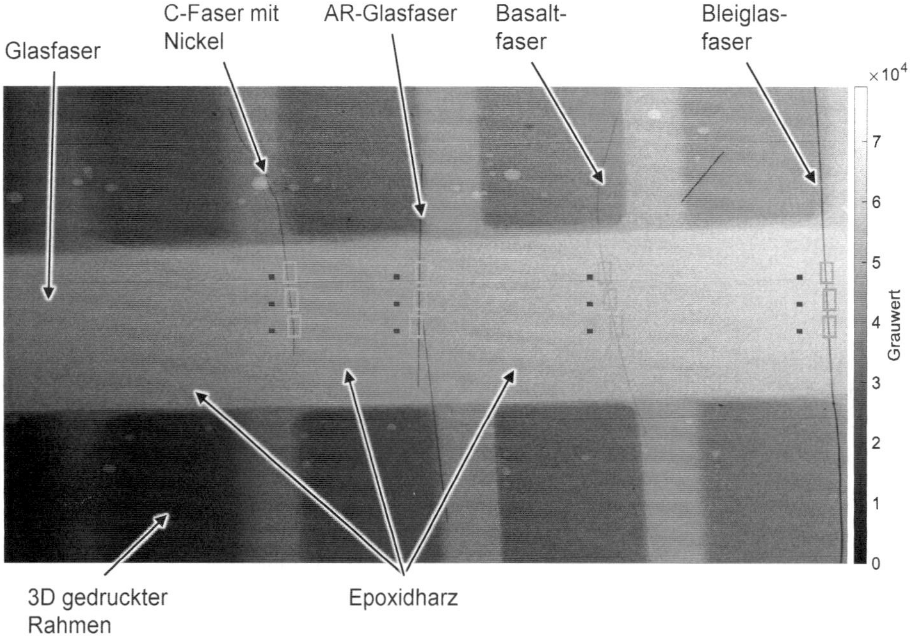

Abb. 4: Röntgenbild (6 Bildintegrationen) des Prüfkörpers mit enthaltenen Tracerfasern. Rot markiert die Bereiche in dem M_{Matrix} und σ_{Noise} bestimmt wurden. Grün die Bereiche in dem M_{Faser} ermittelt wurde.

In Tabelle 2 sind die berechneten CNR Werte aufgeführt, wobei jeder Wert als Mittelwert aus den drei CNR einer Faser gebildet wird. Steht in der Tabelle ein leerer Eintrag, konnte kein sinnvolles CNR gebildet werden. Bei der Glasfaser ist es nicht möglich einen Bereich für die Bestimmung von M_{Faser} festzulegen. Bei den leeren Einträgen der Basaltfaser und der C-Faser mit Nickel, kann der Bereich für die Faserauswertung zwar optisch bestimmt werden, bei einer bzw. drei Bildintegrationen ist das Rauschen allerdings so ausgeprägt, dass das Grauwertminimum nicht im Bereich der Faser, sondern im Bereich der Matrix liegt.

Es ist klar zu erkennen, dass die Bleiglasfaser das höchste CNR liefert. Aber auch die kommerziell erhältliche AR-Glasfaser zeigt ein hohes CNR und ist somit als Tracerfaser geeignet.

Tabelle 2: CNR Werte zwischen Faser und Matrix bei unterschiedlichen Bildintegrationen

	Glasfaser	C-Faser mit Nickel	AR-Glasfaser	Basaltfaser	Bleiglasfaser
1 Integration	-	-	4,51	-	9,01
3 Integrationen	-	4,70	8,57	-	12,7
6 Integrationen	-	7,35	10,86	4,53	17,86
10 Integrationen	-	7,94	12,91	5,53	21,14

4. Fazit und Ausblick

Es wurde die Eignung verschiedener Fasern für den Einsatz als stark abschwächende Tracerfaser untersucht. Die AR- und Bleiglasfasern zeigen das höchste Abschwächungsverhalten und somit das beste CNR, weshalb sie prinzipiell am besten als Tracerfaser geeignet sind. Ein Nachteil der Bleiglasfasern ist, dass sie nur als Endlosfaser vorliegen und kommerziell nicht verfügbar sind. Auch die anderen Anforderungen an die Tracerfaser (L/d-Verhältnis und Steifigkeit) konnten bis jetzt erst qualitativ analysiert werden und müssen über weitere Prüfkörper und Messungen validiert werden.

Erste vielversprechende CT-Messungen (12 µm Voxelgröße) an spritzgegossenen Bauteilen mit einem Glasfaservolumenanteil von 20 Vol.-% und Tracerfasern wurden bereits durchgeführt und sind als Ausblick in Abb. 5 gezeigt. Eine Grenzwertsegmentierung der Tracerfasern aus der Matrix ist gut möglich und die Ausrichtung der Fasern zeigt das erwartete Orientierungsverhalten. Hier müssen in weiterführenden Arbeiten die Grenzen des Verfahrens in Bezug auf Auflösung, Genauigkeit und Glasfaservolumen ermittelt werden.

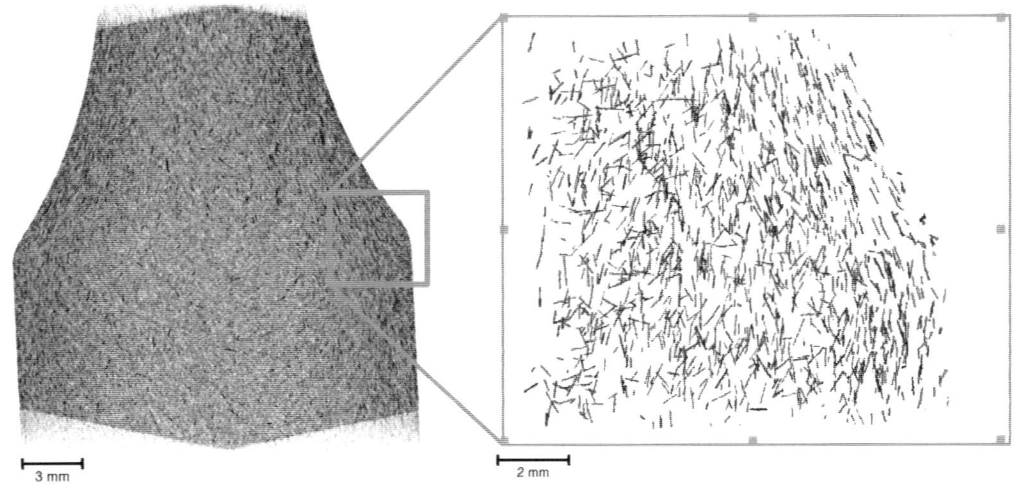

Abb. 5: *Erste CT-Messung an spritzgegossenen, glasfaserverstärkten Zugstäben mit Tracerfasern. Darstellung der Zugstabschulter im Schnitt und vergrößert die über Grenzwertsegmentierung gelabelten Tracerfasern im Volumen.*

Referenzen

[1] Willems, F., Beerling, J.-F., Metayer, M., Kreutzbruck, M., Bonten, C. Bestimmung der Faserorientierung langglasfaserverstärkter Thermoplaste mittels bildoptischer Analyse und Computertomografie. Berlin: DGZfP, 2018. DGZfP-Berichtsband BB. Bd. 166. ISBN 978-3-940283-92-4.

[2] Bonten, C. Kunststofftechnik: Einführung und Grundlagen. München: Hanser, 2020. ISBN 9783446464711.

[3] ZABLER, S., K. SCHLADITZ, K. DREMEL, J. GRAETZ UND D. DOBROVOLSKIJ. Region-of-Interest X-Ray Tomography for the Non-Destructive Characterization of Local Fiber Orientation in Large Fiber Composite Parts. In: *Key Engineering Materials,* 2019. **809**, S. 587–593. Doi:10.4028/www.scientific.net/KEM.809.587

[4] BARANOWSKI, T., D. DOBROVOLSKIJ, K. DREMEL, A. HÖLZING, G. LOHFINK, K. SCHLADITZ UND S. ZABLER. Local fiber orientation from X-ray region-of-interest computed tomography of large fiber reinforced composite components. In: *Composites Science and Technology,* 2019. **183**, S. 107786. Doi:10.1016/j.compscitech.2019.107786

[5] KOJIMA, Y., H. KIMURA, D. SETOYAMA, M. KAMIYAMA, T. HIRAI UND T. KANO. Synchrotron radiation X-ray laminography of internal damage in short-fiber-reinforced polyamide 6 under cyclic tensile loading. In: *Polymer Testing,* 2023. **128**, S. 108242. Doi:10.1016/j.polymertesting.2023.108242

[6] MOFFAT, A.J., P. WRIGHT, L. HELFEN, T. BAUMBACH, G. JOHNSON, S.M. SPEARING UND I. SINCLAIR. In situ synchrotron computed laminography of damage in carbon fibre–epoxy [90/0]s laminates. In: *Scripta Materialia,* 2010. **62**(2), S. 97–100. Doi:10.1016/j.scriptamat.2009.09.027

[7] WOOD, C.E., N. O'BRIEN, A. DENYSOV UND T. BLUMENSATH. Computed Laminography of CFRP Using an X-Ray Cone-Beam and Robotic Sample Manipulator Systems. In: *IEEE Transactions on Nuclear Science,* 2019. **66**(3), S. 655–663. Doi:10.1109/TNS.2019.2895910

[8] EMERSON, M.J., K.M. JESPERSEN, A.B. DAHL, K. CONRADSEN UND L.P. MIKKELSEN. Individual fibre segmentation from 3D X-ray computed tomography for characterising the fibre orientation in unidirectional composite materials. In: *Composites Part A: Applied Science and Manufacturing,* 2017. **97**, S. 83–92. Doi:10.1016/j.compositesa.2016.12.028

[9] SIETINS, J.M., J.C. SUN UND D.B.K. JR. Fiber orientation quantification utilizing X-ray micro-computed tomography. In: *Journal of Composite Materials,* 2021. **55**(8), S. 1109–1118. Doi:10.1177/0021998320962555

[10] NAGURA, A., K. OKAMOTO, K. ITOH, Y. IMAI, D. SHIMAMOTO UND Y. HOTTA. The Ni-plated carbon fiber as a tracer for observation of the fiber orientation in the carbon fiber reinforced plastic with X-ray CT. In: *Composites Part B: Engineering,* 2015. **76**, S. 38–43. Doi:10.1016/j.compositesb.2015.02.009

[11] EHRENSTEIN, G.W. *Faserverbund-Kunststoffe: Werkstoffe - Verarbeitung - Eigenschaften.* München: Hanser, 2006. Hanser eLibrary. ISBN 9783446457546.

[12] DEÁK, T. UND T. CZIGÁNY. Chemical Composition and Mechanical Properties of Basalt and Glass Fibers: A Comparison. In: *Textile Research Journal,* 2009. **79**(7), S. 645–651. Doi:10.1177/0040517508095597

[13] CONDUCTIVE COMPOSITES. *Datenblatt: Nickel Coated Fibers (NiFiber),* 2023.

Thermografische Untersuchung der Erwärmung an Rissspitzen in amorphen Thermoplasten

Johannes KAISER [1], Marc KREUTZBRUCK [1]

[1] Institut für Kunststofftechnik, Universität Stuttgart, Stuttgart, Deutschland
Johannes.kaiser@ikt.uni-stuttgart.de

Kurzfassung. Bruchmechanische Methoden in Kombination mit bildgebenden Verfahren bieten die Möglichkeit, das lokale Werkstoffversagen wesentlich genauer zu untersuchen und stellen eine sinnvolle Ergänzung zu Standardprüfverfahren dar. Die unvorhergesehenen Veränderungen der einzelnen spezifischen Kunststoffeigenschaften durch die erhöhten inneren Temperaturänderungen bei der Rissinitiierung sowie Rissfortschritt und die daraus abgeleitete lokale Erweichung können so wesentlich detaillierter betrachtet werden.
Bisherige Untersuchungen zeigen eine hohe Diskrepanz der Ergebnisse aufgrund der verwendeten Messtechnik sowie der Messmethodik. Die Ergebnisse der Veröffentlichungen reichen von wenigen Kelvin Temperaturerhöhung bis hin zu mehreren hundert Kelvin, erlaubten aber keine genaue Lokalisierung der auftretenden Temperaturen. So konnte bisher nicht abschließend geklärt werden, ob die Plastifizierung an der Rissspitze das Risswachstum hemmt oder fördert.
Um dieser Frage nachgehen zu können, wurde ein Versuchsaufbau realisiert, der grundlegende bruchmechanische Parameter ermittelt und in Kombination mit einer hochauflösenden Thermografiekamera sowie einem digitalen 3D-Bildkorrelationssystem auch räumlich und zeitlich aufgelöste Temperaturdaten innerhalb der Bruchprozesszone für jeden Punkt auf der sogenannten Risswiderstandskurv liefern kann.
In einer ersten Versuchsreihe wurde mit dem Prüfaufbau die Temperaturänderung an der Rissspitze für die amorphen Kunststoffe Polycarbonat und Polystyrol für Prüfgeschwindigkeiten zwischen 5 mm/min und 250 mm/min ermittelt. Aufgrund der unterschiedlichen Struktur und der daraus resultierenden unterschiedlichen Anziehungskräfte zwischen den Molekülketten der untersuchten Polymere wurde ein deutlicher Unterschied bei den auftretenden Maximaltemperaturen und den sich ausbildeten Bruchprozesszonen festgestellt.

Keywords: Bruchmechanik, mechanische Charakterisierung, Rissspitzenerwärmung, Thermografie

1. Einleitung

Der Einsatz von Kunststoffen in unzähligen Anwendungsbereichen, wie der Automobilindustrie, der Luftfahrt oder der Verpackungsindustrie für Lebensmittel oder auch Medizinprodukte hat in den letzten Jahren deutlich zugenommen. Durch ihre hohe Designfreiheit und der damit möglichen Funktionsintegration, der vielfältigen Verarbeitungsmöglichkeiten und nicht zuletzt der attraktiveren Preise verschaffen dieser Werkstoffgruppe einen bedeutenden Vorteil gegenüber anderen Werkstoffe. Möchte man das spätere Kunststoffbauteil möglichst ressourceneffizient auslegen, so müssen im Auslegungsprozess auf viele Einflussfaktoren Rücksicht genommen werde. Werden diese berücksichtigt so sind Kunststoffe mit ihren spezifischen Eigenschaften durchaus in der Lage metallische oder keramische Werkstoffe zu ersetzen und somit einen deutlichen Beitrag zur Ressourceneffizienz beizusteuern [1].

Für den Auslegungsprozess sind die mechanischen Eigenschaften von großer Bedeutung. Oftmals werden diese mithilfe von Standardprüfverfahren, wie dem Zugversuch oder Biegeversuch bestimmt. Diese Prüfverfahren setzen für eine gute Vergleichbarkeit und Standardisierungsmöglichkeit oftmals Idealbedingungen voraus, welche das lokale Werkstoffverhalten oder auch Umgebungseinflüsse sowie die Alterung nur schwer bis gar nicht beschreiben können. Bruchmechanische Methoden sind zwar nicht direkt in der Lage Input-Parameter für den Auslegungsprozess zu liefern, können aber das Versagensverhalten deutlich genauer auflösen und bieten insbesondere in Verbindung mit bildoptischen Verfahren die Möglichkeit das Verhalten unter Last genauer zu beschreiben.

Risscharakterisierung

Mithilfe der bruchmechanischen Versagensbewertung kann das Schädigungsverhalten von rissbehafteten Bauteilen untersucht und charakterisiert werden. Dem Bruch geht dabei ein Herausziehen der Molekülketten und Aufreißen der Phasengrenzen voraus. In der sich ausbildenden Rissprozesszone können sich dann abhängig von der Belastungsart und des Werkstoffs z. B. Crazes oder Scherbänder ausbilden. In der bruchmechanischen Rissbetrachtung wird grundlegend zwischen drei Rissmodi unterschieden, wobei der relevanteste Fall Rissmodus I ist. Bei diesem öffnen sich die Rissflanken senkrecht zur Belastungsrichtung (vgl. Bild 1). Die hier nicht betrachteten Rissmodi II und III beschreiben Längs bzw. Querscherungsöffnungen.

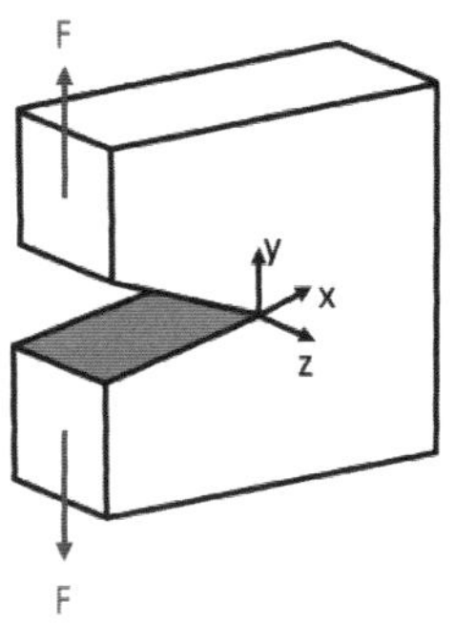

Bild 1: *Rissmodus I*

Bei einem duktilen Versagen wird viel Energie in eine Deformation des Werkstoffes eingebracht, während es bei einem verformungsarmen bzw. verformungslosen Sprödbruch zu einer schlagartigen Freisetzung der eingebrachten Energie kommt. Durch das Abgleiten der Molekülketten und das aneinander Reiben der Rissflanken lässt sich eine deutliche Erhöhung der bauteileigenen Erwärmung bei einem duktilen Versagen erwarten.

Rissspitzenerwärmung

Mehrere Forschungsarbeiten haben sich bereits mit der Betrachtung von auftretenden Temperaturspitzen während des Versagensprozess von rissbehafteten Prüfkörpern beschäftigt. So konnten von unterschiedlichen Forschergruppen für amorphe Kunststoffe, wie bspw. Polycarbonat, Polystyrol, Polymethylmethacrylat etc. Temperaturänderungen von wenigen Kelvin [2] bis zu 700 Kelvin [3] nachgewiesen werden. Diese stark voneinander abweichenden Ergebnisse sind z. T. auf nicht vergleichbare Prüfbedingungen (Prüfkörpergeometrie und -geschwindigkeit sowie Belastungsfall) und die eingesetzte Messtechnik zur Erfassung der Temperaturänderung zurückzuführen. So kamen unter anderem eingebettete Thermoelemente [4], temperatursensitive Folien, die bei Erreichen einer gewissen Temperatur einen Farbumschlag aufweisen [2] oder Thermografiekameras mit unterschiedlicher zeitlicher und örtlicher Auflösung [5 – 7]. Die Untersuchungen zeigen dabei, dass teilweise die werkstoffspezifische Glasübergangstemperatur überschritten oder sogar die Zersetzungstemperatur erreicht wird. Allerdings konnte bei diesen Versuchen nicht gezeigt werden in welchem Stadium des Rissfortschritts und an welcher Stelle die Temperaturänderung auftreten.

Ziel

Die aufgeführten Veröffentlichungen [2 – 7] zeigen, dass innerhalb der Rissprozesszone ein Erweichen ein realistisches Szenario ist. Wird hierbei zusätzlich die Übergangstemperatur der betrachteten Kunststoffe überschritten, müsste mit einer deutlichen Beeinträchtigung der bruchmechanischen Eigenschaften gerechnet werden. Bisher wird diese eigene Erwärmung unter Last in Auslegungsprozessen nicht berücksichtigt. Im Rahmen des hier vorgestellten Projekts soll durch einen kombinierten Aufbau, bestehend aus Thermografie und digitaler Bildkorrelation, die auftretende Temperaturänderung orts- und zeitaufgelöst während der Bruchinitiierung und –fortschritt an amorphen Polymeren untersucht werden.

2. Methodik

Werkstoffauswahl und Prüfkörperpräparation

Für die Versuche wurden zwei unterschiedliche amorphe Thermoplaste mit hoher technischen Relevanz gewählt. Aufgrund des zu erwartenden eher spröderen Werkstoffverhalten wurde ein Polystyrol PS486N der Fa. Ineos Styrolution Group GmbH, Frankfurt am Main, verwendet. Um den Einfluss eines duktileren Werkstoffverhaltens sowie den Einfluss der Molekülkettenlänge auf die mechanischen Eigenschaften untersuchen zu können, kamen zwei Polycarbonattypen, PC1100 und PC1220, der Fa. Lotte Chemical, Seoul, Südkorea, zum Einsatz.

Zur Prüfkörperherstellung wurden die Kunststoffe zunächst gemäß Herstellerangaben in Vakuumschränken getrocknet und im Anschluss auf einer Spritzgießmaschine vom Typ Allrounder 370s der Fa. Arburg, Loßburg weiterverarbeitet. Dazu wurden zunächst Platten spritzgegossen, aus denen im Anschluss einseitig gekerbte Single-Edge-Notched Tension (SENT-)Prüfkörper mit definierter Kerbgeometrie gefräst wurden. Bei der Prüfkörpergeometrie wurde sich an der ASTM-Norm E399 orientiert, wobei die Prüfkörper eine deutlich geringere Dicke mit 2 mm aufweisen (vgl. Bild 2). Diese Prüfkörperform erlaubt es somit allerdings eine genauere Abbildung eines ebenen Spannungszustands (ESZ) sowie eine Vernachlässigung der Querkontraktionszahl in Dickenrichtung, wodurch ein Scharfstellen der verwendeten Kameras während dem gesamten Versuch zu realisieren.

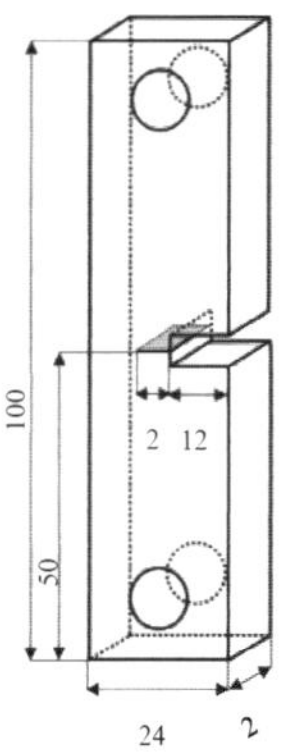

Bild 2: *Prüfkörpergeometrie zur Bestimmung der bruchmechanischen Eigenschaften und der Rissspitzenerwärmung*

Bestimmung der thermischen Eigenschaften

Um die für amorphe Kunststoffe charakteristische Glasübergangsstufe bestimmen zu können, wurden Messungen mittels dynamischer Differenz Kalorimetrie (DSC) nach Norm DIN EN ISO 11357-1 durchgeführt. Als Temperaturprogramm wurde ein Bereich zwischen -20 °C und 280 °C bei einer einheitlichen Heiz- bzw. Kühlrate von 10 K/min gewählt.

Bestimmung der (bruch-)mechanischen Eigenschaften

Die Versuche zur Bestimmung der Rissspitzenerwärmung wurden auf einer Universalprüfmaschine des Typs UPM 1455 der Fa. Zwick-Roell, Ulm, durchgeführt. Dabei wurde die Prüfgeschwindigkeit zwischen 5 mm/min, 50 mm/min und 250 mm/min variiert. Für die Auswertung mittels Bildkorrelation wurde auf die Prüfkörperoberfläche ein chaotisches Punktemuster appliziert, um die Verschiebung in x- und y-Richtung bestimmen und eine Dehnfeldanalyse durchführen zu können.

3D-Bildkorrelationssystem in Kombination mit einer Thermografiekamera zur Bestimmung der Rissspitzenerwärmung

Zur Bestimmung der Temperaturerhöhung während des Versagensprozess wurde eine Thermografiekamera der Fa. FLIR Systems, Wilsonville, USA, vom Typ Flir SC6811 eingesetzt. Diese besitzt eine thermische Auflösung von 18 mK und kann im Vollbildmodus Bilder mit einer Aufnahmerate von 565 Hz und einer Auflösung von 640 x 512 Pixel aufnehmen. Wird der Bildausschnitt reduziert sind Aufnahmeraten von maximal 16.404 Hz möglich, wodurch sich allerdings auch die Integrationszeit des Detektors reduziert

Zusätzlich wurde an der Universalprüfmaschine ein Bildkorrelationsaufbau, bestehend aus zwei CMOS-Kameras mit einer Auflösung von 5 MPx und einer Aufnahmerate von 75 Hz angebracht. Für die Aufnahme wurde VICSnap, Version 8 und als Auswertesoftware VIC-3D, Version 8, der Fa. Correlated Solutions, Irmo, USA, eingesetzt. Für eine zeitliche Synchronisation der beiden unabhängig arbeiteten Systemen wurde ein TTL-Triggersignal der Universalprüfmaschine verwendet. Bei Erreichen der 10 N-Vorkraft wurde mittels einer Triggerbox die Aufnahmen für beide Systeme gestartet.

3. Ergebnisse

Die mechanischen Eigenschaften sowie das Rissverhalten werden stark durch die Temperatur beeinflusst. Von besonderer Bedeutung ist die Glasübergangstemperatur. Oberhalb dieser Stufe, steigt die Kettenbeweglichkeit deutlich an und Entschlaufungsvorgänge nehmen zu.

In Tabelle 1 sind die mittels DSC-Messungen ermittelten Glasübergangstemperaturen der verwendeten amorphen Kunststoffe aufgelistet.

Tabelle 1: *Glasübergangstemperaturen der untersuchten Kunststoffe*

Bezeichnung	Aufheizrate in K/min	Glasübergangstemperatur in °C
PC1100	10	145
PC1220		144
PS486N		98,6

Durch die Kombination der Thermografie und der digitalen Bildkorrelation besteht die Möglichkeit für jeden Risszustand einer zeitlichen sowie örtlichen Zuordnung der Temperaturänderungen sowie ein Vergleich des Dehnfeldes (vgl. Bild 2) und eine Verknüpfung mit den analogen Kraft- und Weginformationen der Universalprüfmaschine herzustellen.

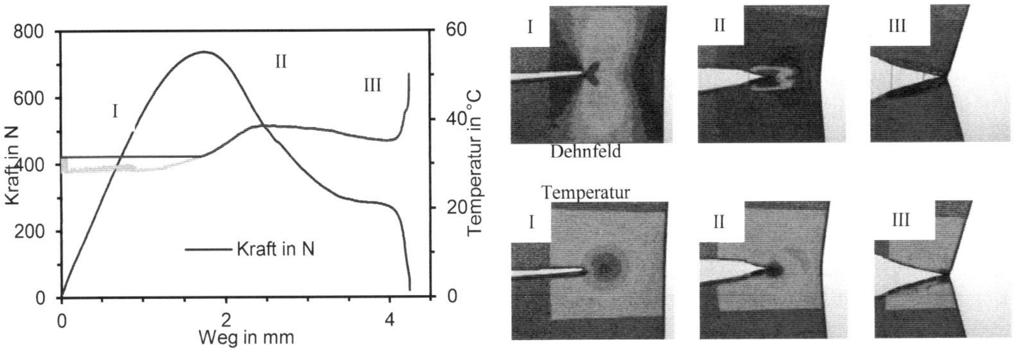

Bild 3: *Kraft-Verlängerungsdiagramm mit einseitiger DIC- und Thermografie-Auswertung für PC1220 bei 5 mm/min*

Die auftretende Rissspitzentemperatur weist eine starke Abhängigkeit von der Prüfgeschwindigkeit auf (vgl. Bild 4). Die Temperaturerhöhung des spröden Polystyrols zeigt eine deutlich geringere Temperaturzunahme an der Rissspitze im Vergleich zum duktileren Polycarbonat mit steigender Prüfgeschwindigkeit. Da Polycarbonat auch bei 250 mm/min noch kein sprödes Bruchverhalten aufweist, wird erwartet, dass mit einer weiteren Zunahme der Prüfgeschwindigkeit auch die gemessene Temperatur vor der Rissspitze noch weiter steigen wird.

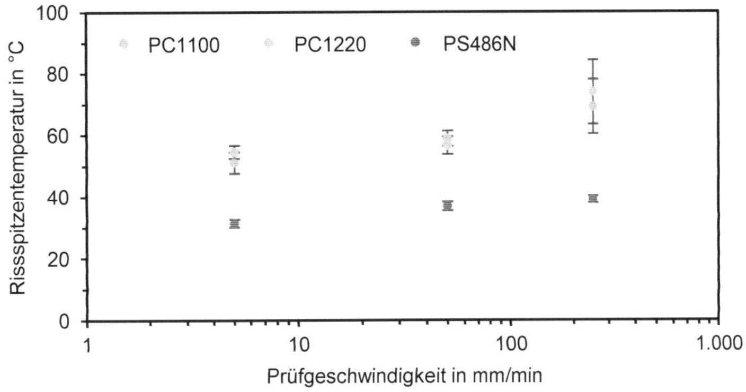

Bild 4: *Auftretende Rissspitzentemperatur in Abhängigkeit von der Prüfgeschwindigkeit und Werkstoff*

Die ermittelten Temperaturen sind für beide untersuchten Werkstofftypen deutlich unterhalb der Glasübergangsstufe, wodurch sich die Frage aufdrängt, welchen Einfluss die Rissspitzentemperatur tatsächlich auf Rissausbreitung hat. In Bild 5 wird nicht die Prüfkörperoberfläche mithilfe der Thermografiekamera betrachtet, sondern der Aufbau gedreht und in den Riss geschaut, während dieser sich öffnet. Hier ist deutlich ab der 3. Aufnahme ein Hotspot zu sehen, welcher sich mit weiterem Öffnen des Risses ausbreitet. Diese Beobachtung legt nahe, dass die ermittelten Daten an der Prüfkörperoberfläche nicht die tatsächlichen Maximaltemperaturen sind, da die thermische Welle durch Diffusionsvorgänge bereits abgeschwächt wurde. Dieser Sachverhalt soll in weiteren Arbeiten näher untersucht werden.

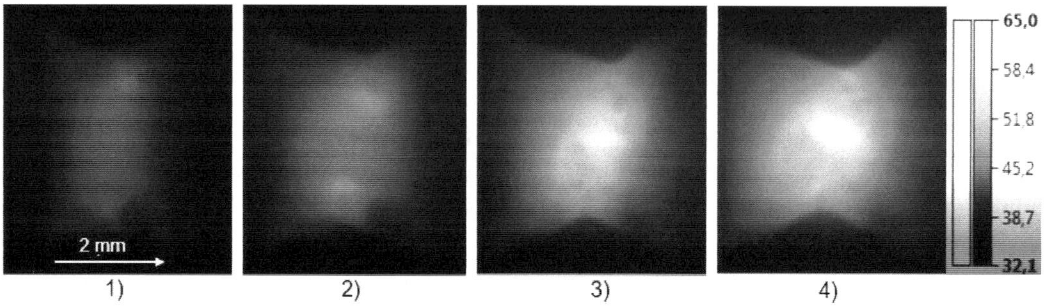

Bild 5: *Wärmeausbreitung bei Blick in den Riss für PC1220 bei 50 mm/min*

4. Fazit und Ausblick

Die Kombination der digitalen Bildkorrelation und Thermografie zur orts- und zeitaufgelösten Bestimmung der Temperatur während einer wirkenden mechanischen Last konnte erfolgreich durchgeführt werden. Für die unterschiedlich versagenden Musterwerkstoffe Polystyrol und Polycarbonat konnten deutliche Unterschiede in der maximal auftretenden Rissspitzentemperatur in Abhängigkeit von der Prüfgeschwindigkeit nachgewiesen werden. Während das spröder versagende Polystyrol früher in eine Temperatur Sättigung läuft und eine maximale Rissspitzentemperatur von ca. 50 °C aufgewiesen hat, zeigt das duktilere Polycarbonat einen noch weiteren Anstieg und wies im betrachteten Geschwindigkeitsbereich eine maximale Temperatur von ca. 85 °C auf.

In Zukunft soll der Prüfaufbau ebenfalls an einer Hochgeschwindigkeitsprüfmaschine eingesetzt werden, um noch höhere Geschwindigkeiten betrachten zu können und deren Einfluss auf die maximal auftretenden Temperaturen näher zu untersuchen. Zusätzlich sollen weitere Musterwerkstoffe in die Untersuchung miteingebunden werden, um den Einfluss äußere Einflussfaktoren, wie bspw. die Feuchte mit berücksichtigen zu können. Außerdem sollen weitere Rissmodi betrachtet werden, um den Einfluss der Rissöffnung auf die Erwärmung analysieren zu können.

5. Danksagung

Die hier dargestellten Ergebnisse entstanden im Rahmen des von der Deutschen Forschungsgemeinschaft e.V. (DFG) geförderten Forschungsprojekts mit der Projektnummer 459023912

DFG Deutsche Forschungsgemeinschaft

Weiterer Dank geht an das Institut für Materialprüfung, Werkstoffkunde und Festigkeitslehre (IMWF) der Universität Stuttgart für die Zusammenarbeit, der Firma Ter Hell Plastics GmbH für die Bereitstellung der Versuchsmaterialien sowie die ehemaligen Studierenden Joachim Bräutigam und Marius Reitinger für ihre Tätigkeit im Rahmen ihrer Abschlussarbeiten.

6. Referenzen

[1] BONTEN, C. Kunststofftechnik. Einführung und Grundlagen. 3. Auflage. München: Hanser, 2020. ISBN 978-3-446-46471-1.

[2] DÖLL, W. Application of an energy balance and an energy method to dynamic crack propagation. International Journal of Fracture, 1976, 12(4), S. 595-605.

[3] SWALLOWE, G. Measurements of transient high temperatures during the deformation of polymers. Journal of materials science, 1986, S. 4089-4096.

[4] RITTEL, D. Experimental investigation of transient thermoplastic effects in dynamic fracture. International Journal of Solids and Structures, 1998, (37), S. 2901-2913.

[5] LI, Z. und J. LAMBROS. Strain rate effects on the thermomechanical behaviour of polymers. International Journal of Solids and Structures, 2001, (38), S. 3549-3562.

[6] HADRICHE, I., et al. Influence of strain rate on the yielding behavior and on the self heating of thermoplastic polymers loaded under tension. In: Key Engineering Materials. Trans Tech Publications Ltd, 2010. S. 63-72. ISSN 1662-9795.

[7] LISLE, T., et al. Measure of fracture toughness of compressive fiber failure in composite structures using infrared thermography. Composites Science and Technology, 2015, 112. Jg., S. 22-33.

Optimierung der Schweißnahtfestigkeit von faserverstärkten Kunststoffen im Ultraschallschweißprozess

Phi-Long CHUNG[1], Marc KREUTZBRUCK[1]
[1] Universität Stuttgart, Institut für Kunststofftechnik, Stuttgart, Deutschland

Kurzfassung

Das Ultraschallschweißen ist ein weitverbreitetes Verfahren zum Fügen von thermoplastischen Kunststoffen. Dabei ergeben sich Vorteile aus der ausschließlich lokalen Erwärmung der Fügepartner, kurzen Schweißzeiten und der hohen Wirtschaftlichkeit des Prozesses. Dennoch bestehen Herausforderungen in Bezug auf die erreichbare Schweißnahtqualität. Neben den Prozessparametern und den Toleranzen der Fügeteile, spielen auch Theorien eines an die Chaostheorie angelehnten Werkstoffmodells eine Rolle. Insbesondere bei faserverstärkten Bauteilen wird die Schweißnaht oft zur Schwachstelle. Dies liegt zum einen daran, dass die Fasern durch den Fügedruck im Prozess orthogonal zur Belastungsrichtung ausgerichtet werden und zum anderen daran, dass die Fasern in der Theorie nicht über die Grenzflächen wandern können. Infolgedessen können die in der Schweißnaht liegenden Fasern nur einen geringen Teil der auftretenden Kräfte aufnehmen. Trotz dieser Limitierungen sollen in dieser Arbeit Lösungsansätze vorgestellt werden, die durch Variation von Prozess- und Werkstoffparametern Einfluss auf die erreichbaren Schweißnahtfestigkeiten haben. Hierzu werden im Fertigungsprozess beim Spritzgießen die Fließwege untersucht und optimiert, um die Fasern entlang der später zu erwartenden Kraftflussrichtung auszurichten. Zusätzlich trägt auch eine fügegerechte Gestaltung des Energierichtungsgebers und der gegenüberliegenden Kontaktfläche zur Verbesserung der Schweißnahtqualität bei. Die verfolgten Lösungsansätze werden sowohl während des Schweißprozesses als auch danach mittels Methoden der zerstörungsfreien Prüfung validiert. Während beim Schweißvorgang mithilfe sensorischer Überwachung durch Piezoschwinger Aussagen bezüglich der Schweißnahtqualität möglich sind, erlauben tomographische Röntgenuntersuchungen nach dem Fügeprozess weitere Einblicke in die Fasermikrostuktur der Prüfkörper im unteren µm-Bereich. Die Ergebnisse dieser Arbeit sollen das Ultraschallschweißen in der Kunststofftechnik als eine ressourceneffizientere und wirtschaftlich attraktivere Alternative im Vergleich zu ähnlichen Fügefahren positionieren.

Keywords: Ultraschallschweißen, Prozessüberwachung, Faserorientierung, Parameterstudie

Ortsaufgelöste Dichtebestimmung mit Millimeterwellen zur Prozessüberwachung in der Duroplast-Fertigung

Stefan BECKER [1], Andreas KEIL [1]
[1] Becker Photonik GmbH, Minden, info@becker-photonik.de

Kurzfassung

Wie kann man die Qualität von Duroplast-Halbzeugen prüfen, wenn etablierte Prüfmethoden versagen oder schwierig einsetzbar sind? Hier ist die ohne Koppelmedium arbeitende Millimeterwellen-Prüfung eine hervorragende Alternative. Insbesondere bei geschäumten Materialien mit entsprechend hoher Dämpfung ist die Millimeterwellenprüfung der Ultraschallprüfung überlegen.

Die optische Dicke im Millimeterwellenbereich kann durch eine Auswertung des Peak-to-Peak-Abstands von Eintritts- zu Rückwandecho bestimmt werden. Bei bekannter geometrischer Dicke des untersuchten Duroplast-Bauteils kann man daraus auch den (ortsabhängigen) Brechungsindex bestimmen, der in guter Näherung linear mit der Dichte des Werkstoffes korreliert und in der Produktion z.B. über die Schäumung eingestellt werden kann.

In der vorliegenden Arbeit werden Ergebnisse mit einem FMCW-Millimeterwellen-Radar im Bereich 75 GHz bis 110 GHz an handelsüblichen PUR-Platten unterschiedlicher Dichte präsentiert und diskutiert. Die Untersuchungen belegen den linearen Zusammenhang zwischen Dichte und Brechungsindex und zeigen sehr schön, wie der Schäumungsgrad des Werkstoffes auf diese Weise kontrolliert werden kann. Zusätzlich zeigen weitere 3D-Ergebnisse den Nachweis von Referenzfehlern unterschiedlicher Größe.

Keywords: Dichtebestimmung, Millimeterwellen, Duroplast-Fertigung

Ein synergistischer Ansatz zur Charakterisierung anisotroper Materialien mit Hilfe von Ultraschall und Mikrostrukturanalyse

Prathik Prabhakara[1], Thomas Heckel[1], Dirk Gohlke[1], Daniel Brackrock[1], Anna Manzoni[1], Christian Borgmann[2], Alexander Zimmer[3]
[1] Bundesanstalt für Materialforschung und –Prüfung (BAM), Berlin, Germany
[2] Siemens Energy Global GmbH & Co. KG, Muelheim an der Ruhr, Germany
[3] Saarschmiede GmbH Freiformschmiede, Völklingen, Germany
Kontakt E-mail: Prathik.Prabahakara@bam.de

Kurzfassung

Es wird eine Studie zur Charakterisierung eines anisotropen Stahls vorgestellt, bei der Ultraschalluntersuchungen mit Mikrostrukturanalysen verbunden werden. Das Material weist hohe Festigkeit und Korrosionsbeständigkeit auf, zugleich ist mit anisotropen Eigenschaften die mechanischen und betrieblichen Eigenschaften beeinflussen zu rechnen. Vorläufige Ergebnisse lassen vermuten, dass weitere Untersuchungen notwendig sind, um die Fähigkeiten und Grenzen des Materials genau zu bestimmen. Es wird ein systematischer Ansatz mit Array-Prüfköpfen, Time-of-Flight Diffraction (TOFD) Technik und mikrostrukturellen Untersuchungen angewendet, um die Wechselwirkung zwischen Anisotropie und Mikrostruktur des Stahls zu analysieren.

Ultraschallprüfungen mit der TOFD-Technik und in Tauchtechnik liefern Einblicke in das anisotrope Verhalten des Werkstoffes, einschließlich entsprechenden Kornorientierung, Dämpfung und Schallgeschwindigkeitsvariation. Diese Messungen führen in Verbindung mit mikrostrukturellen Analysen zu einem tieferen Verständnis des Materialverhaltens.

Unser Hauptziel ist es, ein Framework zu erstellen, welches die Ultraschallantwort anisotroper Materialien mit ihren mikroskopischen Struktureigenschaften verbindet. Die vorgestellte Methodik ermöglicht eine zerstörungsfreie und zügige Bewertung der Materialintegrität, was besonders bei der Anwendung von Hochleistungsmaterialien relevant ist. Durch diesen integrativen Ansatz werden verschiedener Charakterisierungsmethoden kombiniert, um ein umfassenderes Materialverständnis zu erreichen.

Keywords: Non-Destructive Testing, Ultrasonic Testing, Material Characterization, Time-of-flight Diffraction (TOFD), Microstructure Analysis

SONO-PR 200: Analoger Ultraschall-Sender-Empfänger für eine Vielzahl von Anwendungsgebieten

Thomas ROGGE
SONOTEC GmbH, Halle (Saale), Deutschland, thomas.rogge@sonotec.de

Kurzfassung

Seit über 30 Jahren ist SONOTEC auf maßgeschneiderte Ultraschalllösungen spezialisiert. Ein herausragendes Beispiel für die Expertise ist der SONO-PR 200, ein analoger Breitband-Pulser-Receiver mit einem bemerkenswerten Frequenzbereich von bis zu 200 MHz, Anstiegszeiten des Senders von bis zu 1 ns, und äußerst geringem Rauschen. Dieses Gerät verkörpert den neuesten Stand analoger Sender-Empfängertechnik und ist mit den modernsten Komponenten ausgestattet. Die Ergebnisse sprechen für sich: Der SONO-PR 200 liefert ein klares Signal ohne Kompromisse.

Durch seinen extrem breiten Frequenzbereich deckt der Pulser-Receiver SONO-PR 200 vielzählige Anwendungsbereiche ab. Der leistungsstarke breitbandige Nadelsender mit einer sehr kurzen Anstiegszeit von 1 Nanosekunde (ns) eignet sich perfekt, um Tests durchzuführen, die sowohl hohe Prüffrequenzen als auch sehr hohe Bandbreiten erfordern. Der zusätzliche Rechtecksender hingegen ermöglicht eine leitungsoptimierte Ansteuerung von Breitbandsensoren im Niederfrequenzbereich von 500 kHz bis 8 MHz nicht nur mit Einzelimpulsen sondern auch Impulsfolgen.

Mit diesen Leistungsmerkmalen sind Anwendungen von der zerstörungsfreien Ultraschallprüfung an verschiedensten Materialien, inklusive Wanddickenmessung, über Tauchtechnik- und Squirter-Applikationen bis hin zur akustischen Mikroskopie abgedeckt. Durch die Möglichkeit der Fernsteuerung über ein serielles Interface, diverse Trigger sowie digitale Ein- und Ausgänge ist der SONO-PR 200 zudem prädestiniert für die Integration in automatisierte Prüfsysteme.

Keywords: Ultraschallprüfung, Pulser-Receiver, zerstörungsfreie Materialprüfung, Prüfkopfcharakterisierung, Wanddickenmessung

Nationale, europäische und internationale Normung in der zerstörungsfreien Prüfung

Michael SCHMITT [1], Ralf CASPERSON [2], Franziska BAENSCH [3], Daniel MÜLLER [4]
[1] DIN Deutsches Institut für Normung, Berlin, Deutschland, michael.schmitt@din.de
[2] Bundesanstalt für Materialforschung und -prüfung (BAM), Berlin, Deutschland, ralf.casperson@bam.de
[3] DIN Deutsches Institut für Normung, Berlin, Deutschland, franziska.baensch@din.de
[4] DIN Deutsches Institut für Normung, Berlin, Deutschland, daniel.mueller@din.de

Kurzfassung. Normung und Standardisierung in der zerstörungsfreien Prüfung finden auf nationaler, europäischer und internationaler Ebene statt. Die Übernahme von Leitungsfunktionen in diesen Gremien erzeugt die Möglichkeit der Steuerung von Themen und Inhalten der relevanten Normen. Das persönliche Engagement der Fachexpert*innen in den nationalen Gremien und den europäischen und internationalen Arbeitsgruppen ist ein zusätzlicher Faktor für die inhaltliche Korrektheit und die inhaltliche Ausrichtung der Norm. Denn wer nicht normt, wird genormt und muss letztlich Normen anwenden, die andere entsprechend ihrer eigenen Interessen gestaltet haben. Voraussetzung für die Teilnahme in europäischen und internationalen Normungsgremien ist die Mitwirkung in den entsprechenden DIN-Spiegelgremien, welche die europäischen (CEN) und internationalen (ISO) Aktivitäten spiegeln und die Fachexpert*innen für die Mitarbeit autorisieren. Auf internationaler Ebene findet die Normungsarbeit in den technischen Komitees ISO/TC 135 "Non-destructive testing" und ISO/TC 44/SC 5 "Testing and inspection of welds" und ihren Arbeitsgruppen statt. Das europäische Pendant ist das CEN/TC 138 "Zerstörungsfreie Prüfverfahren" mit seinen Arbeitsgremien. Die DIN-Spiegelgremien sind für die deutsche Mitarbeit in diesen Gremien und die inhaltliche Bewertung der Norm-Entwürfe zuständig.

Keywords: Normung, Qualifizierung, Qualitätssicherung

Einführung

Normen und Standards sind ein wichtiger Teil des technischen Regelwerks. Normung und Standardisierung in der zerstörungsfreien Prüfung finden auf nationaler, europäischer und internationaler Ebene in Gremien der Normungsinstitute statt. Während die Organisation durch die Normungsinstitute geschieht, liegen die Inhalte der erarbeiteten Normen und Standards in der Verantwortung der beteiligten Fachexpert*innen. Die Gestaltungshoheit liegt daher allein bei der interessierten Fachöffentlichkeit, woraus sich eine starke Einflussmöglichkeit ergibt. Durch die Übernahme von Leitungsfunktionen in Gremien, in denen Normen erarbeitet und verantwortet werden, kann dieser Einfluss auf Themen und Inhalte der Normen noch weiter gesteigert werden. Im Umkehrschluss bedeutet dies, dass

Firmen und Institute sich entweder im Standardisierungsprozess selbst engagieren oder die Gestaltungshoheit ihren Wettbewerbern überlassen müssen. Denn, wer sich an dem System nicht beteiligt, muss letztlich Normen anwenden, die andere entsprechend ihrer eigenen Interessen gestalten. Dies können nationale Wettbewerber mit zuwiderlaufenden Interessen sein, aber auch internationale Wettbewerber, deren Vorstellungen von Normungsinhalten sich von denen deutscher oder europäischer Fachexpert*innen fundamental unterscheiden können.

1. Bedeutung

Das Platzieren deutscher Produkte auf dem Weltmarkt und der damit verbundene wirtschaftliche Erfolg und das Platzieren der diese Produkte unterstützenden deutschen Standards in den internationalen Normungsgremien geht seit vielen Jahren Hand in Hand. Der gute Ruf deutscher Produkte auf dem Weltmarkt fußt auf einem Qualitätsgedanken, der sich in dem hohen Standard der zerstörungsfreien Prüfung in Deutschland widerspiegelt, die sich auch aufgrund des jahrelangen erfolgreichen Engagements deutscher Fachexpert*innen in den jeweiligen Normungsgremien in dem europäischen und internationalen technischen Regelwerk niederschlägt. Die deutschen Fachexpert*innen haben sich in der andauernden Auseinandersetzung mit den Fachexpert*innen der anderen beteiligten Länder einen herausragenden Status erarbeitet, der die deutsche Normung im Vergleich in die Lage versetzt, die Themen und die Inhalte der europäischen und internationalen ZfP-Normen maßgeblich zu beeinflussen.

Normung spiegelt den aktuellen Stand der Technik wider und damit auch die Erwartung an die Leistung eines Produkts oder die Durchführung einer Tätigkeit. Dem ist im Sinne der deutschen Wirtschaft am besten gedient, wenn die in der Norm festgeschriebene Erwartung den deutschen Stand der Technik widerspiegelt. Eine zu hohe Erwartung könnte eine Leistung unnötig verteuern. Eine zu geringe Erwartung könnte einen technischen Vorsprung verspielen oder ein Qualitäts- oder Sicherheitsniveau unzulässig senken. Die Anpassung des technischen Inhalts einer Norm an die eigene Erwartungshaltung ist eine Leistung, die allen Fachexpert*innen und Marktteilnehmer*innen selbst obliegt. Aktuell betreiben manche Unternehmen einen großen Aufwand, um das Abweichen von Normungsinhalten von ihrem eigenen Leistungsstandard aufzufangen. Dieser Aufwand ist signifikant höher als der Aufwand, der für eine aktive Normungsarbeit notwendig ist.

2. Individuelle Einflussmöglichkeiten

Es gibt zwei Möglichkeiten, an der Normung zu partizipieren. Die einfachste Möglichkeit besteht darin, Norm-Entwürfe innerhalb ihrer Einspruchsfrist zu kommentieren. Alle nationalen und europäischen Normen, die bei dem deutschen Normungsinstitut DIN und/oder dem europäischen Normungsinstitut CEN erarbeitet werden, werden vor ihrer Veröffentlichung der Fachöffentlichkeit als Norm-Entwurf zur Kommentierung vorgelegt und entsprechend veröffentlicht. Diese Entwürfe kann jeder kommentieren und seine Kommentare an DIN senden. Dies ist online im Norm-Entwurfsportal möglich [1] oder per E-Mail an die Geschäftsstelle des zuständigen Normenausschusses. Diese Kommentare werden dem zuständigen DIN-Gremium vorgelegt und dort unter Beteiligung der kommentierenden Person diskutiert. Einsprüche zu Norm-Entwürfen der internationalen Normungsorganisation ISO können auf diese Art und Weise nur abgegeben werden, wenn diese Norm-Entwürfe gleichzeitig nationale oder europäische Norm-Entwürfe (DIN ISO oder DIN EN ISO) sind. Rein internationale Norm-Entwürfe können nur vom national zuständigen Gremium bei DIN bewertet und kommentiert werden.

Die zweite Möglichkeit, die zusätzlich einen Einfluss auf rein internationale Normen ermöglicht, besteht in der aktiven Mitarbeit in dem zuständigen DIN-Gremium. Dadurch stehen die vollständigen Möglichkeiten offen, wie z.B.:

- Möglichkeit, Themen zu platzieren
- Möglichkeit, Normungsinhalte zu beeinflussen
- Kostenreduzierung durch Durchsetzung der eigenen Technologie
- Möglichkeit nachteilige Festlegungen zu verhindern
- Wissen über neue Technologien zu erlangen
- Wissen über neue Anforderungen zu erlangen
- Netzwerkpflege

Durch die aktive Mitarbeit in dem nationalen Gremium bei DIN steht auch die Möglichkeit der aktiven Teilnahme in europäischen (CEN) und internationalen (ISO) Normungsgremien offen. Eine Teilnahme in diesen Gremien erhöht den Grad der Einflussnahme nochmal deutlich, insbesondere bei der Übernahme einer Leitungsfunktion.

Diesen Vorteilen steht der Nachteil gegenüber, dass eine aktive Beteiligung an der Normung personelle Ressourcen bindet. Eine entsprechende Kosten/Nutzen-Abwägung, die jedem Marktteilnehmer selbst obliegt, sollte im vollen Bewusstsein der Konsequenzen durchgeführt werden.

3. Stand der Normung

Normung und Standardisierung in der zerstörungsfreien Prüfung ist auf europäischer und internationaler Ebene organisatorisch untergliedert nach den einzelnen Prüfverfahren.

Zuständig ist auf internationaler Ebene das von Japan geleitete ISO/TC 135 "Non-destructive testing". Unter der Verantwortung des ISO/TC 135 wurden bisher 99 Normen und Standards veröffentlicht, die aktuell gültig sind. 30 Normen und Standards befinden sich derzeit in der Entwicklung. Dies sind neue Normen und Standards, aber auch Überarbeitungen von Normen und Standards, die nicht mehr den aktuellen Stand der Technik widerspiegeln. Organisatorisch gliedert sich das ISO/TC 135 in 8 methodenspezifische Unterkomitees (Tabelle 1).

Tabelle 1. Gremien des ISO/TC 135 „Zerstörungsfreie Prüfung"

Bezeichnung	**Titel**	**Anzahl veröffentlichte Normen**	**Anzahl aktuelle Projekte**
ISO/TC 135/SC 2	Oberflächenverfahren	14	1
ISO/TC 135/SC 3	Ultraschallprüfung	22	13
ISO/TC 135/SC 4	Wirbelstromprüfung	7	1
ISO/TC 135/SC 5	Durchstrahlungsprüfung	26	10
ISO/TC 135/SC 6	Dichtheitsprüfung	4	1
ISO/TC 135/SC 7	Personalqualifizierung	7	1
ISO/TC 135/SC 8	Thermografieprüfung	5	0
ISO/TC 135/SC 9	Akustische Emissionsprüfung	13	2

Die Unterkomitees ISO/TC 135/SC 3 "Ultraschallprüfung" und ISO/TC 135/SC 5 "Durchstrahlungsprüfung" werden von Deutschland geleitet.

Zusätzlich gibt es bei ISO noch 2 Arbeitsgruppen, die sich im ISO/TC 44/SC 5 "Testing and inspection of welds" mit der zerstörungsfreien Prüfung von Schweißnähten beschäftigen (Tabelle 2). ISO/TC 44/SC 5/WG 2 „Ultraschallprüfung" wird von Deutschland geleitet. ISO/TC 44/SC 5/WG 1 „Durchstrahlungsprüfung" ist zurzeit inaktiv.

Tabelle 2. ZfP-Gremien des ISO/TC 44/SC 5 „Prüfung von Schweißungen"

Bezeichnung	**Titel**	**Anzahl veröffentlichte Normen**	**Anzahl aktuelle Projekte**
ISO/TC 44/SC 5/WG 1	Durchstrahlungsprüfung	4	0
ISO/TC 44/SC 5/WG 2	Ultraschallprüfung	12	1

Neben dem ISO/TC 44/SC 5 hat auch das International Institute of Welding IIW das Recht, ISO-Normen in dem Bereich der Schweißnahtprüfung zu erstellen. Dieses Recht nimmt das IIW auch wahr, wobei darauf geachtet werden muss, dass keine Doppelnormung entsteht.

Auf europäischer Ebene findet die Normung der zerstörungsfreien Prüfung von Schweißnähten in der CEN/TC 121/WG 21 "Prüfung von Schweißungen" statt. Die Arbeitsgruppe beschränkt sich aber auf die Übernahme von Normen des ISO/TC 44/SC 5, ist also nicht aktiv.

Der Gegenpart zum ISO/TC 135 auf europäischer Ebene ist das CEN/TC 138 "Zerstörungsfreie Prüfverfahren". Das von Frankreich geleitete Technische Komitee untergliedert sich in 9 methodenspezifische Arbeitsgruppen (Tabelle 3). Die Arbeitsgruppen zu Durchstrahlungsprüfung, Ultraschallprüfung, Eindringprüfung, Dichtheitsprüfung, sowie Infrarot- und thermografische Prüfung stehen unter deutscher Leitung, die Arbeitsgruppe zur akustischen Emissionsprüfung unter österreichischer Leitung.

Tabelle 3. Gremien des CEN/TC 138 „Zerstörungsfreie Prüfung"

Bezeichnung	**Titel**	**Anzahl veröffentlichte Normen**	**Anzahl aktuelle Projekte**
CEN/TC 138/WG 1	Durchstrahlungsprüfung	32	5
CEN/TC 138/WG 2	Ultraschallprüfung	19	13
CEN/TC 138/WG 3	Wirbelstromprüfung	6	1
CEN/TC 138/WG 4	Eindringprüfung	10	0
CEN/TC 138/WG 5	Magnetpulverprüfung	4	0
CEN/TC 138/WG 6	Dichtheitsprüfung	8	2
CEN/TC 138/WG 7	Akustische Emissionsprüfung	11	2
CEN/TC 138/WG 10	Röntgenstrahlenbeugung	2	1
CEN/TC 138/WG 11	Infrarot- und thermografische Prüfung	5	0

Die Basis für eine erfolgreiche Wahrnehmung deutscher Interessen auf europäischer und internationaler Ebene bilden die nationalen deutschen Gremien. Die grundlegenden methodenspezifischen Arbeitsgremien (Tabelle 4) sind im DIN-Normenausschuss Materialprüfung (NMP) angesiedelt.

Tabelle 4. ZfP-Gremien des DIN-Normenausschusses Materialprüfung (NMP)

Bezeichnung	**Titel**	**Anzahl veröffentlichte Normen**	**Anzahl aktuelle Projekte**
NA 062-08-20 AA	Obleuteausschuss	6	2
NA 062-08-21 AA	Qualifizierung und Zertifizierung von Personal der zerstörungsfreien Prüfung	9	3
NA 062-08-22 AA	Industrielle Durchstrahlungsprüfung	44	4
NA 062-08-23 AA	Ultraschallprüfung	64	17
NA 062-08-24 AA	Elektrische und magnetische Prüfverfahren	21	2
NA 062-08-25 AA	Eindringprüfung	13	0
NA 062-08-26 AA	Dichtheitsprüfung	9	3
NA 062-08-27 AA	Thermografische Prüfung	23	2
NA 062-08-28 AA	Qualifizierung von zerstörungsfreien	1	1

	Prüfungen		
NA 062-08-29 AA	Virtueller Sensor	0	2

Die nationalen Gremien sind für alle nationalen Normen und für die nationale Meinungsbildung hinsichtlich der europäischen und internationalen Normen zuständig und geben bei Abstimmungen ein konsolidiertes Meinungsbild an die europäischen und internationalen Gremien ab. Bei Uneinigkeit im Gremium oder fehlender Expertise enthält sich Deutschland bei Abstimmungen. Die nationalen Gremien benennen außerdem alle nationalen Expert*innen zur Mitarbeit in den europäischen und internationalen Gremien.

Die Abhängigkeit der nationalen, europäischen und internationalen Gremien voneinander ist in Abbildung 1 dargestellt.

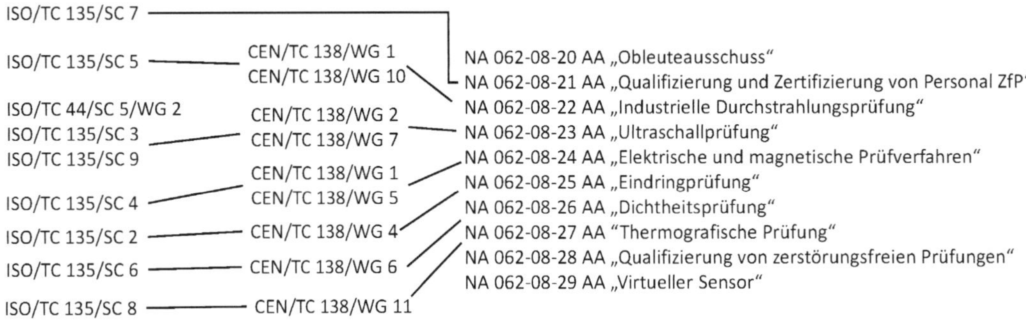

Abb. 1. Gegenüberstellung der aktiven internationalen, europäischen und nationalen ZfP-Normungsgremien

4. Kein Normungsgremium für die visuelle Prüfung

Neben den oben genannten positiven Entwicklungen hat die Normung in der zerstörungsfreien Prüfung auch mit Problemen zu kämpfen, die sich insbesondere aus dem Desinteresse der Fachöffentlichkeit an der Mitarbeit an bestimmten Normungsthemen ergeben. Darunter hat aktuell insbesondere ein Themenbereich zu leiden: die visuelle Prüfung.

Der Themenbereich der visuellen Prüfung wurde auf deutscher Ebene in der Vergangenheit größtenteils im DIN-Arbeitsausschuss NA 062-08-27 AA bearbeitet. Die Mitarbeitenden des Arbeitsausschusses haben aber im Jahr 2023 festgestellt, dass in dem Arbeitsausschuss keine Personen mehr mitwirken, die über eine ausreichende Fachkenntnis auf dem Gebiet der visuellen Prüfung verfügen, um die weitere Verantwortung über den Themenkreis zu rechtfertigen. Daher wurden die nationalen Normungsaktivitäten zur visuellen Prüfung eingestellt und aus dem NA 062-08-27 AA ausgegliedert. Die europäischen und internationalen Normungsaktivitäten finden daher ohne deutsche Beteiligung statt. Unabhängig vom Ausmaß der deutschen Beteiligung müssen Europäische Normen unverändert in das deutsche Normenwerk übernommen werden. In Deutschland gültige Normen zur visuellen Prüfung, an die sich die deutsche Fachöffentlichkeit halten muss, werden somit zurzeit ohne deutsche Beteiligung erstellt. Eine Wiederaufnahme der Arbeiten in Deutschland wäre wünschenswert. Dazu müsste ein neuer Arbeitsausschuss gegründet werden. Interessenten an der Normung und Standardisierung von Verfahren zur visuellen Prüfung sind eingeladen, sich bei den Autor*innen zu melden.

5. Geplantes Normungsgremium zum Thema Künstliche Intelligenz

Ein weiteres Thema, das dringender Betrachtung bedarf, ist die Künstliche Intelligenz. Es ist geplant, zeitnah einen DIN-Arbeitsausschuss zu gründen, der sich mit der Fragestellung auseinandersetzt, welche Normen hinsichtlich der Einbettung künstlicher Intelligenz in die zerstörungsfreie Prüfung benötigt werden, wie diese erarbeitet werden sollten und mit welcher Priorität. Da diese Fragestellungen verfahrensübergreifend beantwortet werden müssen, soll ein eigener Arbeitsausschuss gegründet werden, in dem sich KI-Expert*innen der zerstörungsfreien Prüfung austauschen können. Als Arbeitsgrundlage liegen Ergebnisse der Normungsroadmap KI vor. Um in diesem Feld im internationalen Wettbewerb bestehen zu können, ist die Beschäftigung mit dem Normungsthema angezeigt. Interessenten sind dringend aufgefordert, sich bei den Autor*innen zu melden.

6. Zusammenfassung

Die Normung und Standardisierung im Bereich der zerstörungsfreien Prüfung findet auf nationaler, europäischer und internationaler Ebene statt, wobei die drei Ebenen eng verzahnt sind. Zurzeit kann Deutschland aufgrund des großen Engagements einiger weniger Fachexpert*innen einen großen Einfluss auf den Inhalt der europäischen und internationalen Normen ausüben, was letztendlich der deutschen Allgemeinheit und damit der deutschen Industrie zugutekommt. Es ist absehbar, dass dieser Einfluss in naher Zukunft abnehmen wird, wenn sich die deutsche Industrie weiterhin nur auf dem aktuellen Niveau in die Normung der zerstörungsfreien Prüfung einbringt. Der erste Bereich, in dem die Auswirkungen deutlich sichtbar sind, ist die visuelle Prüfung, in der keine deutsche Beteiligung an den europäischen und internationalen Normungsaktivitäten mehr stattfindet und dadurch in Deutschland gültige Normen ohne deutsche Beteiligung erarbeitet werden. Hinsichtlich neuer Herausforderungen ist die normative Begleitung der Einbettung künstlicher Intelligenz in die zerstörungsfreie Prüfung zu nennen. Daher ist die zeitnahe Gründung eines neuen Arbeitsausschusses zur Künstlichen Intelligenz geplant.

Referenzen

[1] www.entwuerfe.din.de

Ersatzfehler für die zerstörungsfreie Fehlerprüfung erodieren oder lasern? Ein Vergleich.

Konstantin HÄRTEL[1], Kristin BEYREUTHER[1], Antje ZÖSCH[1],
Peter LICKSCHAT[2], Steffen WEISSMANTEL[2]
[1] imq-Ingenieurbetrieb für Materialprüfung, Qualitätssicherung und Schweißtechnik GmbH, Crimmitschau, Germany,
[2] Laserinstitut Hochschule Mittweida, Mittweida, Germany

Kontakt: k.haertel@imq-gmbh.com

Kurzfassung

Die Wirbelstromprüfung hat sich bei der Rissprüfung von Lagerteilen und vor allem bei der Rohrprüfung etabliert. Zum Justieren und für die zyklische Überprüfung der Systeme schreiben die Normen den Einsatz von meist durch Erodieren hergestellten Nuten in unterschiedlichen Abmaßen vor. Auch bei der Ultraschallprüfung werden erodierte Ersatzfehler zum Einstellen der Prüfsysteme genutzt. In der Vergangenheit stellte sich die Funkenerosion (EDM) als einzig geeignetes Verfahren heraus, um die benötigten Geometrien im 0,1 mm Bereich herzustellen. Mittlerweile sind Laserablationsverfahren verfügbar, so dass es möglich ist, die benötigten Geometrien mit sehr hoher Präzision und ohne den Einsatz von Dielektrikum und damit ökologisch verträglicher herzustellen.
Im Beitrag sollen mit beiden Verfahren hergestellte Nuten gegenübergestellt werden. Hierbei wird besonderes Augenmerk auf die Eignung der hergestellten Nuten für die jeweiligen Prüfverfahren gelegt. Neben den erzeugbaren Geometrien beeinflussen auch die erreichbare Genauigkeit und eventuell entstehende Gefügeveränderungen im Randbereich oder das Anlagern von abgetragenem Material an den Wänden der erzeugten Strukturen die Eignung für unterschiedliche ZfP-Verfahren.
Abschließend sollen anhand eigener Untersuchungsergebnisse Vor- und Nachteile beider Verfahren aufgezeigt und Schlussfolgerungen für den jeweiligen Anwendungsfall gezogen werden.
Das Projekt wird gefördert vom von der Europäischen Union und dem Freistaat Sachsen.

Keywords: ZfP, Vergleichskörper, Lasertechnologie, EDM, messtechnische Rückführung

Sensitivity test for selected X-Ray CT specimens

Anthony Orth [1], Tamara REUTER [2], Matthias BRAUN [2], Carsten BELLON [1]
[1] Bundesanstalt für Materialforschung und -prüfung (BAM)
8.5 Röntgenbildgebung, Unter den Eichen 87, 12205 Berlin, anthony.orth@bam.de
[2] Friedrich-Alexander-Universität Erlangen-Nürnberg
Lehrstuhl für Fertigungsmesstechnik, Nägelsbachstraße 25, 91052 Erlangen

Kurzfassung

Industrial X-Ray computed tomography (XCT) is an alternative procedure to tactile coordinate measuring machines (CMM) for dimensional measurement as it has the advantage to be able to measure internal and external features. However, the uncertainty determination according to the standard VDI/VDE 2630 Part 2.1 is both complex and resource consuming. The procedure could be simplified with the help of computer simulations if a suitable digital replica of the XCT machine is available.

The project CTSimU2 has the aim of establishing a guideline for evaluating the applicability of such a digital replica. In this context, the work presented here focuses on: determining the sensitivity of two specimens, on several modelling parameters; determining the significance of the modelled parameters; and estimating the sensitivity of the specimens measurands. The approach was to determine the effects of selected parameters and parameter interactions on dimensional measurands of the specimens by simulation. These effects were determined by varying the parameters in accordance with a D-optimal experimental design, with 83 runs for 10 parameters. The measurands were distances, flatness of fitted planes, cylindricities of fitted cylinders, and testing of modular transfer function on edges. By definition the effects are linked to the coefficients of the statistical model – multiple linear regression – related to the design criterion.

The results yielded good models with high regression coefficients. The models for distances were dominated by the geometrical parameters, whereas parallelism and flatness responded more to x-ray parameters. The results have shown that both specimens are necessary to test the digital replica.

Keywords: X-ray CT, Dimensional Measurements, Simulation, Specimen Sensitivity, DoE

Einblick in gängige Normen der ZfP – offene Fragen in Durchführungs- und Bewertungsnormen der ZfP

Bernd HEUTLING[1], Günter MOß[2]
[1] GSI mbH, NL SLV Hannover, Hannover, Deutschland, heutling@slv-hannover.de
[2] GSI mbH, NL SLV Hannover, Hannover, Deutschland, moss@slv-hannover.de

Kurzfassung. Spätestens in den Schulungen für ZfP-Prüfer der Stufen 2 und 3 sind nationale und internationale Normen und Standards für die Durchführung von ZfP-Prüfungen und die Bewertung festgestellter Unregelmäßigkeiten bzw. Anzeigen wichtiger Bestandteil der Kurse.

In der Anwendung dieser (und sicherlich auch anderer) Regelwerke tauchen allerdings immer wieder nicht-eindeutige Festlegungen und andere Unsicherheiten auf, so dass die hinsichtlich Durchführung und Bewertung genannten Angaben oftmals lückenhaft oder gar widersprüchlich sind.

Diese Tatsachen wurden bereits 2018 dargestellt [1] und sollen hier nun mit Bezug auf die aktuellen Normen in die heutige Situation von Prüfen und Bewerten eingeordnet werden. Darüber hinaus soll auch herausgearbeitet werden, dass es durch objektive und subjektive Aspekte in der Interpretation und Anwendung von Regelwerken durchaus völlig unterschiedliche Ergebnisse geben kann.

Keywords: ZfP, Normen, lückenhaft, Beispiele

Einführung

Normen sind nach allgemeinem Verständnis freiwillige Regeln, die (im Gegensatz zu Standards) durch anerkannte Organisationen oder Gremien von Personen mit Expertenkenntnissen in einem Konsensverfahren festgelegt werden. Sie sind im Idealfall Sammlungen des Knowhows von Menschen, die auf ihrem Fachgebiet umfangreiches Expertenwissen haben und die Bedürfnisse der Unternehmen und Kunden kennen, die sie repräsentieren. Normen bestehen also aus Fachwissen und bilden den Stand von anerkannter Wissenschaft und Technik ab. Sie sind im besten Fall leistungsstarke Werkzeuge, die helfen, Betriebsrisiken zu reduzieren, Produktivität zu steigern und Nachhaltigkeit zu gewährleisten.

Daher ist die Denkweise anerkannt, dass bei Einhaltung der Vorgaben und Rahmenbedingungen der verwendeten Norm(en) das Produkt qualitativ gut, belastbar, sicher und nachhaltig sein wird.

Um die Normvorgaben befolgen zu können, erwartet man von Normen lückenlose Definitionen, vollständige Angaben und schlüssige Vorgehensweisen. Allerdings werden

Media and Publishing Partner

Normen von Menschen gemacht und allen Anstrengungen zum Trotz, die Qualität von Normen zu maximieren, schleichen sich immer mal Ungänzen in Normen ein.

Dieser Beitrag betrachtet eine Auswahl typischer und oft genutzter Normen aus der zerstörungsfreien Prüfung in Hinsicht auf unklare Sachverhalte, offene Fragen und hinterfragbare Elemente.

1. Gedanken zur DIN EN ISO 6520-1:2007

1.1 Einführung

DIN EN ISO 6520-1 [3] legt fest, wie unterschiedlichste Schweißnahtunregelmäßigkeiten von Schmelzschweißnähten benannt werden. Für eine leichtere internationale Nutzung ordnet sie jeder Unregelmäßigkeit eine Referenznummer zu.

Die ISO 6520-1 [3] unterteilt die Schweißnahtunregelmäßigkeiten in sechs Gruppen, innerhalb derer die dazugehörigen Ungänzen eindeutige Nummern bekommen. Die erste Ziffer bezeichnet die Gruppe, die folgenden verfeinern immer weiter die Bezeichnung.

Beispiel "Risse": Risse werden in Gruppe 1 aufgelistet. Die allgemeinste Bezeichnung für Risse hat die Referenznummer 100. Diese sagt allerdings nichts darüber aus, in welcher Orientierung (zur Schweißnaht) und wo in Bezug auf die Schweißnaht die Unregelmäßigkeit liegt. Längsrisse werden daher gem. ISO 6520-1 [3] mit 101 bezeichnet, Querrisse mit 102 usw. Soll nun genauer bezeichnet werden, wo in Bezug auf die Schweißnaht die Ungänze liegt; bei z.B. den Längsrissen kann dies konkretisiert werden zu: 1011 für einen Riss im Schweißgut, 1012 für einen Riss in der Bindezone usw.

In den meisten Fällen wird dies gut beschrieben und durch Skizzen erläutert. An einigen Stellen sind diese Beschreibungen allerdings nicht eindeutig genug.

1.2 Unterscheidung "gleichmäßig verteilte Porosität" (2012) von "Porennest" (2013) und "Porenzeile" (2014)

Zuerst fällt auf, dass hier die Begriffe Pore und Porosität synonym verwendet werden. Im Sprachgefühl tendiert man allerdings eher dazu, die Porosität als kleinere Form der Pore anzusehen.

Tatsächlich schwer zu unterscheiden ist 2012 von 2014 und dies insbesondere bei Durchstrahlungsaufnahmen, bei denen die offensichtlich notwendige Unterscheidung der Tiefenlage einzelner Anzeigen mit konventionellen Anlagen (= nicht CT) nicht möglich ist. Die Verwirrung rührt daher, dass die Abstände der einzelnen Poren in beiden Anzeigenformen ähnlich erscheinen.

Tabelle 1. Unterscheidung von 2012, 2013 und 2014

gleichmäßig verteilte Porosität (2012)	**Porennest (2013)**	**Porenzeile (2014)**
"Poren, die [..] gleichmäßig im Schweißgut verteilt sind"	*"unregelmäßige örtliche Anhäufung von Poren"*	*"Reihe von Poren, parallel zur Achse der Schweißnaht angeordnet"*
		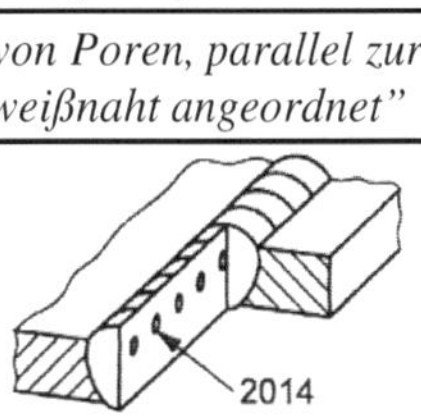

Da es keine Vorgabe über den maximalen Abstand der einzelnen Poren gibt, ist eine Differenzierung zwischen 2012/2014 und 2013 auch nur schwer möglich und unterliegt hinsichtlich der Zuordnung zu den Ordnungsnummern der Subjektivität des Betrachters.

Ein Beispiel hierfür liefert Abb. 1, links: die Abstände zwischen den einzelnen Hohlräumen sind gleichmäßig (wie für 2012 und 2014), gleichzeitig ist eine Anhäufung zu erkennen (2013).

Diese Mehrdeutigkeit wird dann zu einem Problem, wenn man feststellt, dass Bewertungsnormen basierend auf der Zuordnung zu einer Ordnungsnummer Zulässigkeitsgrenzen definieren. DIN EN ISO 10675-1 [7] z.B. definiert für diese drei Ungänzentypen drei unterschiedliche Zulässigkeitsgrenzen, die zu unterschiedlichen Bewertungen derselben Anzeige führen.

Tabelle 2. Zulässigkeitsgrenze 1 gem. DIN EN ISO 10675-1 [7] von 2012, 2013 und 2014

gleichmäßig verteilte Porosität (2012)	**Porennest (2013)**	**Porenzeile (2014)**
$d \leq 0{,}2s$, *max. 3 mm* $L = 100$ *mm* *einlagig geschweißt:* $A \leq 1$ % *mehrlagig geschweißt:* $A \leq 2$ %	$d_A \leq w_p/2$, *max. 15 mm* $d \leq 0{,}2s$, *max. 3 mm*	$l \leq s$, *max. 25 mm* $d \leq 0{,}2s$, *max. 2 mm* $L = 100$ *mm*

Am Beispiel eines Durchstrahlungsfilms (Abb. 1) werden die Konsequenzen für die Bewertung erläutert:

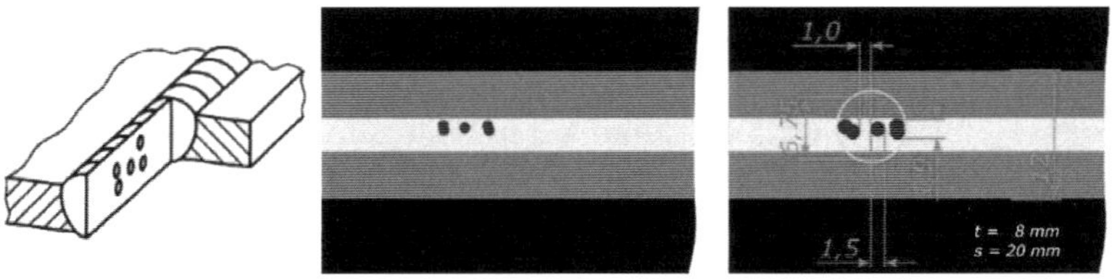

Abb. 1. Beispiel 2013 mit Durchstrahlungsaufnahme

Tabelle 3. Zulässigkeitsgrenze 1 gem. DIN EN ISO 10675-1 [7] von 2012, 2013 und 2014

gleichmäßig verteilte Porosität (2012)	**Porennest (2013)**	**Porenzeile (2014)**
$d \leq 0{,}2s$, *max. 3 mm* $L = 100$ *mm* *einlagig geschweißt:* $A_{zul} \leq 1\ \% = 2{,}4\ mm^2$ *mehrlagig geschweißt:* $A_{zul} \leq 2\ \% = 4{,}8\ mm^2$	$d_A \leq w_p/2$, *max. 15 mm* $d \leq 0{,}2s$, *max. 3 mm*	$l \leq s$, *max. 25 mm* $d \leq 0{,}2s$, *max. 2 mm* $L = 100$ *mm*
$d_{zul} \leq 1{,}6$ *mm* *einlagig geschweißt:* $A_{zul} \leq 2{,}4\ mm^2$ *mehrlagig geschweißt:* $A_{zul} \leq 4{,}8\ mm^2$	_$d_{zul} \leq 1{,}6$ *mm* $d_{A,zul} \leq 6{,}0$ *mm* $d_{A,ist} = 6{,}75$ *mm*	$d_{zul} \leq 1{,}6$ *mm* $l_{zul} \leq 20$ *mm*
$d_{ist,1} = 1{,}5$ *mm* $d_{ist,2} = 1{,}9$ *mm* $A_{ist} = 11{,}6\ mm^2$	$d_{ist,1} = 1{,}5$ *mm* $d_{ist,2} = 1{,}9$ *mm*	$d_{ist,1} = 1{,}5$ *mm* $d_{ist,2} = 1{,}9$ *mm* $l_{ist} = 6{,}75$ *mm*
$A_{ist} > A_{zul} \Rightarrow NE$ $d_{ist,1} < d_{zul} \Rightarrow E$ $d_{ist,2} > d_{zul} \Rightarrow NE$	$d_{A,ist} > d_{A,zul} \Rightarrow NE$ $d_{ist,1} < d_{zul} \Rightarrow E$ $d_{ist,2} > d_{zul} \Rightarrow NE$	$l_{ist} < l_{zul} \Rightarrow E$ $d_{ist,1} < d_{zul} \Rightarrow E$ $d_{ist,2} > d_{zul} \Rightarrow NE$

In der Betrachtung der Poren auf dem Original-Film (Abb. 1, links) ist festzustellen, wie schwer die Unterscheidung der Einzelporen ist ($d_{Poren,ist,links} = d_{ist,2}$). Im (retuschierten) Film (Abb. 1,) rechts, in dem die Umrisse der Poren erkennbar nachgestellt wurden, können sie unterschieden werden, so dass gilt $d_{Poren,ist,rechts} = d_{ist,1}$.

Im Original-Film (links) sind daraus folgend 2012 und 2013 unzulässig (NE), 2014 jedoch zulässig (E). Im Film rechts sind sowohl 2012, 2013 als auch 2014 unzulässig (NE).

Dieses Beispiel zeigt, dass eine andere Charakterisierung zu einer abweichenden Bewertung führen kann.

1.3 Unterscheidung "Oberflächenpore" (2017) von "Oberflächenporosität" (2018)

Bei beiden Unregelmäßigkeiten handelt es sich normgemäß um zur Oberfläche hin offene Hohlräume. Dabei werden für 2018 die Begriffe Pore und Porosität in der Beschreibung (wie oben schon beschrieben) offensichtlich als Synonym benutzt:

> *"Porosität an der Oberfläche der Schweißnaht einzelne oder mehrfache zur Oberfläche offene Poren in der Schweißnaht"*

Das im deutschen Sprachteil der Norm fehlende (aber im englischen und französischen Text vorhandene) Komma/Semikolon macht das Verstehen noch etwas schwieriger. In allen drei Sprachen ist die Mehrdeutigkeit problematisch; sie lässt die Unterscheidung zwischen 2017 und 2018 sehr subjektiv werden.

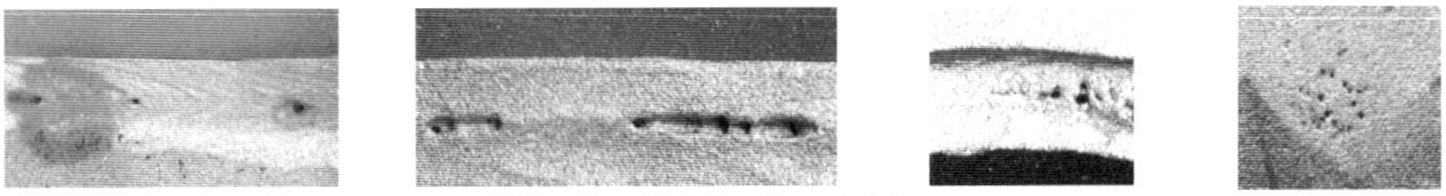

Abb. 2. subjektive Entscheidungen:
Links: mehrere 2017 (Oberflächenporen) | 2.v.l.: zwei Gruppen 2017 (Oberflächenporen)
2.v.r.: mehrere 2017 (Oberflächenporen) | rechts: 2018 (Oberflächenporosität)

Während die Entscheidung in / für Abb. 2, links, noch mehrheitliche Zustimmung zu finden vermag, kann man über die Beurteilungen zu den weiteren Bildern in Abb. 2 diskutieren. Spätestens bei Abb. 2, 2.v.r. wird es dann sicherlich auch Befürworter für eine Klassifizierung als 2018 geben. In Abb. 2, rechts sind die Hohlräume so klein, dass das Sprachgefühl den Betrachter eher zu 2018 neigen lassen mag.

Erschwert wird die Entscheidung sicherlich durch die Tatsache, dass es in den häufig genutzten DIN EN ISO 5817 [2] und DIN EN ISO 10042 [4] nur Bewertungshinweise für 2017 (Oberflächenpore) gibt, nicht aber für 2018.

1.4 Unterscheidung "Einbrandkerbe, durchlaufend" (5011) von "Einbrandkerbe, nicht durchlaufend" (5012)

Während die bisher genannten Fälle vermutlich im Alltag nur Marginalien darstellen, ist die Unterscheidung von durchlaufenden und nicht durchlaufenden Einbrandkerben von essenzieller Bedeutung. Die normseitigen Fakten [3]:

- Die durchlaufende Einbrandkerbe 5011 wird als *"Einbrandkerbe von großer Länge ohne Unterbrechungen"* beschrieben. Die beigefügten Skizzen zeigen nur Querschnitte und sind hinsichtlich des Längenaspekts keine Hilfe.
- Die nicht durchlaufende Einbrandkerbe 5012 wird als *"kurze unterbrochene Einbrandkerbe entlang der Schweißnaht"* angegeben. Die in der Norm gezeigte Draufsicht zeigt Vertiefungen, die von "gesundem" bzw. nicht geschädigtem/gekerbtem Werkstoff unterbrochen sind.

Zuallererst ist festzuhalten, dass ISO 6520-1 [3] mit der eingangs genannten Beschreibung von 5011 die häufig anzutreffende Interpretation negiert, dass 5011 vom Anfang der Schweißnaht bis zum Ende der Schweißnaht durchlaufen -muss-. 5011 kann vom Anfang bis zum Ende der Schweißnaht verlaufen, muss es aber nicht.

Tatsächlich verläuft im Beispiel in Abb. 3, links, die Einbrandkerbe von ihrem Anfang bis zu ihrem Ende ohne Unterbrechung (durch "gesunden" Werkstoff).

Weniger klar ist die Betrachtung nicht durchlaufender Einbrandkerben (Abb. 3, rechts). Die Draufsichtskizze der nicht durchlaufenden Einbrandkerbe suggeriert, dass der

Abstand zwischen den gekerbten Abschnitten kleiner sei als die Länge der gekerbten Einbrandkerbabschnitte, allerdings ohne Werte zu nennen. Dieser Suggestion folgend ist der in Abb. 3 rechts unten rechts rot gezeichnete Verlauf (Nummer ②) eindeutig 5012.

Abb. 3. links: Beispiel für eine durchlaufende Einbrandkerbe 5011; rechts: Beispiel für eine nicht durchlaufende Einbrandkerbe 5012 (Nummer ②)

Da wie gesagt keine Abstandswerte definiert sind, bleibt in Abb. 3, rechts, die Frage, wie mit der (vielleicht erst später beachteten) Einbrandkerbe am Beginn der Schweißnaht zu verfahren ist.

- Alternative 1: Wenn der Abstand tatsächlich ein Klassifizierungskriterium ist, ist die Kerbe am Beginn der Schweißnaht eine einzelne durchlaufende Einbrandkerbe 5011.
- Alternative 2: Ist der Abstand kein Kriterium, können alle Einbrandkerben auf der rechten Seite als eine lange nicht durchlaufende Einbrandkerbe 5012 klassifiziert werden.

Diese Betrachtungen mögen akademisch sein, allerdings nur so lange wie keine Bewertungsnormen für die Bewertung herangezogen werden:

1.4.1 Beispiel ISO 5817 [2]

Tabelle 4 zeigt, dass gemäß ISO 5817 [2] die Einbrandkerbentypen 5011 und 5012 gleich bewertet werden. Eine diskussionswürdige Klassifizierung ist hier unproblematisch.

Tabelle 4. Auszug aus und nach ISO 5817 [2]

				Grenzwerte für Unregelmäßigkeiten bei Bewertungsgruppen		
Ordnungs-Nr. nach ISO 6520-1	Unregelmäßigkeit Benennung	Bemerkungen	*t* mm	D	C	B
5011	durchlaufende Einbrandkerbe	Ein weicher Übergang ist erforderlich. Wird nicht als systematische Unregelmäßigkeit angesehen.	0,5 bis 3	Kurze Unregelmäßigkeit: h ≤ 0,2 t	Kurze Unregelmäßigkeit: h ≤ 0,1 t	nicht zulässig
5012	nicht durchlaufende Einbrandkerbe (kurze Unregelmäßigkeit)		> 3	h ≤ 0,2 t, aber max. 1 mm	h ≤ 0,1 t, aber max. 0,5 mm	h ≤ 0,05 t, aber max. 0,5 mm

1.4.2 Beispiel ISO 10042 [4]

Tabelle 5 zeigt, dass gemäß ISO 10042 [4] die Einbrandkerbentypen 5011 und 5012 unterschiedlich bewertet werden. Eine diskussionswürdige Klassifizierung (siehe Beispiel zu Abb. 3) führt in diesem Fall zu völlig anderen Bewertungen.

Im obigen Beispiel (Abb. 3), Alternative 1 (5011), wäre die kurze Einbrandkerbe rechts unten am Anfang der Naht per se unzulässig. Bei Alternative 2 (lange 5012) wäre die Entscheidung abhängig von Blechdicke und Einbrandkerbentiefe evtl. zulässig; bei z.B. einem Blech mit t = 8 mm wäre selbst in der kritischsten Bewertungsgruppe B eine Einbrandkerbentiefe von 0,5 mm noch zulässig (s. Tabelle 5).

Tabelle 5. Auszug aus und nach ISO 10042 [4]

				Grenzwerte für Unregelmäßigkeiten bei Bewertungsgruppen		
Ordnungs-Nr. nach ISO 6520-1	Unregel-mäßigkeit Benennung	Bemerkungen	*t* mm	D	C	B
5011	durchlaufende Einbrandkerbe	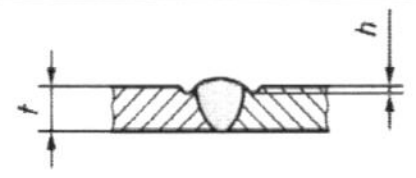	0,5 bis 3	h ≤ 0,2 t	h ≤ 0,1 t	nicht zulässig
			> 3	h ≤ 0,2 t, aber max. 1 mm	h ≤ 0,1 t, aber max. 0,5 mm	nicht zulässig
5012	nicht durchlaufende Einbrandkerbe	Ein weicher Übergang ist erforderlich. 5012 gilt nicht als systematische Unregelmäßigkeit	0,5 bis 3	h ≤ 0,2 t	h ≤ 0,1 t	h ≤ 0,1 t
			> 3	h ≤ 0,2 t, aber max. 1,5 mm	h ≤ 0,1 t, aber max. 1,0 mm	h ≤ 0,1 t, aber max. 0,5 mm

1.4.3 Beispiel AD2000-Merkblatt HP5/1 [8]

Das AD2000-Merkblatt HP5/1 [8] legt etwas verwinkelt fest, dass:

- alle Unregelmäßigkeiten nach Bewertungsgruppe B zu bewerten sind
- 5011 per se unzulässig ist
- 5012 gem. Bewertungsgruppe C zu bewerten ist

Offensichtlich führt auch hier eine Klassifizierung wie im Beispiel zu Abb. 3 zu völlig unterschiedlichen Bewertungen.

2. Gedanken zur DIN EN ISO 5817:2023

2.1 3.2/3.3 kurze Unregelmäßigkeit

Für Schweißnähte wird eine Ungänze als „*kurze Unregelmäßigkeit*" definiert, wenn sie

- *in einem Abschnitt von 100 mm, der die meisten Unregelmäßigkeiten enthält, die Gesamtlänge der Unregelmäßigkeiten 25 mm nicht überschreitet*
- *bei Schweißnähten kürzer als 100 mm die Gesamtlänge der Unregelmäßigkeiten 25% der Schweißnahtlänge nicht überschreitet*

Nicht festgelegt ist, ob auf der 100 mm-Strecke alle Unregelmäßigkeiten unabhängig von ihrer Referenznummer betrachtet/ addiert werden müssen (Abb. 4, rechts)!?

Der gesunde Menschenverstand sagt *"nein, das ist unsinnig, weil eine Überhöhung und eine (Einbrand)Kerbe völlig unterschiedliche Konsequenzen für die Betriebssicherheit und Einsetzbarkeit einer Schweißnaht haben"*. In diesem Fall ist es schlüssig, dass die Ungänzen je nach Typ betrachtet werden. Dann ergibt sich in Abb. 4 rechts die Situation, dass die Einbrandkerben keine kurze Unregelmäßigkeit sind (Länge = 30 mm). Die Nahtüberhöhungen 502 hingegen sind eine kurze Unregelmäßigkeit.

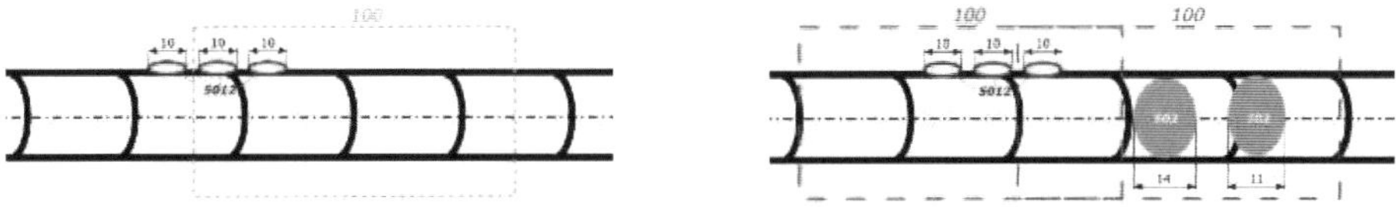

Abb. 4. links: kurze Unregelmäßigkeit mit falsch gesetzter 100 mm-Betrachtungsstrecke für 5012
rechts: kurze Unregelmäßigkeit mit korrekten 100 mm-Betrachtungsstrecken für 502 und 5012

Würde die Prämisse „alle Unregelmäßigkeiten des Streckenbereichs unabhängig vom Typ gleichzeitig betrachten" gelten, dann ist der in Abb. 4 rechts gezeigte Fall ebenfalls keine kurze Unregelmäßigkeit.

Die Streckenmarkierung in Abb. 4 links darf nicht nach rechts verschoben werden, da der Worst-Case-Fall betrachtet werden muss (*"Abschnitt von 100 mm, der die meisten Unregelmäßigkeiten enthält"*), sondern sie muss nach links verschoben werden (s. Abb. 4 rechts).

Wie Tabelle 4 dieses Beitrags beispielhaft zeigt, gibt es in der ISO 5817 [2] Unregelmäßigkeiten, deren Bewertungskriterien unter der Maßgabe *"kurze Unregelmäßigkeit"* gelten. Ungeklärt durch die Norm bleibt die Frage: *„welche Bewertungskriterien gelten für den Fall, dass die gefundene Einbrandkerbe* ***keine*** -kurze Unregelmäßigkeit- *ist?"* Ist sie dann per se unzulässig? Das Fehlen von Informationen für diesen Fall lässt unnötig Raum für Diskussionen und führt zu Unsicherheiten.

3. Unterschiede in DIN EN 13018:2016 und DIN EN ISO 17637:2017

In DIN EN 13018 [6] werden titelgemäß "[...] Sichtprüfung – Allgemeine Grundlagen" dargestellt. DIN EN ISO 17637 [5] ist betitelt als " [...] Sichtprüfung von Schmelzschweißverbindungen". Diese Titel sollten dem Leser eigentlich als Garant dienen können und aussagen, dass sie einander kennen und respektieren, quasi "aus einem Guss" sind.

Tatsächlich unterscheiden sich die Normen jedoch an mehreren Stellen so maßgeblich, dass der Benutzer davon Abstand nehmen sollte, sie -gleichzeitig- heranzuziehen.

Der erste Unterschied ist in den zahlenmäßigen Vorgaben gut erkennbar: EN 13018 [6] fordert mindestens 500 lx Beleuchtungsstärke, während ISO 17637 [5] nur *mindestens 350 lx* fordert und *500 lx* Beleuchtungsstärke nur *empfiehlt*! Dem Benutzer der ISO 17637 [5] sollte allerdings bewusst sein, dass eine Unterschreitung von 500 lx zwar "rechtlich" von der Norm getragen wird, es aber problematisch sein wird, zu rechtfertigen, warum der eindeutigen Empfehlung von 500 lx nicht Folge geleistet wird. Diese Gedanken fußen zum einen auf der Basiserkenntnis der Sichtprüfung, dass (solange keine Blendung vorliegt) es immer besser ist, stärker auszuleuchten, i.e. höhere Werte für die Beleuchtungsstärke anzustreben, da dies die POD (Wahrscheinlichkeit der Detektierung) erhöht. Zum anderen gibt es genug andere Normen, die sich nicht mit weniger als 500 lx zufriedengeben oder gar mehr fordern (s. EN 13018 [6] u.a.).

Die zweite Diskrepanz ist weniger offensichtlich: in EN 13018 [6] ist die indirekte Sichtprüfung als eine mit *„unterbrochenem Strahlengang"* (namentlich mittes *Foto- und Videotechnik)* definiert. In ISO 17637 [5] heißt es jedoch *"indirekte Sichtprüfung unter Verwendung von Spiegeln, Boroskopen, optischen Glasfaserkabeln oder Kameras"*. Wenn diese Hilfsmittel nach den Kriterien von EN 13018 [6] und ISO 17637 [5] untersucht werden, ergibt sich das in Tabelle 6 dargestellt Bild:

Es zeigt sich deutlich, dass der Begriff *"indirekte Sichtprüfung"* von EN 13018 [6] und ISO 17637 [5] sehr unterschiedlich festgelegt worden ist. Spätestens wenn Prüfer durch Zertifikatvergabe auf *"direkte Sichtprüfung"* beschränkt werden, ergibt diese Konstellation Unsicherheiten, da die Prüfer je nach Anwendung der einen oder anderen Normdefinition nicht mal einen Spiegel oder eine Lupe verwenden dürfen.

Tabelle 6. Vergleich der Kriterien für direkte und indirekte Sichtprüfung in EN 13018 [6] und ISO 17637 [5]

in [5] genannte Hilfsmittel	Beeinflussung des durchtretenden Lichts durch das Hilfsmittel	Strahlengang wird	Sichtprüfung gem. ISO 17637 [5]:	Sichtprüfung gem. EN 13018 [6]:
Spiegel	reflektieren	nicht unterbrochen	indirekt	direkt
Boroskope	durchleiten, beugen	nicht unterbrochen	indirekt	direkt
optische Glasfaserkabel	durchleiten	nicht unterbrochen	indirekt	direkt
Kameras	umwandeln in andere Energieform (Film, Elektrizität)	unterbrochen	indirekt	indirekt

4. Zusammenfassung und Ausblick

Es geht hier nicht darum, Normgesellschaften, -ausschüsse oder -ausschussmitglieder anzugreifen! Wer schon mal in einem Normausschuss mitgearbeitet hat, weiß, wie schwer die Konsensfindung dort sein kann.

In diesem Beitrag geht es vielmehr darum, die Nutzer von Normen zur Achtsamkeit und Vorsicht aufzurufen. Denn in vielen Normen und Standards sind kleinere oder größere Inkonsistenzen enthalten, die bei Nichtbeachtung früher oder später zu Schwierigkeiten führen können („so gesehen zulässig, anders gesehen unzulässig").

Als Behelf bis zur Bereinigung von unklaren Stellen in Normen kann es hilfreich sein, diese Inkonsistenzen in Verfahrensbeschreibungen oder Prüfanweisungen aufzugreifen und eine Klärung herbeizuführen, die von Kunden und Auftraggeber akzeptiert werden kann.

Ziel aller Bemühungen, angefangen vom Normentwurf bis zur Prüfanweisung, sollte und muss es sein, ZfP-Prüfungen verständlich, verlässlich und nachvollziehbar zu machen, so dass mehrere Prüfer bei Einhaltung von Normen und Prüfanweisungen zu den gleichen Ergebnissen (Anzeigen, ihre Klassifizierung und ihre Bewertungen) kommen.

Referenzen

[1] Weinert. T., Keitel, S.: Zulässig oder unzulässig – die Probleme des Prüfers bei der Entscheidungsfindung; DGZfP-Jahrestagung 2018; Leipzig; 2018

[2] DIN EN ISO 5817:2023 - Schweißen; Schmelzschweißverbindungen an Stahl, Nickel, Titan und deren Legierungen (ohne Strahlschweißen); Bewertungsgruppen von Unregelmäßigkeiten; Beuth-Verlag, Berlin

[3] DIN EN ISO 6520-1:2007 - Schweißen und verwandte Prozesse; Einteilung von geometrischen Unregelmäßigkeiten an metallischen Werkstoffen; Teil 1: Schmelzschweißen; Beuth-Verlag, Berlin

[4] DIN EN ISO 10042:2019 - Schweißen; Lichtbogenschweißverbindungen an Aluminium und seinen Legierungen; Bewertungsgruppen von Unregelmäßigkeiten; Beuth-Verlag, Berlin

[5] DIN EN ISO 17637:2017 - Zerstörungsfreie Prüfung von Schweißverbindungen –Sichtprüfung von Schmelzschweißverbindungen

[6] DIN EN 13018:2016 - Zerstörungsfreie Prüfung – Sichtprüfung – Allgemeine Grundlagen; Beuth-Verlag, Berlin

[7] DIN EN ISO 10675-1:2022 - Zerstörungsfreie Prüfung von Schweißverbindungen – Zulässigkeitsgrenzen für die Durchstrahlungsprüfung – Teil 1: Stahl, Nickel, Titan und deren Legierungen; Beuth-Verlag, Berlin

[8] AD 2000-Merkblatt HP5/1:2021 - Herstellung und Prüfung der Verbindungen; Arbeitstechnische Grundsätze; Verband der TÜV e.V., Berlin

Der Monitor – das schwächste Glied in der digitalen ZfP Kette? Ideen zu einem DGZfP Merkblatt

Klaus BAVENDIEK [1], Uwe ZSCHERPEL [2]
[1] Kowotest, Norderstedt, D, kb@kowotest-nord.de
[2] BAM, Berlin, D, uwe.zscherpel@bam.de

Kurzfassung. Die Digitalisierung der ZfP hat dazu geführt, dass digitale Bilder am Monitor ausgewertet werden. Der FAD der DGZfP hat dazu eine Arbeitsgruppe gebildet, die sinnvolle Anforderungen an Monitore in einem Merkblatt definieren soll. Mit dieser Veröffentlichung soll eine erste Vorstellung über die Anforderungen und Parameter gegeben, aber auch die Unterschiede zur Medizin herausgestellt werden.

In dem Merkblatt wird zuerst die Physiologie des menschlichen Auges mit seinen Stärken und Schwächen vorgestellt. Der Stand der aktuellen Monitortechnik vorgestellt seine Eignung für die ZfP diskutiert. Für die unterschiedlichen Anwendungen werden Bildschirmklassen mit unterschiedlichen technischen Anforderungen definiert. Um die unterschiedlichen Einsatzumgebungen zu berücksichtigen gibt es Raumklassen, die die Umgebungsbedingungen der Monitore klassifizieren. Das Verfahren zur Justierung der Monitor Kennlinie wird beschrieben.

Ein eigenes Kapitel beschreibt die Qualifizierung der Monitore sowohl mit Messgeräten als auch visuell mit einem hier ebenfalls vorgestellten Testbild. Das Merkblatt endet mit Vorschlägen zum Prüfzyklus und Umfang der Wiederholungsprüfungen.

Keywords: Monitor, Durchstrahlungsprüfung, CT, Bildauswertung

Einführung

Die Digitalisierung der ZfP hat dazu geführt, dass digitale Bilder nun am Monitor ausgewertet werden. Bekannterweise bestimmt das schwächste Glied der Bildkette die Qualität der Auswertung – und heute ist das oft der Monitor. In der Medizin gibt es daher schon seit über 20 Jahren genaue Vorschriften zum Einsatz von Monitoren in der Radiologie, die auch teilweise in der ZfP verwendet bzw. von Auditoren gefordert werden. Für viele Einsatzgebiete der ZfP ist das aber oft unangemessen und praxisfremd. Daher hat der FAD beschlossen, ein Merkblatt D8 mit dem Arbeitstitel
Anforderungen an Monitore für die Analyse und Bewertung digitaler Radiographien
zu erarbeiten, dessen Inhalt und Stand in diesem Beitrag aufgezeigt wird.

1. Ziel und Anwendungsbereich

Das Merkblatt richtet sich an die Auswerter bzw. Bewerter von industriellen radiographischen zwei- und dreidimensionalen Bilddaten auf einem Monitor. Sie kommt zur Anwendung, wenn anhand des Monitorbildes relevante Entscheidungen über die Qualität der geprüften Objekte getroffen werden sollen.

In dem Merkblatt werden die unterschiedlichen radiographischen Prüfungen mit ihren unterschiedlichen Anforderungen an die Qualität der Auswertung berücksichtigt. Dazu werden Qualitätsanforderungsklassen definiert und die Umgebung, in der die Auswertung stattfinden soll, in Raumklassen eingeteilt. Hierbei seien als Extrema die Auswertung von Bilddaten auf dem Monitor in einer Fabrikhalle mit stabförmiger Deckenbeleuchtung und die Auswertung im abgedunkelten, separaten Raum mit definierten Beleuchtungsbedingungen genannt.

2 Beschreibungen des menschlichen Sehens und der Monitor-Technik.

2.1 Physiologie des menschlichen Sehens

Das Auge eines erwachsenen Menschen hat ein räumliches Auflösungsvermögen von ca. 1…2 Bogenminuten; damit kann eine Struktur von 0,3 lp/mm in 0,5 m Abstand aufgelöst werden. Diese Sehschärfe wird nur mit den Zäpfchen der Netzhaut erreicht, die sich im Zentrum des Auges befinden. Damit kann in einem Winkel von ca. 2° in 50 cm Abstand nur eine Fläche von ca. 2*2 cm^2 wirklich scharf gesehen werden und das auch erst ab einer Helligkeit von mehr als 0,5 cd/m^2. Da bereits kleine Abweichungen vom Augenzentrum zu reduzierter Auflösung führen, bewegt der Mensch vor dem Monitor die Augen oder den Kopf, wenn er ein größeres Bild betrachtet.

Die Empfindlichkeit des menschlichen Auges (nach einer ausreichenden Adaptionszeit im Minutenbereich) reicht über 12 Zehnerpotenzen der Luminanz (Leuchtdichte in cd/m^2) – weitaus mehr als jeder Monitor darstellen könnte. Allerdings kann das Auge daraus nur einen eingeschränkten Dynamikbereich zu einem Zeitpunkt umsetzen. Dabei kann sich die Pupille öffnen oder schließen, so wie eine Blende bei einem Fotoobjektiv die Lichtmenge um mehrere Zehnerpotenzen reduzieren kann. Die Kontrastempfindlichkeit des menschlichen Auges folgt etwas der Kubikwurzel der Leuchtdichte.

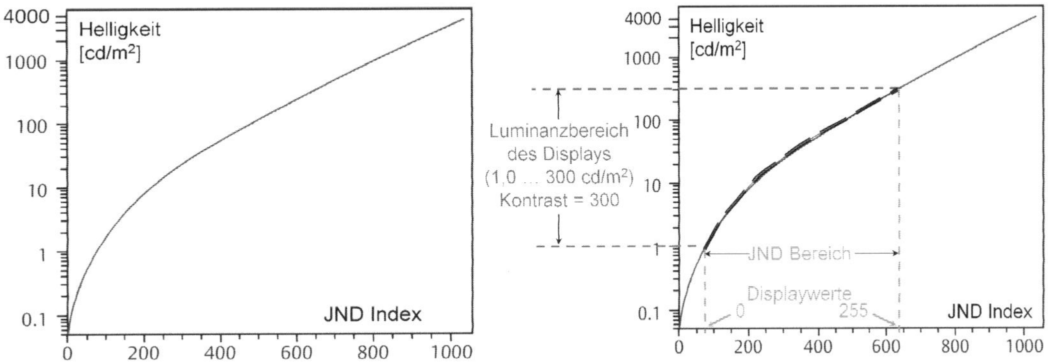

Abb. 1. Helligkeitsauflösung des menschlichen Auges nach Barten (links) und Beispiel für einen Monitor; JND – Just Noticable Differences – gerade noch unterscheidbare Luminanzstufen.

Zur Ermittlung von gerade noch wahrnehmbaren Unterschieden [JND – Just Noticeable Differences] hat Barten 1977 ein Modell des menschlichen Sehens aufgestellt und dabei viele verschiedene Parameter berücksichtigt (Abb. 1, links). Im Ergebnis kommt er auf maximal 1000 Differenzstufen, von denen allerdings nur – je nach Bildhelligkeit und Monitor – eine beschränkte Anzahl wahrgenommen werden kann. In dieser Barten-Kurve wurde in Abb. 1 rechts ein Monitor mit einem Luminanzbereich von 1 cd/m^2 bis 300 cd/m^2 eingezeichnet. Dieser Monitor hat bei einem Displaywert von 0 eine Luminanz von 1 cd/m^2 und bei einem Wert von 255 (8 Bit Ansteuerung) eine Luminanz von 300 cd/m^2. In diesem Leuchtdichtebereich lassen sich max. 570 Graustufen visuell unterscheidbar darstellen.

2.2 Technologie der Monitore und vergleichbare Normen aus der Medizin

In diesem Kapitel wird der Stand der Technik von LCD und OLED Displays aufgezeigt. Röhrenmonitore werden explizit ausgeschlossen, weil sie die heutigen Qualitätsanforderungen nicht erfüllen.

In der Medizin gibt es schon sehr lange Richtlinien für die Befundung am Monitor. Wegweisend ist der NEMA Standard DICOM 3 Part 14 [1]. Dort ist u.a. die Monitorkennlinie nach Barten (s. Abb. 1) mit den gerade noch wahrnehmaren Unterschieden (JND) als Graustufen-Standard-Display-Funktion (GSDF) umgesetzt.

Die deutsche Norm DIN 6868-157:2022 [2] (Nachfolger der DIN 6868-57:2001) legt die Mindestanforderungen an Bildwiedergabesysteme für den medizinischen Bereich fest. An diese Norm lehnt sich dieses Merkblatt an, wenn die Zielsetzung passt.

3 Technische Anforderungen und Monitor-Parameter

3.1 Begriffe und Monitor-Parameter

In diesem Kapitel werden verwendete Begriffe mit ihren Abkürzungen erläutert und die Monitor Parameter beschrieben.

3.2 Monitor-Parameter mit ihren Messverfahren zur Qualifizierung

Zuerst werden die Parameter in Anlehnung an die DIN 6868-157:2022 gemessen, um initial die Eignung des Monitors für die gewünschte Aufgabe zu ermitteln. Anschließend und wiederholend kann mit Testbildern die subjektiv ermittelte Qualität und Konstanz geprüft werden.

Mit einem Leuchtdichte-Messgerät werden die Schleierleuchtdichte L_{amb} bei ausgeschaltetem Monitor und die minimale und maximale Display Leuchtdichte L_{min} und L_{max} bei eingeschaltetem Monitor und weißen bzw. schwarzem Vollbild gemessen und daraus der Kontrast r` berechnet.

Anhand einer 11 stufigen Leuchtdichte-Treppe im Testbild mit jeweils 10% Abstand in der Leuchtdichte wird der Leuchtdichteverlauf mit einem Leuchtdichte-Messgerät in Abhängigkeit des Grauwerts ermittelt und die Abweichung zur gewünschten Monitor-Kennlinie GSDF bestimmt.

Final wird mit einem Beleuchtungsstärkemessgerät das Hintergrundlicht E gemessen. Das Verfahren sowie das Messgerät sollen der DIN 6868-157:2022 entsprechen.

Die visuelle Bewertung soll mit einem Testbild ähnlich zum SMPTE oder TG18-OIQ aus der DIN 6868-157:2022 erfolgen. Dieses Testbild muss so an den Monitor angepasst werden, dass es formatfüllend 1:1 dargestellt wird. 1:1 bedeutet, dass ein Pixel des Testbildes einem Pixel des Monitors entspricht.

Die Arbeitsgruppe erstellt ein Testprogramm [3], dass in der Lage ist, anhand der Monitorauflösung ein passendes Testbild zu generieren (s. Abb. 2).

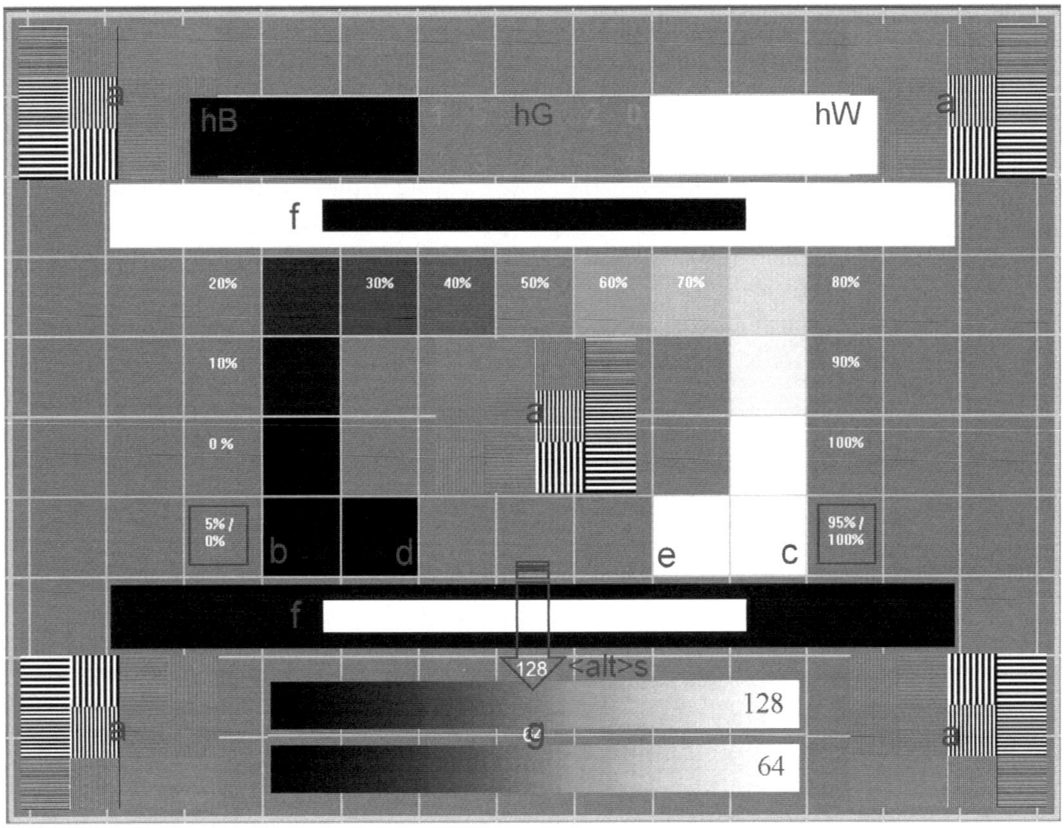

Abb. 2. Computer generiertes Testbild mit den verschiedenen Auswertebereichen.

4 Monitorklassen für verschiedene Anwendungsgebiete

Verschiedenen Anwendungen erfordern unterschiedliche Prüfqualitäten und haben daher auch unterschiedliche Ansprüche an die Bildgüte und die Bildauswertung auf dem Monitor.

Tabelle 1. Definition von Monitorklassen mit Anwendungsbeispielen

Monitor-Klasse	Anwendungsgebiet	Max. Leuchtdichte und Leuchtdichte-Verhältnis	GSDF-Abweichung
MK 1	nur Bilddarstellung	mind. 200 cd/m^2 und 150:1	entfällt
MK 2	Gußteilprüfung im Takt der Serienfertigung	mind. 250 cd/m^2 und 200:1	<25%
MK 3	Prüfklasse A (z.B. Gussteile)	mind. 350 cd/m^2 und 300:1	<10%
MK 4	Prüfklasse B (z.B. Schweissnähte)	mind. 550 cd/m^2 und 500:1	<5%

In Tabelle 1 werden 4 Monitorklassen so definiert, dass die Unterschiede in den zuvor gemessenen Bildqualitätsparametern so groß sind, dass sich die darstellbare Bildqualität auf den Monitoren deutlich unterscheidet. Damit wird eine Einteilung in Monitorklassen für die Anwendung in der ZfP möglich.

5 Betrachtungsbedingungen und Raumklassen

Bei der Bildauswertung am Monitor kann der Lichteinfall von Fenstern, Leuchtkörpern, usw. die Qualität der Bildbeurteilung durch Reflexionen auf der Monitoroberfläche beeinträchtigen. Die Lichtbedingungen der Umgebung reduzieren den maximalen Kontrast der Bilddarstellung auf dem Monitor erheblich, weshalb sie in die Qualitätssicherung in den Monitorklassen ab MK2 mit einbezogen werden müssen.

Die Norm DIN 6868-157:2022 legt in Tabelle 1 Raumklassen (RK) fest, an die sich das Merkblatt anlehnt aber aufgrund der anderen Umgebungsbedingungen andere Beleuchtungsstärken bei den Auswerteumgebungs-Klassen (AUK) vorgibt, um den Bedingungen der industriellen Radiographie Rechnung zu tragen.

Tabelle 2. Definition von Auswerteumgebungs-Klassen mit Anwendungsbeispielen

Umgebungs-Klasse	Auswerteumgebung / Raum	Tätigkeit	Beleuchtungs-stärke [lx]
AUK1	Separater Auswerteraum mit definierter Beleuchtung	Beurteilung von Missions-kritischen Einzelteilen	≤ 75
AUK2	Separater Auswerteraum	Detektion von Ungänzen in Einzelstücken	≤ 100
AUK3	Fabrikhalle mit definierter Beleuchtung	Detektion von Ungänzen in der Serienproduktion	≤ 800
AUK4	Fabrikhalle, im Freien		≤ 1500

Für mobilen Einsatz ist die AUK anhand der höchsten genutzten Beleuchtungs-stärke festzulegen.

6 Anforderungen an Monitore für verschiedene Anwendungen und Raumklassen

Hier werden alle Monitor Parameter aufgelistet, die Relevanz für die Auswahl des Monitors passend zur Monitorklasse haben.

Tabelle 3. Definition von Mindestanforderungen an Monitore für die Monitorklassen

Monitor Klasse	max. Helligkeit L_{max}	Kontrast $r' = L'_{max}/L'_{min}$	visuelle Auswertung	minimale Anzahl Pixel Breite	Höhe	Leuchtdichten Kennlinie	maximale Pixel Größe	minimale Display Größe	notwendige AUK
MK 4	≥ 550 cd/m²	≥ 500	≥ 65 Punkte	≥ 3200	≥ 2000	GSDF ± 5%	≤ 0,22mm	≥ 27 Zoll	AUK 1
MK 3	≥ 350 cd/m²	≥ 300	≥ 50 Punkte	≥ 2560	≥ 1600	GSDF ± 10%	≤ 0,25mm	≥ 24 Zoll	AUK 2
MK 2	≥ 250 cd/m²	≥ 200	≥ 32 Punkte	≥ 1920	≥ 1080	GSDF ± 25%	≤ 0,28mm	≥ 22 Zoll	AUK 3
MK 1	≥ 200 cd/m²	≥ 150	≥ 18 Punkte	≥ 1200	≥ 720	entfällt	≤ 0,3mm	≥ 17 Zoll	AUK 4

Bei der Auswahl des Monitors können vor dem Erwerb die Daten aus dem Datenblatt des Herstellers entnommen werden. Vor dem Einsatz in der radiographischen Auswertung sind diese Werte messtechnisch und visuell zu verifizieren bzw. zu berechnen (z.B. Kontrast oder Pixelgröße). Die Messwerte dienen bei künftigen Messungen als Referenz und Abweichungen um mehr als 20% müssen eine Fehlerbehandlung zur Folge haben.

7. Justierung der Monitor-Kennlinie (Verfahrens-Beschreibung)

Es werden die 3 Möglichkeiten zur Justage der Monitor-Kennlinie beschrieben:

- direkt am Monitor mit Testbildern (z.B. Stack von Tiff-Bildern mit DDL=0 bis 255)
- in der Graphikkarte mit Testbildern
- mit Monitor-Kalibrator und Kalibrator-Software zur LUT-Generierung.

8. Messtechnik und Verfahren (Prüfumfang)

8.1 Messtechnische Erfassung der Leuchtdichten und Raumhelligkeit

Die objektive messtechnische Beurteilung des Monitors erfolgt mit einem Leuchtdichte-Messgerät in cd/m^2. Der Monitor sollte vor der ersten Messung bereits 30 Minuten betrieben worden sein, das kann z.B. der normale praktische Einsatz sein.

Tabelle 4. Auswertungstabelle für die messtechnische Prüfung der Monitor-Qualität

	Parameter		Meßgerät	Wert	Grenzwert	Einheit
2	Minimalleuchtdichte	L_{min}	Leuchtdichtemessgerät; Bild mit DDL=0			$[cd/m^2]$
3	Maximalleuchtdichte	L_{max}	Leuchtdichtemessgerät; Bild mit $DDL=DDL_{max}$			$[cd/m^2]$
4	tot. Minimalleuchtdichte	L'_{min}	Berechnung aus $L_{min} + L_{amb}$			$[cd/m^2]$
5	tot. Maximalleuchtdichte	L'_{max}	Berechnung aus $L_{max} + L_{amb}$			$[cd/m^2]$
6	max. Leuchtdichteverhältnis	r'	Berechnung aus L'_{max} / L'_{min}			
1	Schleierleuchtdichte	L_{amb}	Leuchtdichtemessgerät; Monitor ausgeschaltet			$[cd/m^2]$
7	Hintergrund Licht	E	Beleuchtungsstärkemessgerät			[lx]

Die Ergebnisse werden mit den in Tabelle 4 eingetragenen Grenzwerten für die ausgewählte Monitorklasse verglichen. Sollten Abweichungen um mehr als 20% bei einem der Messwerte vorliegen, sind Fehlerkorrektur-Maßnahmen einzuleiten.

8.2 Visuelle Beurteilung der Monitor-Qualität

Die visuelle Beurteilung der Darstellungsqualität des Monitors erfolgt mit einem generierten Testbild, das formatfüllend auf dem Monitor dargestellt wird. Der visuelle Test untergliedert sich anhand der Darstellung mit den Punkten **a** bis **hW** wie im Abb.2 gezeigt.

Tabelle 5. Auswertungstabelle für die visuelle Prüfung der Monitor Qualität

Position	Parameter		waagerecht	senkrecht	Punkte	Referenz	Wertebereich
a	Auflösung (Schärfe und Kontrast)	Zentrum					1P-2G .. 2P-8G
a	Auflösung (Schärfe und Kontrast)	Links oben					1P-2G .. 2P-8G
a	Auflösung (Schärfe und Kontrast)	Rechts oben					1P-2G .. 2P-8G
a	Auflösung (Schärfe und Kontrast)	Rechts unten					1P-2G .. 2P-8G
a	Auflösung (Schärfe und Kontrast)	Links unten					1P-2G .. 2P-8G
b	Doppel-Linien zwischen 0% und 5% Helligkeit						10 / 0
c	Doppel-Linien zwischen 95% und 100% Helligkeit						10 / 0
d	Box mit 5% Helligkeit auf 0% Helligkeit						5 / 0
e	Box mit 95% Helligkeit auf 100% Helligkeit						5 / 0
f	Keine Artefakte an den harten Kontrasten						4 / 0
g	Anzahl unterscheidbarer Graustufen (128 / 64 / 32)						10 / 5 / 2
hB	größte noch erkennbare Zahl im Schwarzen						9 / 0
hG	größte noch erkennbare Zahl im Grauen						9 / 0
hW	größte noch erkennbare Zahl im Weissen						9 / 0
	Summe Punkte						

Das Ergebnis der Prüfungen soll in einer Tabelle wie in Tabelle 5 gezeigt notiert werden. In die grauen Felder erfolgt kein Eintrag, die Ergebnisse für die Tests (b) bis (hW) werden in der Spalte senkrecht notiert. Für die Gesamt-Punktzahl werden die gelben Zellen addiert; maximal sind 81 Punkte möglich. In die Spalte Referenz werden die Ergebnisse der ersten Auswertung (Neu-Zustand) als Referenz eingetragen. Diese Werte werden über die Lebensdauer des Monitors mit den aktuellen Werten verglichen, um Abweichungen zu detektieren.

In den ersten 5 Zeilen wird die visuelle Auflösung im Zentrum und den 4 Ecken für die waagerechten und senkrechten Linien in den Spalten waagerecht und senkrecht in der Notation wie in Abb. 3 gezeigt notiert.

Test	Beschreibung	Ergebnis	Bewertung
a	1 Pixel bei 100% Kontrast, 2 Graustufen bei 2 Pixel	1P - 2G	10
a	1 Pixel bei 100% Kontrast, 4 Graustufen bei 2 Pixel	1P - 4G	8
a	1 Pixel bei 100% Kontrast, 8 Graustufen bei 2 Pixel	1P - 8G	6
a	2 Pixel bei 100% Kontrast, 4 Graustufen bei 2 Pixel	2P - 4G	4
a	2 Pixel bei 100% Kontrast, 8 Graustufen bei 2 Pixel	2P - 8G	2
a	sonst		0

Abb. 3. Testbild Ausschnitt und Punktevergabe für die visuelle Auswertung der Auflösung des Monitors.

Im besten Fall können die 1 Pixel breiten Linien mit 100% Kontrast und die 2 Pixel breiten Linien mit 2 Graustufen Kontrast unterschieden werden; das wird mit der Bezeichnung 1P-2G angegeben und dafür 10 Punkte vergeben. Bei diesem Test werden die waagerechten und senkrechten Linienmuster ausgewertet; die Punktzahl für das schlechtere Ergebnis wird notiert.

Die nächsten fünf Tests (b-g in Tab. 5) haben das Ergebnis Ja oder Nein. Dafür werden die in Abb. 4 oben gezeigten Ausschnitte verwendet.

Abb. 4. Testbild Ausschnitte für die Beurteilung der Kontrast-Auflösung des Monitors. *

Für die Tests hB, hG und hW werden die in Abb. 4 unten gezeigten Ausschnitte verwendet. Hier soll die größte noch erkennbare Zahl eingetragen werden.

Die für die visuellen Tests der Kontrast-Auflösung vergebene Punktzahl zeigt Tabelle 6.

---

*: Für die Darstellung in diesem Beitrag wurden die lokalen Kontraste in Abb. 4 deutlich angehoben, so dass auch auf Papier oder einem schwächeren Display noch zu erkennen ist, was ausgewertet werden soll.

Tabelle 6. Punktvergabe für die visuelle Auswertung der Kontrast-Auflösung des Monitors

Test	Beschreibung	Ergebnis	Bewertung
b	Doppel-Linien zwischen 0% und 5% Helligkeit	sichtbar:	10
c	Doppel-Linien zwischen 95% und 100% Helligkeit	sichtbar:	10
d	Box mit 5% Helligkeit auf 0% Helligkeit	sichtbar:	10
e	Box mit 95% Helligkeit auf 100% Helligkeit	sichtbar:	5
f	Keine Artefakte an den harten Kontrasten	ja:	4
g	Anzahl unterscheidbarer Graustufen	128	10
g	Anzahl unterscheidbarer Graustufen	64	5
g	Anzahl unterscheidbarer Graustufen	32	2
hB	größte noch erkennbare Zahl bei Grauwert 0	die erkannte Zahl	
hG	größte noch erkennbare Zahl bei Grauwert 127	die erkannte Zahl	
hW	größte noch erkennbare Zahl bei Grauwert 255	die erkannte Zahl	

9. Prüfzyklen und Umfang der Wiederholungsprüfungen

Die Prüfungen unterscheiden sich in visuelle Prüfungen mit dem Testbild in kürzeren Zeitabständen und in durchzuführende Messungen mit den Messgeräten in größeren Abständen. Die Zeitpunkte der Wiederholungen sind abhängig von der jeweiligen Monitorklasse:

Tabelle 7. Periodizität der Monitor-Prüfungen für verschiedene Monitorklassen

	visuelle Prüfung mit Testbild	mit Leuchtdichte Messgerät
MK 4	vor jeder Arbeitsschicht durch den Bildauswerter	halbjährlich
MK 3	wöchentlich durch den Bildauswerter	halbjährlich
MK 2	monatlich durch den Bildauswerter	jährlich
MK 1	jährlich durch einen Fachbediener	jährlich

Der Umfang der Prüfungen im größeren Zeitabstand ist im Kapitel 8.1 mit den Punkten 1-7 beschrieben. Abweichungen der Messwerte um mehr als 20% von den Bezugswerten des Neuzustandes bedürfen der Fehlerbehebung. Bis diese erfolgt ist, soll der Monitor nicht zur radiographischen Bildauswertung genutzt werden. Der Monitor darf bis Abschluss der Fehlerbehebung weiterbenutzt werden, wenn er die Grenzwerte der Tabelle 3 einhält.

Der Umfang der visuellen Prüfungen ist im Kapitel 8.2 mit den Punkten (a)-(hW) beschrieben. Weicht ein Einzelergebnis um mehr als 2 Stufen bei (a) oder (h) von der Referenz ab oder gibt es Verschlechterungen bei einem der Ergebnisse von (b) bis (g), so sind Fehlerkorrektur Maßnahmen einzuleiten.

10. Stand des Merkblatts

Der wesentliche Teil des Merkblatts ist fertigstellt und wird auf der nächsten FAD Sitzung vorgestellt. Je nach Änderungswünschen kann es im Jahr 2025 erscheinen.

Referenzen

[1] NEMA Standard DICOM 3 im Part 14
[2] DIN 6868-157:2022
[3] Monitor Testprogramm verfügbar im X-Ray Forum unter www.x-ray-forum.de/KowoDisplayTest.exe

Thermografie mit Relativbewegung – aktuelle Normungsaktivitäten

Jochen ADERHOLD [1]
[1] Fraunhofer Wilhelm-Klauditz-Institut WKI, Braunschweig, Deutschland,
jochen.aderhold@wki.fraunhofer.de

Kurzfassung

Die aktive Thermografie ist ein bewährtes Instrument zum Auffinden von Inhomogenitäten bezüglich mindestens einer der Größen Wärmeleitfähigkeit, spezifische Wärmekapazität und Dichte und damit vielfach zur Fehlerdetektion in verschiedenen Prüfobjekten. Bei großen Bauteilen, bei Endlosprodukten, Schüttgütern, Walzprodukten kann es sinnvoll oder unausweichlich sein, den interessierenden Bereich des Prüfobjekts nicht in einem einzigen Bild aufzunehmen, sondern in einer Thermografie-Sequenz, wobei eine Relativbewegung zwischen dem Thermografie-System und dem Prüfobjekt vorliegt.

Dieses Verfahren weist Besonderheiten auf, die von existierenden Normen nicht ausreichend erfasst werden. Die Auslegung der Anregung, das Gesichtsfeld der Kamera und die Relativgeschwindigkeit bestimmen das Spektrum erkennbarer Fehler und müssen aufeinander abgestimmt werden. Für eine quantitative Auswertung muss eine Umordnung der Thermographie-Sequenz („Abrollung") vorgenommen werden, bei der als Ergebnis ein scheinbares Standbild entsteht, dem für jedes Pixel der Temperaturverlauf T(t) entnommen werden kann. Mikrobolometer-Kameras haben aufgrund ihres Ausleseverfahrens Besonderheiten in Bezug auf Unschärfe und geometrische Verzerrung durch die Bewegung.

Aus diesem Grund gibt es derzeit Aktivitäten, eine eigene DIN-Norm für die Thermografie mit Relativbewegung aufzustellen. Der Beitrag berichtet über diese Normungsaktivitäten berichten und illustriert sie anhand von zwei Beispielen. Das erste Beispiel ist die zerstörungsfreie Prüfung von Rotorblättern von Windenergieanlagen. Diese können gut mit aktiver Thermografie geprüft werden, müssen aber aufgrund ihrer Größe (Länge bis 100 m) bei gegebener Anforderung an die geometrische Auflösung abgescannt werden. Das zweite Beispiel stellt die Sortierung von Sperrmüll dar, die in einem laufenden Forschungsprojekt mit verschiedenen Sensortechniken einschließlich aktiver Thermografie untersucht wird. Hier kommt die Relativbewegung dadurch zustande, dass das zu sortierende Material sich auf einem Förderband unter der Thermografie-Kamera hinweg bewegt.

Keywords: Norm, Thermografie, Relativbewegung, große Objekte, Schüttgüter

Anwendungsorientiertes Inspektionskonzept zur zerstörungsfreien Prüfung von FKV-Strukturen mittels der Aktiv-Thermografie-Methode

Holger SEIDLITZ [1], Marco MÜLLER [1], Dustin NIELOW [2], Adrian de MIGUEL PALACIO [2], Gernot RÜPPEL [2]
[1] Brandenburgische Technische Universität Cottbus - Senftenberg, Institut für Leichtbau und Wertschöpfungsmanagement ILW, Cottbus, Deutschland, fg-leichtbau@b-tu.de
[2] Fraunhofer-Institut für Angewandte Polymerforschung IAP, Forschungsbereich Polymermaterialien und Composite PYCO, Wildau, Deutschland, pyco@iap.fraunhofer.de

Kurzfassung

Faserverstärkte Kunststoffe (FKV) bieten ein attraktives Leichtbaupotential (Werkstoff-, Funktions-, Fertigungsleichtbau). Mit ihren hohen spezifischen Eigenschaften und dem strukturierten Aufbau, leisten sie in verschiedensten Bereichen einen relevanten Beitrag zur Funktionserfüllung technischer Fragestellungen.

Die zerstörungsfreie Inspektion von FKV-Komponenten im Bauteillebenszyklus ist für die industrielle Anwendung von großem Interesse: Bspw. für Qualitätskontrollen während und nach der Bauteilproduktion sowie für wiederkehrende planmäßige oder kurzfristige unplanmäßige Zustandskontrollen z. B. nach Schadereignissen und abgeschlossener Reparaturmaßnahmen in der Nutzungsphase.

Unter Berücksichtigung der Anforderungen der industriellen Anwendung wird ein ganzheitlicher und insbesondere anwendungstauglicher Ansatz zur thermografischen Inspektion und Analyse von FKV-Großstrukturen entwickelt.

Am Beispiel des Nasswickelverfahrens wird das IR-gestützte Monitoring des Wickelmusters während der Fertigung – von z. B. Wasserstoffdruckbehältern und Antriebswellen – vorgestellt. Die Daten dienen zum Aufbau des digitalen Zwillings für die Analyse der Prozess-Parameter-Abhängigkeit auf die Struktureigenschaften des Bauteils.

Keywords: ZfP 4.0, Thermografie, Faserverstärkte Strukturen, Digitaler Zwilling

Robotergestützte 3D-Scans und Laserthermografie zur Prüfung an komplexen Bauteilen auf Risse

Philipp Daniel HIRSCH[1], Sruthi Krishna KUNJI PURAYI[1], Julien LECOMPAGNON[1], Christian HASSENSTEIN[1], Mathias ZIEGLER[1]
[1]BAM, Berlin, Deutschland, philipp-daniel.hirsch@bam.

Kurzfassung

Die Integration von Automation und Robotik in die Prüfprozesse ermöglicht die Untersuchung komplexer Bauteile. Diese Studie präsentiert die robotergestützte Laserthermografie, um Risse in solchen Bauteilen zu identifizieren und analysieren. Diese Technik ermöglicht die automatisierte Rissprüfung welche im Vergleich zur Farbeindringprüfung auf viele, meist manuelle, Arbeitsschritte sowie die notwendigen Chemikalien verzichtet.

Zusätzlich wird ein automatisiertes Einscannen der Bauteile mithilfe eines Linienscanners vorgestellt. Dieser Schritt ermöglicht eine detaillierte 3D-Rekonstruktion der Bauteilgeometrie und ermöglicht eine einfache Korrektur von Abweichungen in der Bauteilaufnahme und eröffnet Möglichkeiten zur adaptiven Bahnplanung bei Bauteilverformungen.

Die Rückprojektion der gefundenen Risse auf die Oberfläche des Bauteils kann automatisiert erfolgen. Dieser Schritt erlaubt nicht nur die Identifikation der Risse, sondern auch eine genauere Analyse ihrer Geometrie und Lage am Bauteil.

Die Kombination von robotergestützter Laserthermografie, automatisiertem 3D-Scanning und Rückprojektion der Risse auf die Bauteiloberfläche eröffnet neue Möglichkeiten in der zerstörungsfreien Prüfung von komplexen Bauteilen und erweitert damit mögliche Anwendungsfelder.

Keywords: ZFP4.0, Automatisierung, Thermografie, Laser, Roboter

Reduktion der Blindfrequenzen in der Lockin-Thermografie

Jonas HUFERT 1, Johannes RITTMANN 2, Marc KREUTZBRUCK 1
[1] Institut für Kunststofftechnik, Universität Stuttgart, Stuttgart, Deutschland,
jonas.hufert@ikt.uni-stuttgart.de
[2] Precitec GmbH & Co. KG, Gaggenau-Bad Rotenfels, Deutschland

Kurzfassung. In der aktiven Lockin-Thermografie werden Anregungsfrequenzen häufig anhand von Erfahrungen der prüfenden Person für die vorliegende Prüfaufgabe ausgewählt. Dabei kann es jedoch vorkommen, dass im Phasenbild der Thermografiemessung kreisrunde Defekte nur noch ringförmig dargestellt werden. Um dies zu umgehen, muss die Messung mit anderen Frequenzen wiederholt werden.

Die Ringartefakte entstehen durch die sogenannte Blindfrequenz. Sie ist die Frequenz, bei der die an einem Defekt reflektierte thermische Welle die gleiche Phasenlage beim Erreichen der Prüfkörperoberfläche zu der an der Oberfläche aufgebrachte thermische Welle aufweist. Diese Frequenz ist vor allem von der Tiefenlage des Defekts, der Defektgröße und von den Prüfkörpermaterialen abhängig. Wenn tiefliegende Defekte gefunden werden müssen, wird eine möglichst niedrige Prüffrequenz benötigt. Bei tiefliegenden Defekten kommen jedoch noch die lateralen Wärmeflüsse erschwerend hinzu, die die Ringartefakte zusätzlich verschmieren und dadurch die Ortsauflösung drastisch reduzieren.

Um tiefliegende Defekte dennoch sicher mit einer hohen Ortsauflösung und Defektkantenschärfe detektieren zu können, kann anstelle der Wahl einer anderen Frequenz eine Kompensationsmethode zur Anwendung kommen. Diese kann durch eine pixelvariable Anregung der Prüfkörperoberfläche in Amplitude und Phase iterativ Ringartefakte im Phasenbild der Thermografiemessung reduzieren. Hierdurch kann die für die Prüfaufgabe optimale Frequenz genutzt werden, bei der der Prüfkörper gänzlich von der thermischen Welle durchdrungen wird, und dennoch auftretende Ringartefakte der in ungünstiger Tiefe liegenden Defekte ausgeschlossen werden.

Keywords: Thermografie, Lockin, Blindfrequenz, Kompensation, Arbiträre Anregung

Aktuelle Aktivitäten bei der Normung im Bereich der Ultraschallprüfung

Thomas HECKEL [1], Udo SCHLENGERMANN [2], Michael SCHMITT [3]
[1] BAM, Berlin, Deutschland, thomas.heckel@bam.de
[2] Standards Consulting, Erftstadt, Deutschland, udo.schlengermann@t-online.de
[2] DIN, Berlin, Deutschland, michael.schmitt@din.de

Kurzfassung

Auf internationaler Ebene hat im ISO/TC 135/SC 3 „Ultrasonic Testing“ die neue Arbeitsgruppe WG 7 „Basic principles“ ihre Arbeit aufgenommen. Hier werden derzeit die Normen überarbeitet, die die Grundlagen für die Ultraschallprüfung bilden. Dies betrifft die Normen ISO 5577, ISO 16810, ISO 16811, ISO 16823, ISO 16826, ISO 16827 und ISO 16828.

Weiterhin werden in Zusammenarbeit der Arbeitsgruppen WG 5 und WG 7 des ISO/TC 135/SC 3 derzeit die Normen ISO 16809 und ISO 16831 zur Wanddickenbestimmung mit Ultraschall überarbeitet.

Im ISO/TC 44/SC 5 „Testing and inspection of welds" wird derzeit die ISO 17635 überarbeitet.

Auf europäischer Ebene wurde beim CEN/TC 138 „Non-destructive testing“ die Übernahme der ISO 19675 als EN ISO 19675 beantragt.

In diesem Posterbeitrag werden dazu die aktuellen Projektaktivitäten und der Stand der Normungsarbeit tabellarisch vorgestellt.

Keywords:
Normung, Ultraschallprüfung, ISO, CEN, DIN

Messtechnische Rückführung von Ersatzfehlergeometrien

Kristin BEYREUTHER[1], Konstantin HÄRTEL[1], Antje ZÖSCH[1],
Peter LICKSCHAT[2], Steffen WEISSMANTEL[2]
[1] imq-Ingenieurbetrieb für Materialprüfung, Qualitätssicherung und Schweißtechnik GmbH, Crimmitschau, Germany,
[2] Laserinstitut Hochschule Mittweida, Mittweida, Germany
Kontakt: k.beyreuther@imq-gmbh.com

Kurzfassung

Die Wirbelstromprüfung hat sich bei der Rissprüfung von Lagerteilen und vor allem bei der Rohrprüfung etabliert. Zum Justieren und für die zyklische Überprüfung der Systeme schreiben die Normen den Einsatz von meist durch Erodieren hergestellten Nuten in unterschiedlichen Abmaßen vor. In der Vergangenheit stellte sich die Funkenerosion (EDM) als einzig geeignetes Verfahren heraus, um die benötigten Geometrien im 0,1 mm Bereich zu erzeugen. Derzeit kommen zunehmend auch durch Laserablation erzeugte Ersatzfehler zur Anwendung. Um die Validität der Prüfergebnisse abzusichern, ist es erforderlich, die Geometrie der erzeugten Ersatzfehler hinreichend genau zu ermitteln und zu dokumentieren. Im Bereich der Wälzlager- und Getriebetechnik gibt es aktuell keine einheitlichen Festlegungen hinsichtlich der Messstrategie oder Messmethode. Im Poster wurden unterschiedliche Verfahren zur Vermessung der Nuten angewendet und miteinander verglichen, um Aussagen über die Effektivität, Genauigkeit und Reproduzierbarkeit der Ergebnisse zu treffen. Die Herausforderung bei der messtechnischen Überprüfung der Geometrie von erodierten oder gelaserten Ersatzfehlern besteht in der Bestimmung der Tiefe der Nut. Die Länge und Breite des Ersatzfehlers lassen sich oberflächenscharf am Bauteil oder dem Replika vermessen. Bei der Nuttiefe ist es erforderlich je nach Objektstruktur eine optimale Balance zwischen Auflösung und Schärfentiefe zu finden. Bei Ersatzfehlern mit hohem Aspektverhältnis kann mit mikroskopischen Verfahren der Boden nicht exakt dargestellt und die Tiefe nicht gemessen werden. Eine Alternative stellt die Replikatechnik dar. Sie bietet eine hohe Flexibilität hinsichtlich der Zugänglichkeit am Bauteil und besticht durch einfache Handhabung. Die Abformgenauigkeit liegt bei 0,1 µm. Die Verifizierung des Verfahrens im Vergleich zur Auswertung am metallografischen Schliff ergab eine relative Messunsicherheit von 3%.

Keywords: Vergleichskörper, Messtechnische Rückführung, EDM, Laserablation, Mikroskopie, Replica-Technik

Medien- und Publikationspartner

Schweißnahtprüfung mittels Ultraschall TOFD an einem Behälter mit austenitischer Plattierung

Ulrich BAUMGARTEN
DEKRA Incos GmbH, Ingolstadt, ulrich.baumgarten@dekra.com

Kurzfassung.
Im Rahmen einer wiederkehrenden Prüfung waren an einem Behälter aus ferritisch-perlitischem Stahl mit einer austenitischen Plattierung die Längsnähte sowie die zugehörigen T-Stöße zu prüfen.

Als Prüftechnik wurde Ultraschall TOFD festgelegt. Ein Zugang innen war nicht möglich. Hauptaugenmerk lag bei den Schweißnähten im Bereich der Vermischung vom austenitischem Schweißgut der Plattierung und dem Schweißgut des ferritisch-perlitischen des Behältermantels.

Die Ergebnisse waren gut interpretierbar und auswertbar.

Keywords: UT-TOFD, austenitischer Stahl

Einführung

Die Ultraschallprüfung eines Bauteils (bestehend aus ferritisch-perlitischem Stahl) mit einer austenitischen Plattierung ist wie die Prüfung eines vollständig aus austenitischem Stahl bestehenden Bauteils zu betrachten. Dies ist insbesondere bei der Prüfung von Schweißnähten mit austenitischer Plattierung zu beachten.

Die Anfertigung eines Vergleichskörpers mit künstlichen Fehlern zum Nachweis der Prüfbarkeit aus dem gleichen Materialien ist unerlässlich. Dies gilt ebenso für die Anfertigung der Schweißnaht inkl. des verwendeten Schweißverfahrens.

Mit dem Nachweis der Prüfbarkeit an dem spezifischen Vergleichskörper ist eine seriöse nachvollziehbare Prüfung möglich.

1. Prüfaufgabe

Ein Behälter aus ferritisch-perlitischem Stahl mit einer austenitischen Plattierung innen, war im Rahmen einer wiederkehrenden Prüfung nach mehreren Jahren im Betrieb erneut zu prüfen.

Das Hauptaugenmerk lag dabei auf eventuellen Anrissen von der Plattierung in den Grundwerkstoff. Der Prüfumfang bestand aus den Längsnähten des Behälters, sowie den jeweiligen T-Stößen zu den Rundnähten. An den Schweißnähten war nur außen die Zugänglichkeit gegeben.

2. Gewählte Prüftechnik und vorbereitende Tätigkeiten

Die Prüfung mittels UT-TOFD erwies sich schnell als die geeignetste Prüftechnik für die gestellte Prüfaufgabe. Dies lag sowohl, auf Grund des straffen Zeitplans, in der Prüfgeschwindigkeit — als auch in der hohen Empfindlichkeit der UT-TOFD Technik.

Für die gestellte Prüfaufgabe war die Anfertigung eines spezifischen Vergleichskörpers unerlässlich. Die austenitische Plattierung des Grundwerkstoffes war als Sprengplattierung aufgebracht, während die austenitische Plattierung der Schweißnaht mittels Unter-Pulver-Schweißens mit einem austenitischen Schweißdraht auf das ferritisch-perlitische Schweißgut aufgebracht wurde. Es fand folglich einer Vermischung der beiden Grundwerkstoffe (Behältermantel und Plattierung) sowie der beiden Schweißgüter (für den Behältermantel, wie auch für die Plattierung statt). Dargestellt ist dies in Abbildung 1.

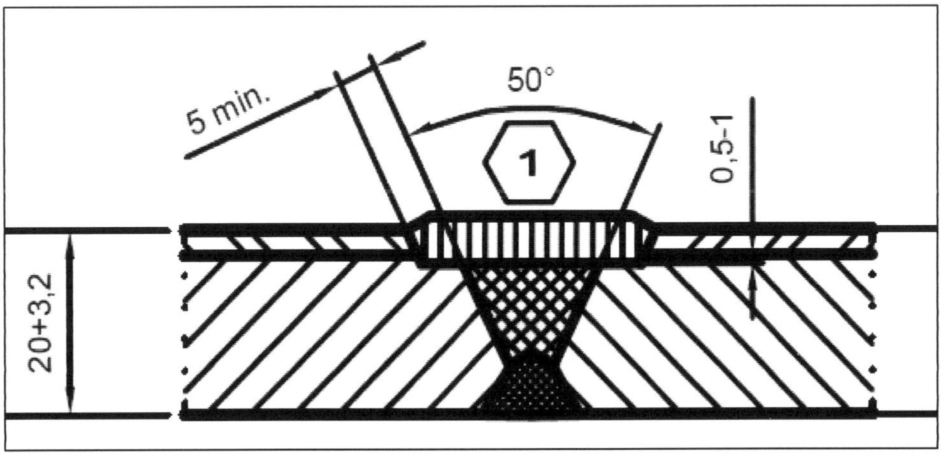

Abb. 1.: Auszug aus der Zeichnung des zu prüfenden Behälters; außen: unten – innen: oben; die Schweißnaht des ferritisch-perlitischen Behältermantels wurde als 1/3 zu 2/3 X-Naht ausgeführt; die Plattierung des Behältermantels wurde als Sprengplattierung aufgebracht, die Plattierung der Schweißnaht wurde mittels Unter-Pulver-Schweißens aufgebracht

Zunächst wurde als Rohling für den Vergleichskörper eine Schweißnaht (aus unlegiertem Stahl) von zwei Blechen hergestellt. Der finale Rohling hat eine Fläche von 400 mm x 400 mm bei einer Dicke von 20 mm. Die Naht wurde – analog zu dem zu prüfenden Behälter - als 1/3 zu 2/3 X-Naht ausgeführt.

Nach eingehender Prüfung der Schweißnaht mittels manuellem UT, RT, UT-TOFD, MT und VT (dabei wurden unzulässige Anzeigen festgestellt, in deren Bereich wurden später keine künstlichen Fehler eingebracht) wurden die künstlichen Fehler in den Rohling eingebracht.

Dabei wurden drei Bohrungen an den Flanken sowie zwei Nuten unterschiedlicher Tiefe in den Rohling erodiert, dargestellt in Abbildung 2.

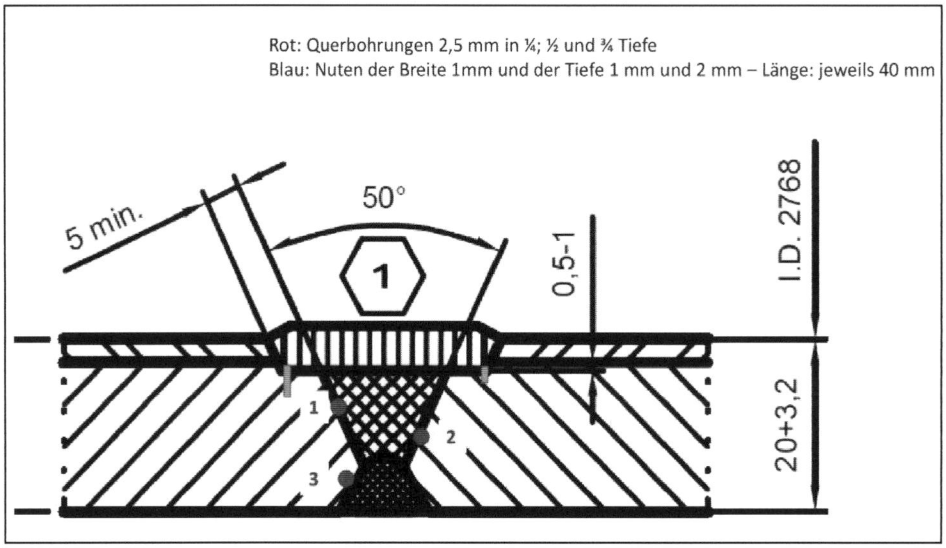

Abb. 2.: Skizze des angefertigten Vergleichskörpers; es wurden drei Querbohrungen in viertelter, halber und dreiviertelter Tiefe jeweils an den Schweißnahtflanken eingebracht; des Weiteren wurden zwei Nuten an der Innenseite vor Aufbringen der Plattierung eingebracht.

Mit diesem Vergleichskörper konnte die Justierung des UT-TOFD Systems erfolgen. Wäre ein Ausmessen von mit UT-TOFD unzulässigen Anzeigen nötig gewesen, so wäre dies mittels manuellem UT oder mittels UT-Phased Array erfolgt. Diese Justierung wäre ebenfalls an dem Vergleichskörper erfolgt. Da bei einer austenitischen Plattierung an der Rückwand nur eine Prüfung im halben Sprung zulässig ist, hätte die Schweißnaht im Bereich von ergänzenden Prüfungen behältereben beschliffen werden müssen.

Für die UT-TOFD-Prüfung wurden die folgenden Parameter gewählt:

- Prüffrequenz: 5 MHz
- Wandlerdurchmesser der Prüfköpfe: 6 mm
- Einschallwinkel: 70°

Es wurde mit einer UT-TOFD-Anordnung geprüft, die auf die folgenden geometrischen Gegebenheiten eingestellt wurde:

- Tiefenbereich: 0 bis 20 +3,2 mm
- Schallaustrittspunkt-Schnittpunkt: 2/3 Tiefe
- Abstand Schallaustrittspunkte (PCS): 84 mm

Dargestellt ist dies in Abbildung 3.

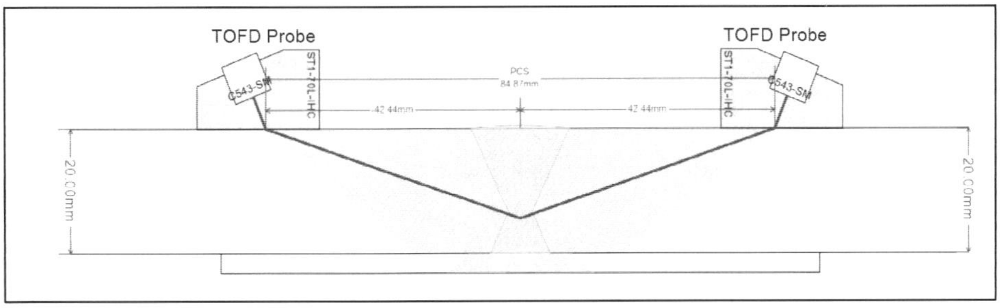

Abb. 3.: Skizze des verwendeten UT-TOFD Setups (f: 5 MHz, Ø: 6 mm, Winkel: 70°, Focus: 2/3 Tiefe, PCS: 84 mm) mit daraus resultierendem Schallfeld

3. Ergebnisse der Prüfungen

Eine Herausforderung war die Interpretation der UT-TOFD Signale im Bereich der Vermischung des austenitischen Schweißgutes der Plattierung mit dem ferritisch-perlitischen Schweißgut des Behältermantels.

Im Bereich des Behältermantels mit aufgebrachter Sprengplattierung war eine Trennung der Signale (Oberflächenwelle, Übergang Behältermantel zu Sprengplattierung (Longitudinalwelle), Rückwand der Sprengplattierung (Longitudinalwelle) sowie die Rückwand (Transversalwelle) gut erkennbar, dargestellt in Abbildung 4

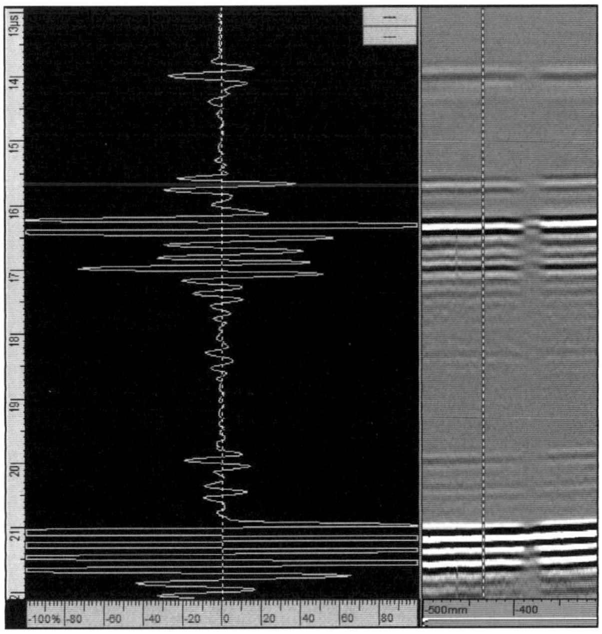

Abb. 4.: UT-TOFD-Scan des Behältermantels im Bereich des Grundmaterials mit Sprengplattierung; in der A-Bild Darstellung im linken Bereich sind von oben nach unten die folgenden Signale gut erkennbar (Oberflächenwelle, Übergang Behältermantel zu Sprengplattierung (Longitudinalwelle), Rückwand der Sprengplattierung (Longitudinalwelle) sowie die Rückwand (Transversalwelle))

Im Bereich der Schweißnähte war diese Unterscheidung der Signale nicht so deutlich. Dargestellt ist dies in Abbildung 5. Im rot markierten Bereich ist das Signal aus dem Übergang ferritischen-perlitischen Schweißgut zu austenitischem Schweißgut sowie das Rückwandsignal der austenitischen Plattierung (alles die Longitudinalwelle betreffend) gegeben. Eine Unterscheidung der beiden Signale ist kaum gegeben.

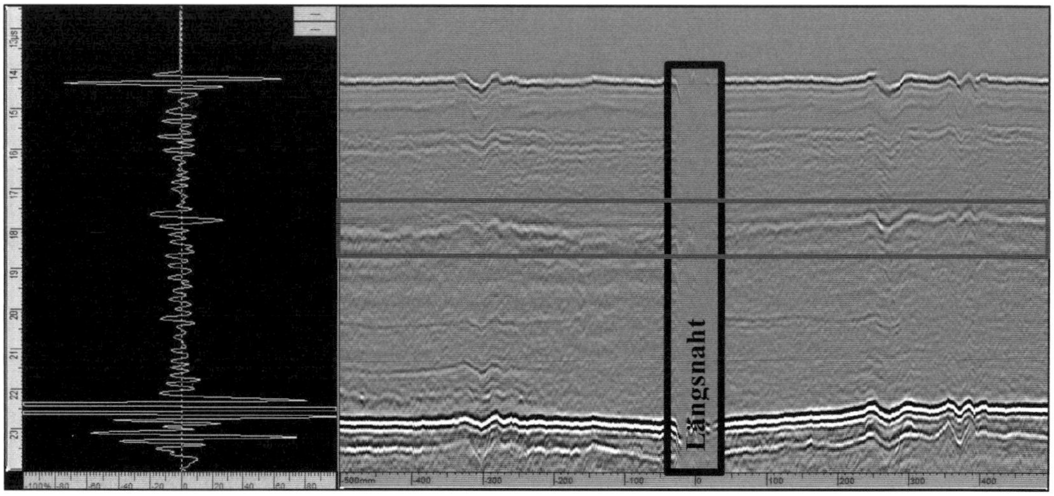

Abb. 5.: Beispielhafter UT-TOFD-Scan im Bereich einer Rundnahtnaht mit T-Stoß zu einer Längsnaht; der T-Stoß bzw. die betreffende Schweißnaht sind schwarz markiert; ebenso ist der Bereich des Rückwandsignals rot markiert; unzulässige Anzeigen wären jedoch gut erkennbar

Eine Auswertbarkeit der Scans war über den Nachweis an dem eigens angefertigten Vergleichskörper gegeben. In der folgenden Abbildung 6 ist ein weiterer typischer UT-TOFD Scan dargestellt.

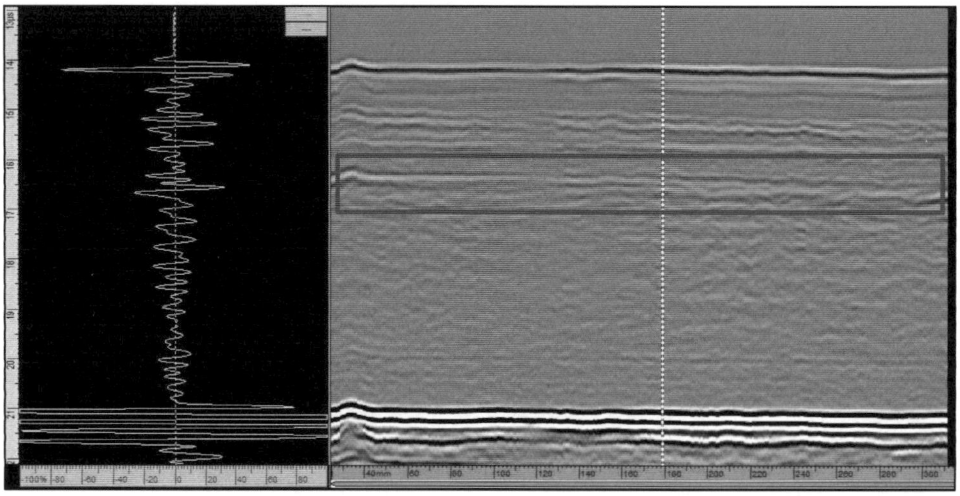

Abb. 6.: Weiterer beispielhafter UT-TOFD-Scan im Bereich einer Längsnaht (ohne T-Stoß); der Bereich des Rückwandsignals ist rot markiert

4. Zusammenfassung der Ergebnisse

Die Prüfung eines Bauteils bzw. die Prüfung der entsprechenden Schweißnähte bestehend aus ferrtisch-perlitischem Stahl mit einer austenitischen Plattierung ist wie die Prüfung eines Bauteils bzw. von Schweißnähten, die vollständig aus austentischem Stahl bestehen, zu betrachten.

Zur Durchführung einer seriösen, nachvollziehbaren Prüfung mittels Ultraschall ist die Anfertigung eines Vergleichskörpers unerlässlich. Der Vergleichskörper bzw. die entsprechenden Schweißnähte müssen mit dem gleichen Schweißverfahren wie die zu prüfenden Schweißnähte gefertigt werden. In den fertigen Vergleichskörper sind anschließend künstliche Fehler zum Nachweis der Funktionalität des gewählten Ultraschallsystems einzubringen.

Als Ultraschalltechnik wurde auf Grund der hohen Prüfgeschwindigkeit und der hohen Sensitivität UT-TOFD gewählt. Die künstlichen Fehler wurden erkannt, so dass eine Prüfung mit dem gewählten System durchgeführt werden konnte.

Die UT-TOFD Scans im Bereich des Grundwerkstoffes unterschieden sich von den UT-TOFD Scans im Bereich der Schweißnähte. Auf Grund des Nachweises an dem angefertigten Vergleichskörper war eine Auswertung der aufgenommenen UT-TOFD Scans möglich.

Referenzen:

- Prüfberichte der DEKRA Incos GmbH

Kompakter Phased-Array-Rollenprüfkopf mit integrierter Elektronik für die Ultraschallprüfung

Prashanth Kumar CHINTA[1], Benjamin HÖMSKE[1], Johannes BÜCHLER[1]
[1] Waygate Technologies, Baker Hughes Digital Solutions, Hürth, Deutschland
prashanthkumar.chinta@bakerhughes.com, benjamin.hoemske@bakerhughes.com, johannes.buechler@bakerhughes.com

Kurzfassung

Neben der Fehlererkennbarkeit ist auch die Portabilität von den bei der Ultraschallprüfung verwendeten Geräten von großer Bedeutung. Typischerweise ist die zur Ansteuerung der Ultraschall-Phased-Array-Prüfköpfe verwendete Elektronik unhandlich und nicht einfach zu transportieren.

Es werden Anwendungsergebnisse der Ultraschallprüfung mit einem sehr kompakten Prüfsystem, das etwa 1,5 kg wiegt, vorgestellt. Das leicht tragbare Fehlerprüfgerät RotoArray compAct verfügt über eine 5 MHz Phased-Array-Prüfkopfeinheit mit 64 Elementen und der integrierten Elektronikeinheit. Für die Inspektion wird das RotoArray compAct an den USB-Anschluss eines handelsüblichen Laptop- oder Tablet-PCs angeschlossen. Über diese Verbindung erfolgen die Stromversorgung und Datenübertragung. Die Inspektionsdaten werden mit Hilfe eines am RotoArray comPAct montierten Encoders weggerecht aufgezeichnet.

Das RotoArray comPAct kann in unterschiedlichen Industriebereichen wie z.B. Luftfahrt, Automobile und Energieerzeugung eingesetzt werden.
Es werden die Anwendungsergebnisse der Prüfung von Verbundwerkstoffe, der Prüfung Platten (Stahl und Plexiglas) vorgestellt. Außerdem werden die Ergebnisse zur Delaminationsdetektion und Detektion der Ablösung der obere Glasfaserverstärkte Kunststoff (GFK)-Schicht vom Schaumkern vorgestellt. Für die Prüfobjekte werden die vollständigen A-Bilder aufgezeichnet und zur Generierung von B-Bildern, Amplituden- und Laufzeit C-Bildern genutzt.

Keywords: Ultraschallprüfung, CFK & GFK Prüfung, Corrosion Testing

Neue Technologien für die luftgekoppelte Ultraschallprüfung

Andreas Bodi [1], Martin Fuchs[2], Dr. rer. nat. Ralf Steinhausen[3], Marcel Jongmanns[4]
[1]SONOTEC GmbH, Halle (Saale), Deutschland, andreas.bodi@sonotec.de
[2]SONOTEC GmbH, Halle (Saale), Deutschland, martin.fuchs@sonotec.de
[3]Forschungszentrum Ultraschall gGmbH, Halle (Saale), Deutschland, ralf.steinhausen@fz-u.de
[4]Fraunhofer-Institut für Photonische Mikrosysteme IPMS, Dresden, Deutschland, marcel.jongmanns@ipms.fraunhofer.de

Kurzfassung

In den vergangenen Jahrzehnten konzentrierte sich die Entwicklung von Schallköpfen für die luftgekoppelte Ultraschallprüfung in erster Linie auf die Maximierung der Empfindlichkeit; diese Situation beginnt sich jedoch zu ändern. Dank neu verfügbarer Materialien und Technologien ist es nun möglich, die Gesamtleistung des Prüfkopfes zu optimieren. Eigenschaften wie Bandbreite, Impulsbreite und Impulsabfall sind ebenfalls entscheidend für das Erreichen bester Prüfergebnisse. Diese Schwerpunktverlagerung wird durch die zunehmende Verwendung von Piezokompositen und die Entwicklung speziell abgestimmter Kopplungs- und Dämpfungsschichten verdeutlicht.

Das Poster gibt einen Überblick über bestehende Technologien und neue Möglichkeiten. Traditionelle piezokeramische Wandler werden neben Piezokompositen gezeigt. Die Vor- und Nachteile der einzelnen Technologien werden anhand konkreter Prüfbeispiele veranschaulicht. Durch individuell einstellbare Sensoren ist es möglich, den Anwendungsbereich weiter zu erweitern.

Keywords:
Luftultraschall, Luftgekoppelte Ultraschallprüfung, Piezokomposite

Ultraschallsimulation und additiv gefertigte Testkörper – hilfreiche Werkzeuge bei der Ausarbeitung von Prüfkonzepten für komplexe Fehlergeometrien

Martin SPIES [1], Olaf Müller [2]
[1] Baker Hughes Digital Solutions GmbH, Frankfurt am Main,
martin.spies@bakerhughes.com
[2] ehemals Baker Hughes Process & Pipeline Services, Stutensee

Kurzfassung. Die Phased-Array-Technik erlaubt, die Ultraschall-Prüftechnik an die jeweilige Prüfaufgabe anzupassen. Bei der Inspektion von Rohren beispielsweise können verschiedene Prüftechniken gleichzeitig eingesetzt werden. Um die unterschiedlichen Prüfmodalitäten zu untersuchen, werden Testkörper mit den relevanten Fehlergeometrien benötigt, die allerdings in der Regel selten verfügbar sind. Bei der Ausarbeitung von geeigneten Prüfkonzepten für komplexe Fehler sind additiv gefertigte Testkörper mit definierten Modellfehlern und der Einsatz von Simulationsverfahren hilfreich. In diesem Beitrag wird deren Nutzen mit Fokus auf eine spezifische Fehlerart, sogenannte Hakenrisse, illustriert. Anhand von experimentellen Untersuchungen lässt sich dann das ausgearbeitete Prüfkonzept hinsichtlich Effizienz und Realisierbarkeit bewerten.

Keywords: Ultraschallprüfung, Simulation, additive Fertigung, Testkörper, Modellfehler, Prüfkonzept

Einführung

Die Phased-Array-Technik bietet vielfältige Möglichkeiten, die Ultraschall-Prüftechnik an die jeweilige Prüfaufgabe anzupassen. Im Gegensatz zu herkömmlichen Prüftechniken mit konventionellen Prüfköpfen, erlaubt die Phased-Array-Technik die Nutzung verschiedener Prüfmodalitäten mit einem Sensor. So können beispielsweise bei der Inspektion von Rohren unterschiedliche Inspektionsarten, wie die Rissprüfung mit verschiedenen Einschallwinkeln sowie die Detektion von Materialverlusten mittels Senkrechteinschallung, gleichzeitig ausgeführt werden.

Ging es bei vielen Prüfanwendungen lange Zeit in der Hauptsache um die Detektion von Fehlern, so steht inzwischen oftmals auch die Identifikation der Fehlergeometrie und deren Größenbestimmung im Vordergrund. Um die Effektivität der durch die Phased-Array-Technik ermöglichten verschiedenen Prüfmodalitäten im Hinblick auf diese Zielsetzungen zu untersuchen, werden Testkörper mit den verschiedenen Fehlergeometrien benötigt. Allerdings sind nicht für alle interessanten, insbesondere komplexen Fehler Testkörper und Geometrieparameter in ausreichender Anzahl verfügbar.

Zur Ausarbeitung geeigneter Prüfkonzepte für komplexe Fehler eignen sich daher additiv gefertigte Testkörper mit definiert hergestellten Modellfehlern. Der Einsatz von Simulationsverfahren ermöglicht darüber hinaus die Identifikation der verschiedenen Fehlersignale und stellt insbesondere im Hinblick auf die Kombination verschiedener Prüfverfahren und die Interpretation der zu erwartenden Fehleranzeigen ein wertvolles Werkzeug dar.

Am Beispiel der Rohrprüfung illustriert dieser Beitrag den Nutzen geeigneter Simulationsverfahren bei der Ausarbeitung eines Prüfkonzeptes für komplexe Rissgeometrien. Experimentelle, an additiv gefertigten Testkörpern erzielte Prüfergebnisse erlauben die Bewertung des auf Basis der Simulationsergebnisse skizzierten Prüfkonzeptes im Hinblick auf Effizienz und Praktikabilität.

1. Fehlstellen in Stahl-Rohrleitungen

Risse und rissähnliche Fehlstellen in Rohrleitungen können unterschiedlich ausgeprägt sein und lassen sich folgendermaßen einteilen:

- Herstellungsbedingte Fehler wie
  - Kaltrisse und Warmrisse in Unterpulver-geschweißten Nähten,
  - Hakenrisse in widerstandsgeschweißten Rohren (ERW ‚Electric Resistance Welded'),
  - Bindefehler in Schweißnähten,
  - Laminationen.
- Betriebsbedingte Fehler wie
  - Ermüdungsrisse, oft ausgehend in Verbindung mit bereits vorhandenen Rissen,
  - Spannungskorrosionsrisse (SCC ‚Stress Corrosion Cracks'),
  - Wasserstoffinduzierte Risse (HIC ‚Hydrogen Induced Cracks').

In unter Innendruck stehenden Rohrleitungen ist normalerweise die Umfangspannung die Hauptspannungskomponente. Dies führt dazu, dass Risse üblicherweise in Längsrichtung wachsen. Treten zusätzliche äußere Belastungen auf, können sich auch Risse in Umfangsrichtung ausbilden. Die Rissentstehung und die Rissausbreitung hängen von den lokalen Spannungszuständen ab. Rohrleitungsversagen mit potenziell katastrophalen Auswirkungen tritt dann auf, wenn die kritische Rissgröße erreicht wird, d.h. wenn der Spannungsintensitätsfaktor an der Rissspitze den materialspezifischen kritischen Wert überschreitet. Je nach Situation tritt Versagen durch Leck oder Bruch auf.

Thema dieses Beitrags ist eine Studie, die durchgeführt wurde, um die zerstörungsfreie Detektion und Charakterisierung komplexer Defektmorphologien zu untersuchen. Der Fokus lag auf Hakenrissen, die bei der Pipeline-Inspektion von ERW-geschweißten Rohren von Interesse sind (Abbildung 1 rechts).

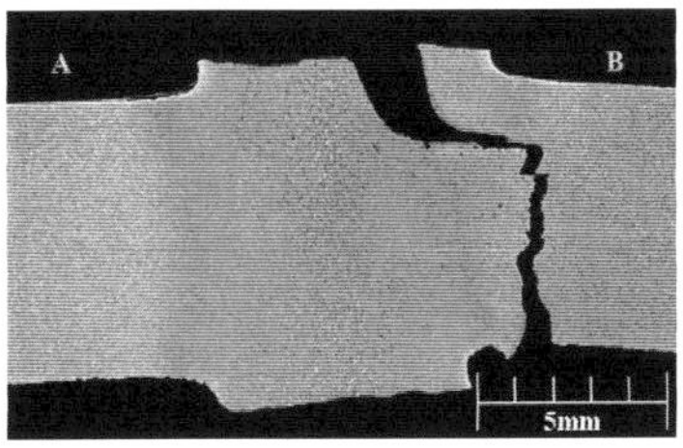

Abb. 1. Ermüdungsriss, der durch einen Hakenriss im oberen Bereich einer ERW-Naht entstanden ist [1].

Diese sind auf weiche Mangansulfid-Einschlüsse zurückzuführen, die parallel zur Stahlblechoberfläche gewalzt werden [1]. Wenn die Einschlüsse die Stahlkante durchschneiden, biegen sich die Einschlüsse bei der Formung der Rohrnaht zur Blechoberfläche. Beim Entgraten der Naht führen die Einschlüsse dann zu longitudinalen Rissen an der Rohroberfläche, wie in Abbildung 1 gezeigt.

2. Spezifikation der Fehlermorphologie

Wie in Abbildung 2 dargestellt, lässt sich die Geometrie von Hakenrissen schematisch mittels verschiedener Abschnitte beschreiben, die in unserem Fall mit 'S1', 'S2', 'S3' und Radius 'R' bezeichnet sind. In manchen Fällen ist der Abschnitt S1 nicht oberflächenverbunden und hat einen Abstand zur Oberfläche, den wir als ‚D' definieren; weiterhin kommt es vor, dass der Abschnitt S3 fehlt.

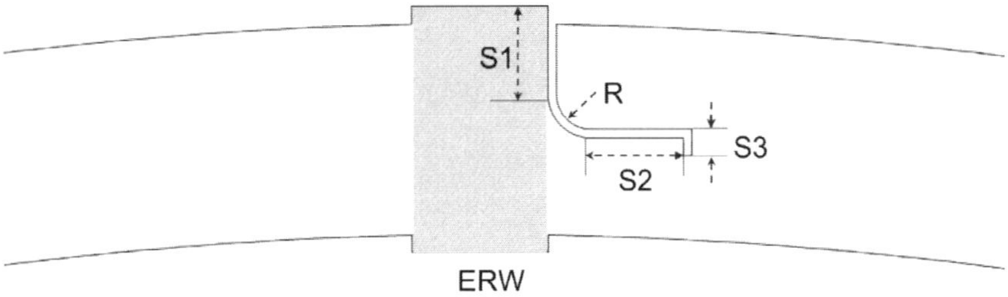

Abb. 2. Idealisiert dargestellter Hakenriss und Definition der unterschiedlichen Abschnitte.

Da Testkörper mit realen Hakenrissen für experimentelle Untersuchungen kaum verfügbar sind, wurden zwei Coupons additiv mittels Laser-Pulverbett-Schweißen (siehe z.B. [2]) hergestellt. Die Coupons wurden per CAD entworfen, jeder enthält fünf künstliche Hakenrisse. Im Coupon AM1 befinden sich die Fehler am Rand der ERW-Naht, während im Coupon AM2 der Abschnitt S1 der Fehler in der Mitte der Naht liegt. Als Beispiel zeigt Abbildung 3 einen Modellfehler, bei dem der Abschnitt S3 fehlt. Im Hinblick auf die Möglichkeiten der additiven Fertigung wurden die Fehler mit einer Breite von 0.5 mm entworfen, wie in Abbildung 2 erkennbar. Die Geometrie der Testkörper wurde ausgewählt, um typische Pipeline-Parameter wiederzugeben (Wandstärke 12 mm, Durchmesser 24 Zoll und 2 mm Schweißnahtüberhöhung an jeder Oberfläche).

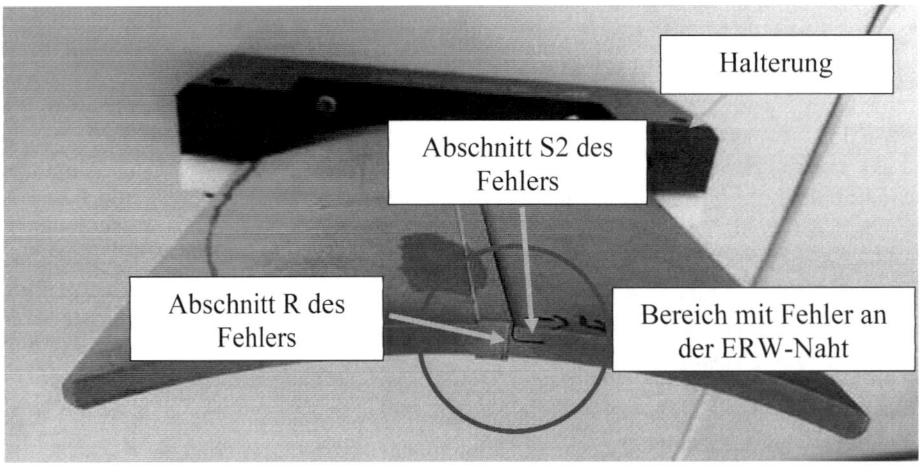

Abb. 3. Additiv gefertigter Testcoupon mit einem idealisierten Hakenriss an der externen Oberfläche. Die Prüfung erfolgt von unten per Einschallung auf die interne Oberfläche.

Zur Vorbereitung der experimentellen Untersuchungen wurden Prüfsimulationen mit dem UT-Modul der kommerziellen Software ‚CIVA' [3] durchgeführt, wobei die CAD-Files mit den jeweiligen Modellfehlern zur Beschreibung der Bauteilkonfiguration genutzt wurden. Ziel dieser Studie war die Ableitung eines Prüfkonzeptes einschließlich potenzieller Kriterien für die Identifikation von Fehlern als Hakenrisse. Zusätzlich wurde untersucht, ob es möglich ist zu unterscheiden, ob ein Fehler oberflächenverbunden ist oder nicht.

In Tabelle 1 sind die Abmessungen der gefertigten Modellfehler für Coupon AM1 aufgelistet. Diese liegen am Rand der ERW-Naht (Abb. 2), die Fehler in Coupon AM2 liegen in der Mitte der Naht und haben die gleichen Abmessungen. Als Beispiel sind in Abbildung 4 die beiden Bauteilkonfigurationen mit den Fehlern AM1_4 und AM2_4 gezeigt. In allen Fällen besitzt der Radius-Abschnitt einen äußeren Radius R_a = 2.5 mm und einen inneren Radius R_i = 2.0 mm. Um zusätzlich zu untersuchen, welcher Abstand D bei den innenliegenden Hakenrissen gegebenenfalls noch aufgelöst werden kann, wurden zwei weitere CAD-Files mit dem Abstand D = 1.5 mm zur externen Oberfläche entworfen (AM1/2_3b).

Tabelle 1. Geometrische Abmessungen der Hakenrisse im Testcoupon AM1.

CAD-File	S1 [mm]	S2 [mm]	S3 [mm]	D [mm]	R_o/R_i [mm]
AM1_1	0	6	4	4	2.5/2.0
AM1_2	1	6	3	3	2.5/2.0
AM1_3	2	6	2	2	2.5/2.0
AM1_3b	2.5	6	0	1.5	2.5/2.0
AM1_4	3	6	1	1	2.5/2.0
AM1_5	4	6	0	0	2.5/2.0

Abb. 4. Zwei Konfigurationen mit den Hakenrissen AM1_4 (oben) und AM2_4 (unten).

3. CIVA-Simulationsergebnisse und experimentelle Ergebnisse

Die zwölf CAD-Files mit jeweils einem Hakenfehler wurden in die CIVA-Software importiert, um B-Scan-Simulationen durchzuführen. Die Parameter des Phased-Array-Sensors Pitch, Elevation, Gap, Frequenz und Bandbreite dienten als Input für eine 32-Element-Scanapertur bei einem Wasservorlauf von 28 mm. Drei Inspektionsmodi wurden untersucht: Wanddicken-Messung (WM) mit senkrecht eingeschallten Longitudinalwellen und Rissprüfung mit unter 45° im Uhrzeigersinn (Clockwise CW) und im Gegenuhrzeigersinn (Counterclockwise CCW) eingeschallten Transversalwellen.

3.1 WM-Inspektionsmodus

Abbildung 5 zeigt einen repräsentativen B-Scan als Ergebnis der WM-Prüfsimulation (die Einschallung erfolgt von unten). Im sogenannten 'True B-Scan' Darstellungsmodus der CIVA-Software werden die Signale auf die Bauteilgeometrie projiziert, sodass das Oberflächensignal, die Rückwandechos und das am Abschnitt S2 reflektierte Signal direkt identifiziert werden können. Im B-Scan erkennt man auch die Mehrfachanzeigen, die durch Reflexion an der externen und der internen Oberfläche entstehen.

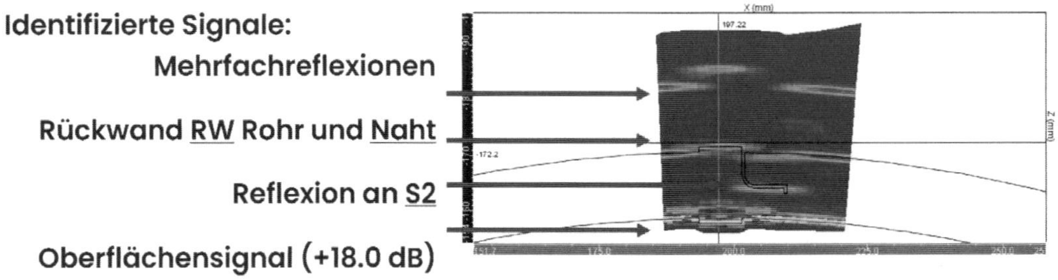

Abb. 5. 'True B-scan' Simulation für den WM-Modus mit den verschiedenen identifizierten Signalen.

Die Amplituden der Rückwandechos (innerhalb/außerhalb der Schweißnaht) und das S2-Signal sind für alle Konfigurationen identisch, wie in Tabelle 2 aufgeführt. Für die 'AM2' Konfigurationen sind die Werte des S2-Signals und des Rückwandechos in der Naht im Vergleich zu 'AM1' geringer, bedingt durch die Fehlerposition und den Einfluss der Nahtüberhöhung. Die Amplitudenwerte in Tabelle 2 wurden auf das Rückwandsignal außerhalb der Schweißnaht normiert. Die Werte wurden das günstigste Inspektionsszenario ermittelt, bei dem der Scan über die Mitte der Fehler verläuft.

Tabelle 2. Amplitude des S2-Signals und der Rückwandechos im Basismaterial und in der Schweißnaht.

CAD-File	RW [dB]	RW SN [dB]	S2 [dB]
140_X	0.0	-4.4	-3.4
141_X	0.0	-13.1	-8.5

2.2 CW-Inspektionsmodus zur Rissprüfung

Repräsentativ für die CW-Inspektionssimulation zeigt Abbildung 6 den 'True B-Scan' für den Hakenriss mit S3 = 1 mm (AM1_4). Im B-Scan fehlt das Oberflächensignal, das an der linken Ecke der internen Nahüberhöhung entsteht. Der Grund hierfür ist die Nicht-Berücksichtigung der Reflexion an der inneren Oberfläche, um die Rechenzeit zu reduzieren. Die resultierenden Anzeigen im B-Scan gehören zum Winkelspiegelsignal, zur Reflexion am Radius und dem am Übergang S2/S3 entstehenden Winkelspiegelsignal.

Die CW- und die CCW-Simulationsergebnisse wie auch die experimentellen Ergebnisse (Tabelle 3) wurden auf die maximale Winkelspiegelanzeige normiert, die für den rückwandverbundenen Hakenriss am Rande der ERW-Naht resultiert (AM1_5).

Bei allen Fehlern liegt das simulierte Radiussignal etwa 10 bis 12 dB unter diesem maximalen Winkelspiegelsignal. Bei den nicht-oberflächenverbundenen Fehlern verringert sich die simulierte Winkelspiegelanzeige um etwa 4 dB für die D = 1.5 mm Konfiguration und um etwa 8 dB für Fall D = 3 mm. Dies könnte helfen zu entscheiden, ob der vorliegende Fehler oberflächenverbunden ist oder nicht. Für die in der Mitte der ERW-Naht liegenden Fehler ist die Verringerung dieser Anzeige größer.

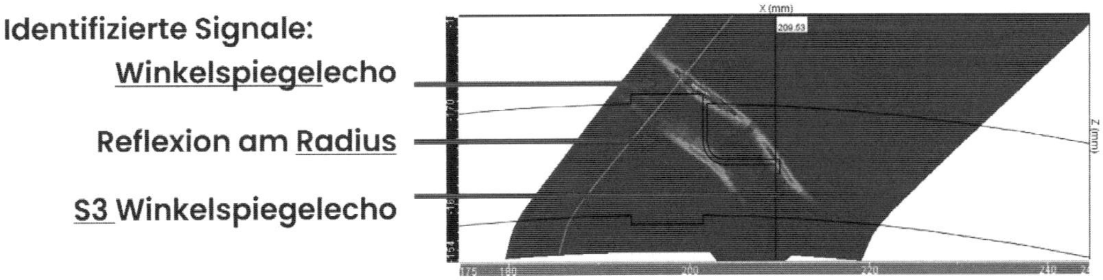

Abb. 6. 'True B-scan' Simulation für den CW-Modus mit den verschiedenen identifizierten Signalen.

Tabelle 3. Simulierte und experimentelle Amplituden der Winkelspiegel- (WS), Radius- und S3-Signale.

CAD-File	WS sim [dB]	WS exp [dB]	Radius sim [dB]	Radius exp [dB]	S3 sim [dB]	S3 exp [dB]	D [mm]
AM1_1	-8.5	-7	-11.9	-9	-4.1	2	4
AM1_2	-7.8	-4	-11.9	-13	-4.8	-3	3
AM1_3	-5.5	-8	-12.1	-7	-6.5	-6	2
AM1_3b	-4.0	N/A	-12.4	N/A	N/A	N/A	1.5
AM1_4	-2.5	-2	-12.0	-10	-10.1	-9	1
AM1_5	0.0	0	-12.1	-13	-	-	0
CAD-File	WS sim [dB]	WS exp [dB]	Radius sim [dB]	Radius exp [dB]	S3 sim [dB]	S3 exp [dB]	D [mm]
AM2_1	-29.7	-12	-10.5	-7	-3.1	2	4
AM2_2	-27.5	-	-10.3	-8	-3.4	-1	3
AM2_3	-13.0	-9	-10.4	-6	-5.6	-6	2
AM2_3b	-10.3	N/A	-10.4	N/A	N/A	N/A	1.5
AM2_4	-5.6	-4	-10.3	-8	-10.6	-10	1
AM2_5	-2.0	0	-10.3	-7	-	-	0

Die Übereinstimmung der simulierten und der gemessenen Amplituden ist generell gut, mit Ausnahme der wenigen rot markierten Werte. In diesem Zusammenhang ist zu beachten, dass die Modellfehler additiv hergestellt wurden, d.h. bei den nicht-oberflächenverbundenen Fehlern könnte sich der Einfluss vom nicht geschmolzenen Pulver bemerkbar machen. Auch konnten einige Signale nicht experimentell identifiziert werden, was möglicherweise auf die Mikrostruktur der Testkörper zurückzuführen ist.

2.3 CCW-Inspektionsmodus zur Rissprüfung

Für die CCW B-Scan-Simulationen resultieren für alle Konfigurationen ähnliche Anzeigen. Wie in Abbildung 7 dargestellt, können diese über Position und Laufzeit identifiziert werden als a) ein Signal, das an der Rückwand und dann am Abschnitt S3 reflektiert wird, b) ein zwischen der Rückwand und dem Hakenriss ‚gefangenes' (englisch: trapped) Signal und c) die Winkelspiegelanzeige der äußeren linken Schweißnahtkante.

Die Amplituden der simulierten und der gemessenen Signale sind in Tabelle 4 aufgelistet. Diese sind für alle Fehlerkonfigurationen vergleichbar. Das Auftreten des sogenannten ‚Trap'-Signale im CCW-Modus könnte als ein weiteres Kriterium für die Identifikation von Hakenrissen im Vergleich zu anderen Defektmorphologien herangezogen werden.

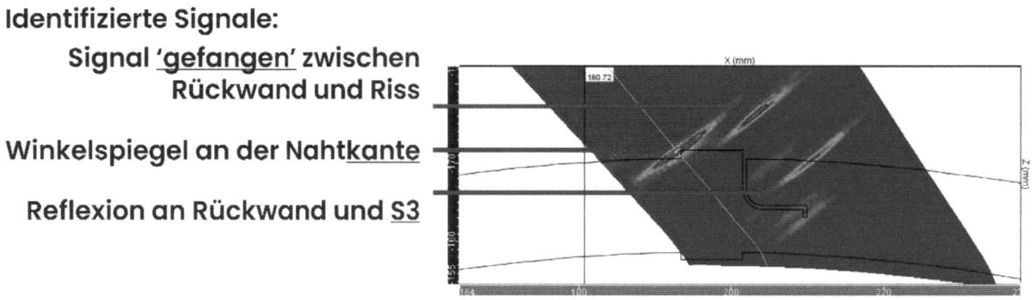

Abb. 7. 'True B-scan' Simulation für den CCW-Modus mit den verschiedenen identifizierten Signalen.

Tabelle 4. Simulierte und experimentelle Amplituden der Kanten-, 'Trap'- und S3-Signale.

CAD-File	SN-Kante sim [dB]	SN-Kante exp [dB]	Trap sim [dB]	Trap exp [dB]	S3 sim [dB]	S3 exp [dB]	D [mm]
AM1_1	-8.2	-7	-13.5	-5	-12.7	-	4
AM1_2	-7.9	-7	-13.5	-9	-13.2	-	3
AM1_3	-8.4	-7	-13.5	-2	-14.7	-	2
AM1_3b	-8.7	N/A	-13.7	N/A	-	N/A	1.5
AM1_4	-8.7	-7	-13.8	-2	-17.8	-	1
AM1_5	-8.6	-7	-13.9	-1	-	-	0
CAD-File	SN-Kante sim [dB]	SN-Kante exp [dB]	Trap sim [dB]	Trap exp [dB]	S3 sim [dB]	S3 exp [dB]	D [mm]
AM2_1	-	-	-18.0	-5	-11.1	-	4
AM2_2	-	-	-17.5	-	-11.4	-	3
AM2_3	-	-	-17.8	-	-12.4	-	2
AM2_3b	-	N/A	-17.5	N/A	N/A	N/A	1.5
AM2_4	-	-	-17.6	-10	-15.5	-	1
AM2_5	-	-	-18.5	-5	-	-	0

Der Vergleich mit den experimentell ermittelten Amplitudenwerten zeigt einige Abweichungen für die 'Trap'-Signale, die höher sind als die simulierten Werte. Zum Teil konnte im Experiment dieses Signal nicht detektiert werden, während die Anzeige des S3-Signals in allen Fällen nicht detektiert werden konnte. Die Ursache für letzteres konnte nicht geklärt werden, möglicherweise werden die simulierten Signale durch die CIVA-Software überschätzt. Auch die CCW-Simulationen wurden für den Fall des zentrierten Scannens der Fehler durchgeführt.

3. Zusammenfassung der Ergebnisse und des Prüfkonzepts

Aus den CIVA B-Scan-Simulationen und der generell guten Übereinstimmung mit den experimentellen Ergebnissen kann folgendes abgeleitet werden:

- Die Detektion des S2-Signals im WM-Modus, des CCW ‚Trap'-Signals und des CW Winkelspiegel- und Radiussignals kann für die Identifikation von Hakenrissen herangezogen werden. Dies ist schematisch im Flowchart in Abbildung 8 zusammengefasst. Ein detektiertes S3-Signal kann als weiteres Kriterium dienen.
- Bei der Identifikation der Signale können zusätzlich deren Laufzeiten herangezogen werden.

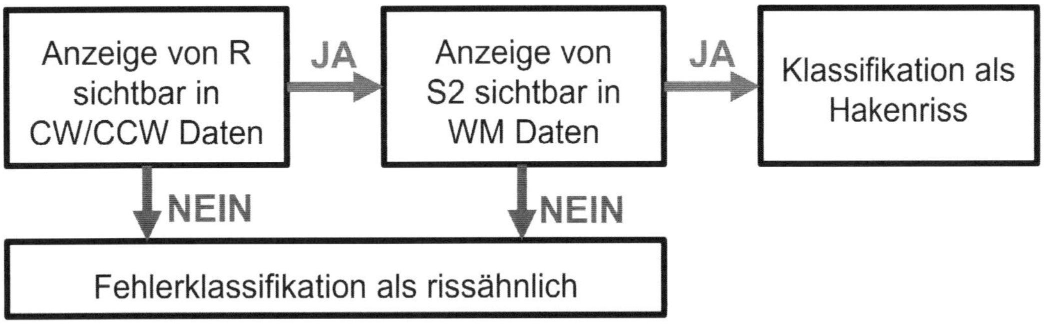

Abb. 8. Schematische Zusammenfassung der Klassifikation eines detektierten Fehlers als Hakenriss.

Weiterhin können folgende Aspekte aus der Simulationsstudie abgeleitet werden:

- Die CW-Radiussignale und CCW B-Scan-Signale für die nicht- und die oberflächenverbundenen Konfigurationen sind vergleichbar.
- Ein Abstand D des Abschnitts S1 von der Oberfläche von ≥ 1.5 mm beeinflusst die CW 45° Transversalwellen-Winkelspiegelamplitude; diese ist für D = 1.5 mm um 4 dB geringer im Vergleich zu D = 0 mm (für D = 2 mm um 6 dB und für D = 3 mm um 8 dB geringer). Dies könnte verwendet werden, um zu ermitteln, ob der vorliegende Fehler oberflächenverbunden ist oder nicht.
- Es ist zu beachten, dass diese Untersuchung an wohldefinierten Modellfehlern durchgeführt wurde, bei realen Hakenrissen können die S1-, S2-, S3- und R-Merkmale abweichend ausgebildet sein. In der Literatur verfügbare realistische Geometrien können diesbezüglich für weitere Simulationen genutzt werden.
- Die CIVA CW-Simulationen wurden in akzeptablem Rahmen durch die Messungen bestätigt, während sich bei den CCW-Simulationen einige Abweichungen ergaben.
- Die Simulationsergebnisse für ein nicht-zentriertes Scannen der Fehler werden hier nicht gezeigt, da diese in allen Fällen dieselben Signalmuster ergaben, lediglich mit geringeren Amplituden.

4. Fazit

Dieser Beitrag befasst sich mit einer speziell für die Pipeline-Inspektion interessanten Fehlermorphologie. Grundsätzlich hat diese Studie exemplarisch gezeigt, wie Simulationen und additive gefertigte Testkörper eingesetzt werden können, um effiziente Prüfkonzepte zur Detektion und Klassifikation von Fehlern komplexer Geometrie abzuleiten. In vielen Fällen können hierzu semi-analytische Simulationsverfahren genutzt werden. Für manche Morphologien, wie etwa verästelte Risse oder Rissfelder, muss die Mehrfachwechselwirkung der Ultraschallwellen mit dem/den Fehler(n) berücksichtigt werden. In diesen Fällen bietet sich der Einsatz von numerischen Simulationsverfahren an.

Referenzen

[1] M.J. Rosenfeld, J.F. Kiefner. Basics of Metal Fatigue in Natural Gas Pipeline Systems - A Primer for Gas Pipeline Operators. Pipeline Research Council International, Catalog No. L52270, published by Technical Toolboxes, Inc., Houston, TX (2006)

[2] https://www.ilt.fraunhofer.de/de/technologiefelder/additive-fertigung/laser-powder-bed-fusion.html

[3] https://www.extende.com/

Phased-Array-Ultraschallprüfung an additiv gefertigten Testkörpern mit unterschiedlichen Fehlergeometrien

Marcel CEMBROWSKI[1], Oliver NEMITZ[1], Till SCHMITTE[1], Martin SPIES [2]

[1] Salzgitter Mannesmann Forschung GmbH, Ehinger Straße 200, 47259 Duisburg, t.schmitte@du.szmf.de

[2] Baker Hughes Digital Solutions GmbH, Darmstädter Landstraße 116, 60598 Frankfurt a.M.

Kurzfassung

Die Phased-Array-Technik bietet mit den inzwischen etablierten Varianten klassisches Beamforming, Sector-Scan sowie Full-Matrix-Capture/Total Focusing Method (FMC/TFM) die Möglichkeit, die Ultraschall-Prüftechnik an die jeweilige Prüfaufgabe anzupassen. Im Gegensatz zu herkömmlichen Prüftechniken mit konventionellen Prüfköpfen erlaubt die Phased-Array-Technik die Nutzung verschiedener Prüfmodalitäten mit einem Sensor. So können beispielweise bei der Inspektion von Rohren unterschiedliche Inspektionsarten gleichzeitig ausgeführt werden, wie die Rissprüfung mit verschiedenen Einschallwinkeln und in V-Durchschallung sowie die Detektion von Materialverlusten mittels Senkrechteinschallung. Mittels TFM als bildgebendem Verfahren lassen sich Fehlergeometrien rekonstruieren, wobei die Abbildungsqualität von den jeweiligen Randbedingungen abhängt (Prüfkopfparameter, Materialeigenschaften, …).

Ging es bei der Rohrprüfung lange Zeit in der Hauptsache um die Detektion von Rissen, so ist inzwischen zusätzlich die Identifikation der Rissgeometrie und deren Größenbestimmung ins Interesse gerückt. Um die Effektivität der durch die Phased-Array-Technik ermöglichten verschiedenen Prüfmodalitäten im Hinblick auf diese Zielsetzungen zu untersuchen, werden Testkörper mit den verschiedenen Fehlergeometrien benötigt. Nicht für alle interessanten Fehler sind Testkörper und Geometrieparameter in ausreichender Anzahl verfügbar. Daher haben wir unsere Untersuchungen an einer Reihe additiv gefertigter Testkörper mit definiert hergestellten Fehlern durchgeführt.

Wir berichten in diesem Beitrag über die mittels TFM erzielte bildgebende Darstellung einer komplexen Fehlergeometrie und bewerten die Möglichkeiten dieses

Verfahrens im Hinblick auf die Fehlerdetektion, Fehleridentifikation und die Größenbestimmung.

Keywords: UT, phased array, PA, additive manufactured, AM, Schweißnaht

Automatisierte 3D Schallfeldvermessung und Zertifizierung von applikationsspezifischen Multi-Element- und Winkel-Prüfköpfen mittels eines hochauflösenden Ultraschall-Tauchtechnik-Scanners

Dr. Sanjeevareddy Kolkoori[1], Dr. Roman Heinrich Koch[1]
[1] Rosenxt Creation Center GmbH, Alzenau, Deutschland
E-Mail: skolkoori@rosen-nxt.com

Kurzfassung. Auf der letzten DACH-Jahrestagung in Friedrichshafen wurde ein automatisierter, hochauflösender Ultraschall-Tauchtechnik-Scanner zur 3D Schallfeldvermessung und Zertifizierung von Single Element Prüfköpfen präsentiert. In diesem Vortrag wird nun die Erweiterung der Anlage auf applikationsspezifische Multi-Element, Kontakttechnik SE und Winkelprüfköpfe entsprechend der Norm DIN EN ISO 22232-2 dargestellt.

Im ersten Teil dieses Beitrages werden die gemessenen Schallfelder eines applikationsspezifischen 5 MHz Multi-Element-Prüfkopfes (1-Sender und 4-Empfänger) im extremen Nahfeld, im Fokuspunkt und im Fernfeld im Sende-Empfangs-Betrieb (SE) unter Verwendung eines hochgenauen im eigenen Haus entwickelten Ultraschall-Tauchtechnik-Scanners vorgestellt. Als Vergleichskörper wurde hier ein ebenes Stahlblech mit Ø3 mm Flachbodensacklochbohrung in verschiedenen Tiefen verwendet. Die automatisierte Bestimmung des HF-Signals im Zeit- und Frequenzbereich, des akustischen Übersprechechos, der Schallbündeleigenschaften einzelner Elemente des Multi-Element-Prüfkopfes und das Prüfkopfzertifikat erfolgen nach der Norm DIN EN ISO 22232-2.

Im zweiten Teil dieses Beitrags werden entsprechend der Norm gemessene hochauflösende Schallfelder mit Berücksichtigung des Schielwinkels in allen drei Referenzebenen (XY, XZ und YZ) eines hochgedämpften, linienfokussierten, 5 MHz, 4-Element Tauchtechnik-Prüfkopfes im Impuls-Echo-Betrieb unter Verwendung eines Ø3 mm Halbkugelreflektors gezeigt. Diese zertifizierten 5 MHz Multi-Element-Prüfköpfe werden in einer automatisierten Rotationsanlage zur Ultraschallprüfung von Längsfehlern in Rohren und Stabstahl eingesetzt.

Anschließend werden die Messergebnisse der automatisierten Schallfeldcharakterisierung und Zertifizierung eines applikationsspezifisch angepassten 4 MHz, 45°-Winkelprüfkopfes zur Schweißnahtprüfung unter Verwendung von Ø4 mm Querbohrungen in verschiedenen Tiefenlagen in einem Stahlvergleichskörper dargestellt und erläutert.

Keywords: Ultraschallprüfkopf, 3D-Schallfeldvermessung, Multi-Element, Automatisierter Tauchtechnik-Scanner, DIN EN ISO 22232-2

Einführung

Die meisten vorhandenen automatisierten Ultraschall-Tauchtechnik-Scanner bestehen aus drei linearen Achsen (X, Y, und Z) und zwei Rotationsachsen (θ, ϕ) und die mechanische Struktur basiert auf einer Aluminiumrahmenkonstruktion. Aufgrund der mechanischen Instabilität dieser Arten von Tauchtechnikscannern erhöhen sich die Eigenschwingungen in den Umkehrpunkten und dadurch reduziert sich die Genauigkeit der gemessenen Schallfelder. Zur Festlegung des Prüfrasters in automatisierten Ultraschall-Prüfanlagen nach der Richtlinie DGZfP-US07 [1] ist eine präzise Bestimmung der Schallfeldparameter (Mittenfrequenz, Schallbündeldurchmesser und Divergenzwinkel) gefordert. Zusätzlich ist nach der Norm DIN EN 222232-3 [2] die Bewertung der Prüfkopfeigenschaften in regelmäßigen Abständen unter den gleichen Testbedingungen erforderlich.

Auf der letzten DACH-Jahrestagung in Friedrichshafen wurde ein automatisierter, hochauflösender Ultraschall-Tauchtechnik-Scanner zur 3D Schallfeldvermessung und Zertifizierung von Single Element Prüfköpfen präsentiert [3]. Inzwischen wurde die Anlage auf applikationsspezifische Multi-Element, Kontakttechnik SE und Winkelprüfköpfe entsprechend der internationalen Norm DIN EN ISO 22232-2 [4] erweitert.

1. Entwicklung eines hochauflösenden Ultraschall-Tauchtechnik-Scanners

Abbildung 1 zeigt den Aufbau des neuen automatisierten Tauchtechnik Scanners. Dieser neu entwickelte hochauflösende Ultraschall-Tauchtechnik-Scanner (ROSEN-SCAN HP) besteht aus einer Stahlrahmenkonstruktion mit großen Querschnitten, wodurch die Eigenschwingen in den Umkehrpunkten bei hoher Prüfgeschwindigkeit ($\geq$0.4 m/s) reduziert werden. Zur Bestimmung und zum Ausgleich der Schielwinkel in allen drei Referenzebenen (XY, XZ, YZ) wird ein hoch präziser 6-Achsen Hexapod-Roboter (X, Y, Z, θx, θy, and θz) eingesetzt.

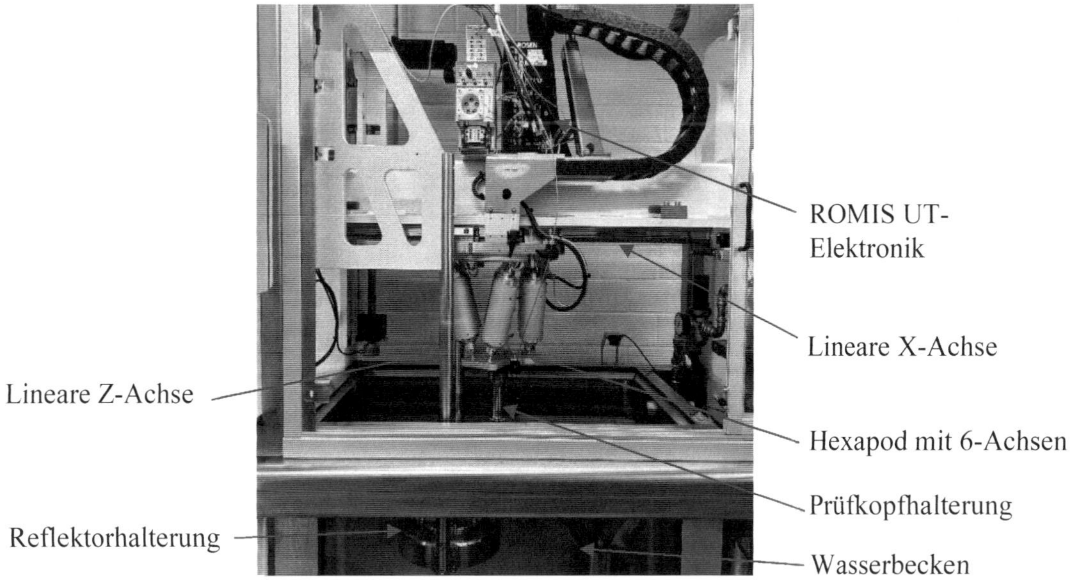

Abb. 1. Aufbau des hochauflösenden Ultraschall-Tauchtechnik-Scanners (ROSEN SCAN HP) zur Schallfeldvermessung von applikationsspezifischen Ultraschallprüfköpfen.

Der Hauptvorteil dieses neuen Ultraschall-Tauchtechnik-Scanners sind die hohe Genauigkeit und Reproduzierbarkeit (±1.5 μm) der gemessenen Schallfelder. In der aktuellen Anlage ist ein industrielles UT-Mehrkanal-Gerät (ROMIS: ROSEN Modular Inspection System) integriert, welches gemäß der Norm DIN EN ISO 22232-1 [5] kalibriert und zertifiziert ist. Um alle integrierten Komponenten fernzusteuern und verschiedene automatische Inspektionsscans einschließlich der mehrfachen Sicherheitsprüfungen durchzuführen, wurde eine angepasste modulare Ultraschall-Datenerfassungs- und Analysesoftware entwickelt.

2. Messergebnisse

2.1 Schallfelder eines applikationsspezifischen 5 MHz, 4-Element Tauchtechnikprüfkopfes

Im Rahmen eines Kundenprojektes wurde ein applikationsspezifischer 5 MHz Multi-Element Prüfkopf entwickelt und optimiert. In Abbildung 2 sind die gemessenen Schallfelder eines 5 MHz, 4-Element Tauchtechnik-Prüfkopfes unter Verwendung eines Ø3mm Halbkugelreflektors im Fokuspunkt dargestellt. Die Darstellung der Isobarenlinien bei verschiedenen Amplitudenabfällen eignet sich, um die homogene Verteilung des Schallfeldes einzelner Elemente zu visualisieren und quantitativ zu bewerten (siehe Abb.2(c)). Diese zertifizierten 5 MHz Multi-Element-Prüfköpfe werden in einer automatisierten Rotationsanlage zur Ultraschallprüfung von Längsfehlern in Rohren und Stabstahl eingesetzt.

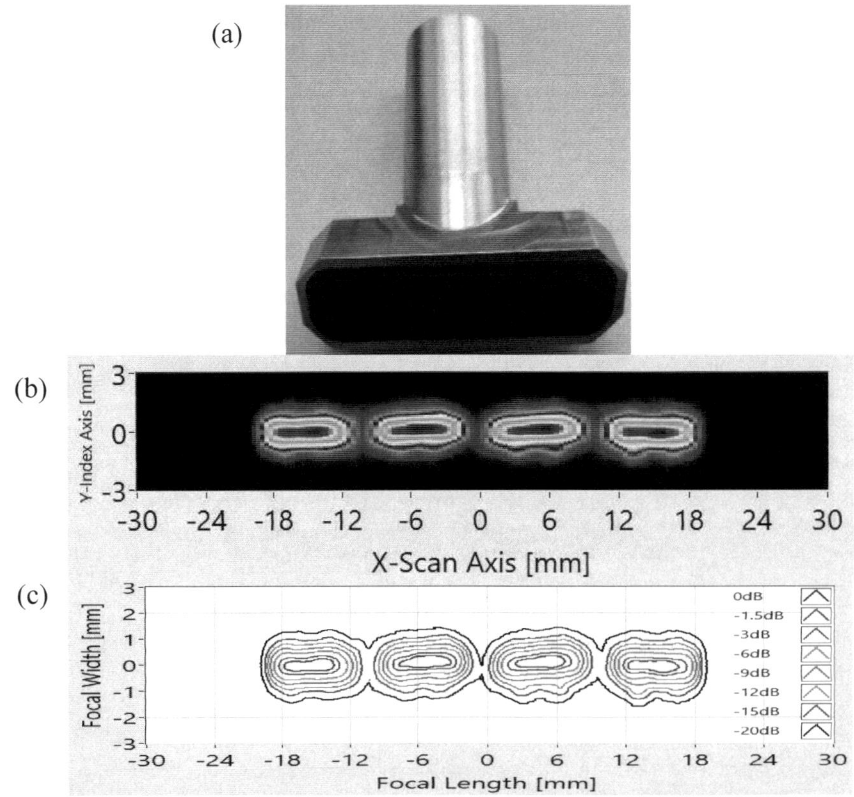

Abb. 2. Gemessene Schallfelder eines applikationsspezifischen 5 MHz Multi-Element-Prüfkopfes unter Verwendung eines Ø3 mm Halbkugelreflektors im Fokuspunkt. (a) 5 MHz 4-Element Prüfkopf, (b) kumulatives Schallfeld und (c) Isobarenlinien bei verschiedenen Amplitudenabfällen (-1,5 dB, -3 dB, -6 dB, -9 dB, -12 dB, -15 dB, -20 dB).

2.2 Schallfelder eines applikationsspezifischen 5 MHz, 4-Element SE-Prüfkopfes

Im neu entwickelten Ultraschall-Tauchtechnik-Scanner wurden die automatischen Workflows zur Messung und Zertifizierung der Multielement-SE-Prüfköpfe erfolgreich implementiert [6]. Die Norm DIN EN ISO 22232-2 fordert die vollständige und quantitative Überprüfung der Homogenität des Schallfeldes einzelner Elemente und einer guten Schallbündelüberlappung zwischen den einzelnen Elementen. In Abbildung 3 sind die gemessenen Schallfelder eines elektrisch und akustisch optimierten 5 MHz-Vierfach-Sende-Empfangs-Prüfkopfes unter Verwendung einer Ø3 mm Flachbodensacklochbohrung in einer Tiefe von 2 mm in einer Stahlplatte dargestellt.

Die homogene Verteilung des Schallfeldes an jedem Empfangselement des SE-Prüfkopfes und die minimalen Sensitivitätseinbrüche sowohl innerhalb als auch zwischen den Empfangselementen sind in Abbildung 3(d) zu erkennen. Diese von Rosenxt hergestellten und zertifizierten SE-Prüfköpfe werden erfolgreich in automatisierten Ultraschallprüfsystemen für Grobbleche eingesetzt.

(a) (b) (c) (d)

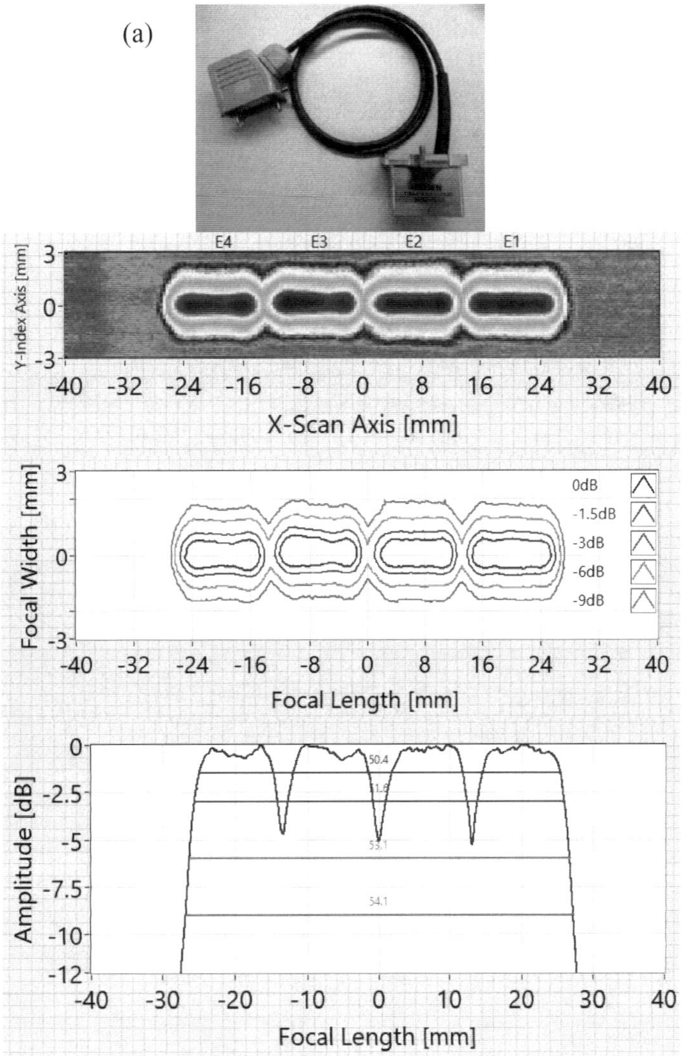

Abb. 3. Gemessene Schallfelder eines 5 MHz Multi-Element-SE-Prüfkopfes unter Verwendung eines Ø3 mm Flachbodensacklochbohrung in einer Stahlplatte im extremen Nahfeld. (a) 5 MHz SE-Prüfkopf, (b) kumulatives Schallfeld und (c) Isobarenlinien und (d) die gesamte Fokuslänge des SE-Prüfkopfes bei verschiedenen Amplitudenabfällen (-1,5 dB, -3 dB, -6 dB, -9 dB).

2.3 Schallfelder eines applikationsspezifischen 4 MHz, 45° Winkelprüfkopfes

Im Rahmen eines weiteren Kundenprojektes wurde ein 4 MHz, 45° SV- Winkelprüfköpf applikationsspezifisch angepasst. Das Design des jetzigen Winkelprüfkopfes wurde mittels Simulationsrechnungen optimiert, um nicht nur die unerwünschten Keilechos zu minimieren, sondern auch das Signal-Rausch-Verhältnis in dem gesamten Prüfbereich zu verbessern. In Abbildung 4 sind das gemessene Schallfeld eines 4 MHz Winkelprüfkopfes unter Verwendung einer 4 mm Querbohrung in verschiedenen Tiefen in einem normgerecht gefertigten Stahltestkörper dargestellt. Abbildung 5 zeigt die gemessene horizontale Schalldruckverteilung unter Verwendung eines zylindrischen Stahlreflektors mit einem Radius von 100 mm. Die quantitative Analyse der gemessenen Schallfeldparameter und der Abnahmekriterien erfolgte gemäß DIN EN ISO 22232-2. Abschließend wird automatisch das Prüfkopfzertifikat mit den vollständigen Schallfeldparametern erstellt. Diese im Haus entwickelte Winkelprüfkopf wird zur Fehlerprüfung in einer Schweißnahtprüfanlage erfolgreich eingesetzt.

Gemäß DIN EN ISO 22232-3 sollten die Pulsdauer und Frequenzeigenschaften der Ultraschallprüfköpfe während ihrer gesamten Lebensdauer in regelmäßigen Abständen überprüft werden. Um dieser Anforderung gerecht zu werden, wird die Rezertifizierung der anwendungsspezifischen Ultraschallprüfköpfe weiterhin mit den gleichen Testbedingungen unter Verwendung des automatisierten Ultraschall-Tauchtechnik-Scanners je nach Kundenwunsch durchgeführt.

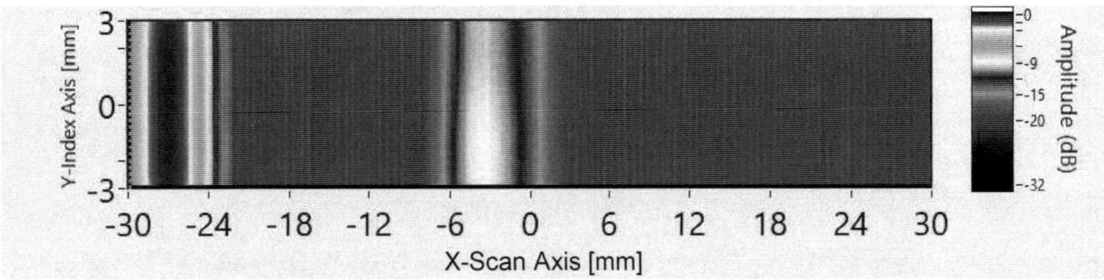

Abb. 4. Gemessenes hochauflösende Schallfeld eines applikationsspezifischen 4 MHz, 45°SV Winkelprüfkopfes unter Verwendung eines 4 mm Querbohrung in einem Stahltestkörper. Für die Messung wurde einen Wasservorlauf von 0,3 mm verwendet.

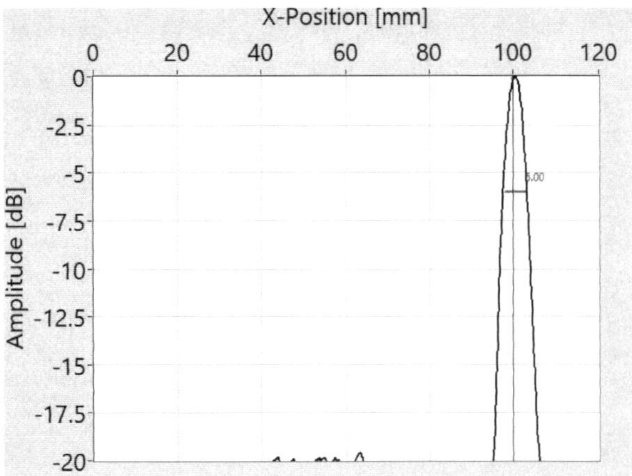

Abb. 5. Gemessene horizontale Schalldruckverteilung eines applikationsspezifischen 4 MHz, 45° SV-Winkelprüfkopfes unter Verwendung eines zylindrischen Reflektors mit Radius 100 mm in einem genormten Stahltestkörper. Ein gutes SNR und eine reduzierte Nebenkeule sind im Bild zu erkennen.

3. Zusammenfassung

Es wurde ein neuartiger automatisierter Ultraschall-Tauchtechnik-Scanner weiterentwickelt, um die Schallfelder von applikationsspezifischen Multi-Element, Kontakttechnik SE und Winkelprüfköpfe entsprechend der Norm DIN EN ISO 22232-2 hochgenau und hochauflösend zu messen und zu bewerten. Durch den Einsatz des 6-Achsen-Hexapod-Roboters wird eine räumliche Auflösung von wenigen Mikrometern (~15 µm) bei den gemessenen Schallfeldern und eine Winkelauflösung von 0,05° bei der Schielwinkelmessung verschiedener Ultraschallprüfköpfen erreicht. Durch die Integration des kalibrierten Mehrkanal-UT-Geräts (ROMIS) wird eine Reproduzierbarkeit der Amplitudenwerte innerhalb von ±0,5 dB erzielt. Die vollständigen Schallfeldeigenschaften in drei verschiedenen Ebenen der aufgeführten anlagenspezifischen Prüfköpfe werden entsprechend der Norm DIN EN ISO 22232-2 erfolgreich quantitativ analysiert.

Für die Zukunft ist die Erweiterung des bestehenden automatisierten Ultraschall-Tauchtechnik-Scanners zur quantitativen Messung und Zertifizierung von anwendungsspezifischen Phased-Array-Ultraschallprüfköpfen unter Berücksichtigung der ROMIS-PAUT Prüfelektronik entsprechend der internationalen Norm DIN EN ISO 18563-2 vorgesehen.

Referenzen

[1] DGZfP-US 07:2014-11, “Richtlinie zur Festlegung des Prüfrasters bei der automatisierten Ultraschallprüfung großer Schmiedestücke” (in German).

[2] DIN EN ISO 22232-3: 2021, “Zerstörungsfreie Prüfung – Charakterisierung und Verifizierung der Ultraschall-Prüfausrüstung – Teil 3: Komplette Prüfausrüstung”.

[3] S. Kolkoori, R. Koch et al. (2023). Automatisierte 3D Schallfeldvermessung, Charakterisierung und Zertifizierung von Ultraschallprüfköpfen mittels eines hochauflösenden individuell designten Scanners. DGZfP Jahrestagung 2023, Friedrichshafen, May, Germany. https://www.ndt.net/?id=28634

[4] DIN EN ISO 22232-2: 2021, “Charakterisierung und Verifizierung der Ultraschall-Prüfausrüstung- Teil 2: Prüfköpfe”.

[5] DIN EN ISO 22232-1: 2021, “Zerstörungsfreie Prüfung- Charakterisierung und Verifizierung der Ultraschall-Prüfausrüstung – Teil 1: Prüfgeräte”

[6] S. Kolkoori et al., "Quantitative Measurement and Evaluation of High-Resolution Ultrasonic Sound Fields using a Novel Automated Ultrasonic Immersion Scanner, Papers of the 13th European Conference on Non-Destructive Testing (ECNDT), Research and Review Journal of Nondestructive Testing, Vol.1. (1), 2023. https://www.ndt.net/search/docs.php3?id=28213

Revision der ISO 14096 „Röntgenfilm-digitalisierung" im Lichte von ZfP 4.0

Uwe ZSCHERPEL [1], Klaus BAVENDIEK [2]
[1] BAM, Berlin, D, uwe.zscherpel@bam.de
[2] Kowotest, Norderstedt, D, kb@kowotest-nord.de

Kurzfassung

Noch vor den Normen zum Einsatz von Speicherfolien in der ZfP als ersten digitalen Detektor in der RT wurde 2003 von CEN die EN 14096 über Anforderungen an Röntgenfilm-Digitalisierungssysteme verabschiedet, die später unverändert ISO übernahm.

Die Anwendung dieser Norm war nur auf einige wenige Punkt- oder Zeilen-Scansysteme beschränkt, weltweit wird diese Norm nur von Systemen dreier Hersteller aus Japan, Taiwan und Deutschland erfüllt. Das neueste System auf dem Markt bietet deutlich kürzere Scanzeiten auf der Grundlage von Flächenkameras.

Wenn heute digitale Workflows in ZfP 4.0 für die Durchstrahlungsprüfung realisiert werden sollen, ist die Röntgenfilm-Digitalisierung ein entscheidender Schritt in der Kette. Deshalb ist die Aktualisierung der Norm ISO 14096 ein wichtiger Beitrag für ZfP 4.0 und den Einsatz neuer schneller Röntgenfilm-Digitalisierungssysteme

Keywords: Durchstrahlungsprüfung, Röntgenfilmdigitalisierung, ZfP 4.-0, Bildqualitätsklassen

Ein digitaler Zwilling für Wellenfeldsimulationen in der Schallemissionsanalyse

Simon SCHMID [1], Lukas BERBUER [2], Christian BÖHM[1], Horst TRATTNIG[2]
[1] Mondaic AG, Zürich, Schweiz, simon.schmid@mondaic.com
[2] Vallen Systeme GmbH, Wolfratshausen, Deutschland

Kurzfassung

Die Schallemissionsanalyse ermöglicht eine frühzeitige Detektion von Schäden während ihrer Entstehung. Bei einem Bruchprozess wird ein Teil der entstehenden Energie als elastische Welle in das Material übertragen. Diese elastische Welle kann mittels verschiedener Sensoren detektiert werden, wodurch auch der Ort des Schallemissionsereignisses lokalisiert werden kann. Die Ausbreitung der elastischen Welle in der Schallemission ist jedoch komplex. Dies ist einerseits auf die stochastische Natur des Quellmechanismus zurückzuführen und andererseits auf Randbedingungen wie beispielsweise dünne Platten oder die komplexe Geometrie eines Bauteils. In dieser Studie werden Möglichkeiten erörtert, wie ein physik-basierter digitaler Zwilling mit einer Simulation der Wellenausbreitung in der Schallemission helfen kann. Hierbei wird das Schallfeld in Raum und Zeit unter Berücksichtigung der elastischen Materialeigenschaften, (mehrfacher) Reflexionen, Refraktion, und Dämpfung modelliert. Potenzielle Anwendung sind unter anderem die Versuchsplanung zur Optimierung der Anzahl und Positionen der Sensoren vor einer Instrumentierung, oder die simulations-basierte Bestimmung der Detektionswahrscheinlichkeit (PoD).

Keywords: Schallemissionsanalyse, Simulation, Digitaler Zwilling, Sensorposition Optimierung

AUTHOR INDEX